石油石化行业高危作业丛书

受限空间作业

《受限空间作业》编写组◎编

石油工业出版社

内 容 提 要

本书围绕受限空间作业安全管理，主要介绍受限空间作业管理要求、受限空间安全作业技术、受限空间作业实施、特殊情况下的受限空间作业、应急处置、受限空间作业的典型案例等内容。

本书适合石油石化行业安全管理专业人员阅读，也可供相关专业人员参考。

图书在版编目（CIP）数据

受限空间作业 /《受限空间作业》编写组编 . 北京：石油工业出版社，2025.6. --（石油石化行业高危作业丛书）. -- ISBN 978-7-5183-7594-3

Ⅰ . TE687

中国国家版本馆 CIP 数据核字第 202529U6Q5 号

出版发行：石油工业出版社

（北京安定门外安华里 2 区 1 号楼　100011）

网　　址：www.petropub.com

编辑部：（010）64523552　　图书营销中心：（010）64523633

经　　销：全国新华书店

印　　刷：北京中石油彩色印刷有限责任公司

2025 年 6 月第 1 版　2025 年 6 月第 1 次印刷

787×1092 毫米　开本：1/16　印张：16.75

字数：285 千字

定价：85.00 元

（如出现印装质量问题，我社图书营销中心负责调换）

版权所有，翻印必究

《受限空间作业》
编 写 组

主　编：龚建华　厍士虎

副主编：杨轲舸　邱志文　王　军　刘铭杨

成　员：岑　嶺　吴文涛　谭龙华　刘志川　雍崧生
　　　　潘　涛　杜德飞　苏　文　侯梦龙　孙秀峰
　　　　熊　勇　姜黎野　何沿江　张　聪　卢　东
　　　　陈　曦　钱　成　刘海涛　胥静怡　肖　博
　　　　曾　灵　赵楠楠　韩伊婷　黄星澎　曾燕光
　　　　王久文　吴怡良　吴　健　张熙川　于　洋
　　　　杜成丽　赵剑池　罗武明　张莲伟　郭凯振
　　　　孙先锋　于婧婷

丛书序

习近平总书记强调，生命重于泰山。针对石油石化行业安全生产事故主要特点和突出问题，行业人员要树牢安全发展理念，强化风险防控，层层压实责任，狠抓整改落实，从根本上消除事故隐患，有效遏制重特大事故发生。

石油石化行业是目前全球能源领域最重要的产业之一，对全球经济发展和能源需求有着重要影响。正因为特殊的性质和复杂的工作环境，石油石化行业存在一系列高危作业，给从业人员带来了极大的工作压力和安全风险。在石油石化行业的生产过程中，高危作业不可避免地存在，例如钻井、炼油、储运等环节，涉及高温高压、易燃易爆、有毒有害等危险因素，这些高危作业的从业人员在面临如此危险复杂的因素时，需要具备专业的技能和职业素养。

为坚决贯彻落实习近平总书记关于安全生产重要论述和重要指示批示精神，进一步增强石油石化行业从业者的安全意识，提高技术水平，深化安全管理和风险控制，加强高危作业管理，有效防范遏制各类事故事件的发生，编写了"石油石化行业高危作业丛书"，旨在通过系统性的专业知识分享和实践经验总结，帮助从业人员梳理思路、规范操作，达到预防和控制高危作业风险的目的。

本丛书邀请长期从事石油石化行业高危作业的技术专家和管理人员，结合实践经验和理论研究，对石油石化行业高危作业进行系统性的剖析和解读，汇聚了石油石化各领域专家的智慧和心血。本丛书包括《动火作业》《受限空间作业》《高处作业》《吊装作业》《临时用电作业》等分册。各分册概述高危作业特点、定义及相关制度规范，详细阐述作业管理要求、安全技术、特殊情况处理及应急处置，列举分析常见违章及典型事故案例。

本丛书不仅突出了安全生产管理的重要性，而且注重实践技能培养，帮助读者全面了解石油石化行业高危作业的特点和风险，增强从业人员的安全意识，提高风险防控能力。无论是从事高危作业管理的管理者，还是一线技术人员，本丛书都将成为必不可少的工具书。

中国石油天然气集团有限公司质量健康安全环保部及行业的有关专家，对本丛书的编写给予了指导和支持，在此表示衷心感谢。同时也感谢本丛书的编写单位及编写人员和审稿专家，他们的辛勤努力和专业知识为本丛书的编写提供了坚实的基础。还要感谢石油工业出版社的大力支持，使本丛书得以顺利面世。

期待本丛书能够对广大读者有所启示，成为石油石化行业从业人员学习和实践过程中不可或缺的参考书，为石油石化行业安全生产和健康发展筑牢坚实保障。让我们共同努力，为石油石化行业的安全生产贡献力量！

前言

　　石油石化行业生产过程具有有毒有害、高温高压及易燃易爆等许多危险因素，生产作业条件复杂多变，特别是受限空间作业，作业人员处于空间有限且通风不良的作业环境中，若风险识别不到位、防控措施落实不到位，易发生中毒、窒息、火灾及爆炸等事故。因此，做好受限空间作业的安全管理，已经成为做好当前高危作业安全管理工作的关键环节。通过建立系统规范的作业许可管理制度，强化过程控制，有效开展危害因素辨识与风险评估，突出现场管理，排查和消除各种事故隐患，可以最大限度地减少和避免事故的发生。

　　本书是"石油石化行业高危作业丛书"的分册之一，重点从国家、行业和企业标准、规范和制度要求入手，对相关术语和技术要求进行了整合、阐释和说明，介绍了受限空间作业管理要求、安全技术和作业实施，并对特殊情况下的受限空间作业进行了详尽说明。本书讲解了应急处置的要领，通过列举常见的作业违章和事故案例让读者了解各种情况下的危险及相应的处置措施。

　　为增加安全知识和技术措施的可读性，本书对一些关键部分和不易理解的内容附以一些典型做法并配以图片，使其更加直观、易于理解、方便掌握。本书既可作为高危作业培训的学习教材，又可作为员工日常学习的读物。本书的出版将有助于从事相关工作的人员全面系统地理解受限空间的危险性和高危作业管理的重要性，熟悉和掌握高危作业风险管控技术。

　　在本书编写过程中，得到了有关部门和所属企业的支持和配合，在此表示衷心的感谢。本书虽然力求完善，但由于编写人员水平有限，可能存在不足之处。我们期待着读者的批评和建议，以便在今后的修订中不断改进和完善，为石油石化行业的安全生产贡献一份力量。

目 录

第一章 石油石化安全生产风险特点
- 第一节 石油石化行业特点 ································· 1
- 第二节 受限空间作业的危险有害因素及可能事故类型 ·········· 18
- 第三节 受限空间作业相关的法规标准 ······················· 33
- 参考文献 ··· 44

第二章 受限空间作业管理要求
- 第一节 受限空间作业基本概念 ····························· 45
- 第二节 受限空间作业安全职责 ····························· 50
- 第三节 受限空间作业许可管理 ····························· 56
- 第四节 受限空间作业其他管理要求 ························· 68
- 参考文献 ··· 79

第三章 受限空间安全作业技术
- 第一节 受限空间作业风险辨识方法 ························· 80
- 第二节 受限空间作业风险控制技术 ························· 91
- 第三节 受限空间作业安全防护设备 ························· 113
- 参考文献 ··· 136

第四章 受限空间作业实施
- 第一节 进入受限空间前的准备 ····························· 137
- 第二节 受限空间作业实施过程管理 ························· 154
- 第三节 监督检查 ··· 161
- 参考文献 ··· 170

第五章 特殊情况下的受限空间作业
第一节 反应器无氧卸剂作业 ……………………………………… 171
第二节 内浮顶储罐检修作业 ……………………………………… 176
第三节 其他特殊情况下的受限空间作业 ………………………… 184

第六章 应急处置
第一节 受限空间事故应急预案与应急演练 ……………………… 186
第二节 救援行动的要素 …………………………………………… 194
第三节 人员救护 …………………………………………………… 197
参考文献 ……………………………………………………………… 210

第七章 受限空间作业的典型案例
第一节 常见受限空间作业违章 …………………………………… 212
第二节 受限空间作业事故案例分析 ……………………………… 219
参考文献 ……………………………………………………………… 243

附录一
受限空间作业常见危害气体浓度判定限值 ………………………… 244

附录二
受限空间作业常见问题答疑 ………………………………………… 246

第一章　石油石化安全生产风险特点

第一节　石油石化行业特点

石油石化行业是一个复杂而庞大的产业链，从油气开采到销售，每个环节都涉及风险较高的生产和操作过程。由于石油石化行业的特殊性，其生产过程中存在着多种潜在的危险因素，包括易燃易爆物质、高温高压设备、有毒有害气体等，对生产过程中的人员安全构成威胁。因此，深入了解并管理石油石化行业各个环节的生产风险，对于保障安全生产、提高经济效益具有重要意义。

本节对油气勘探开采、集输、处理、储运和销售五个环节的工艺特点及其风险进行详细介绍和系统分析（图1-1、图1-2），为从业人员提供全面的风险认知。

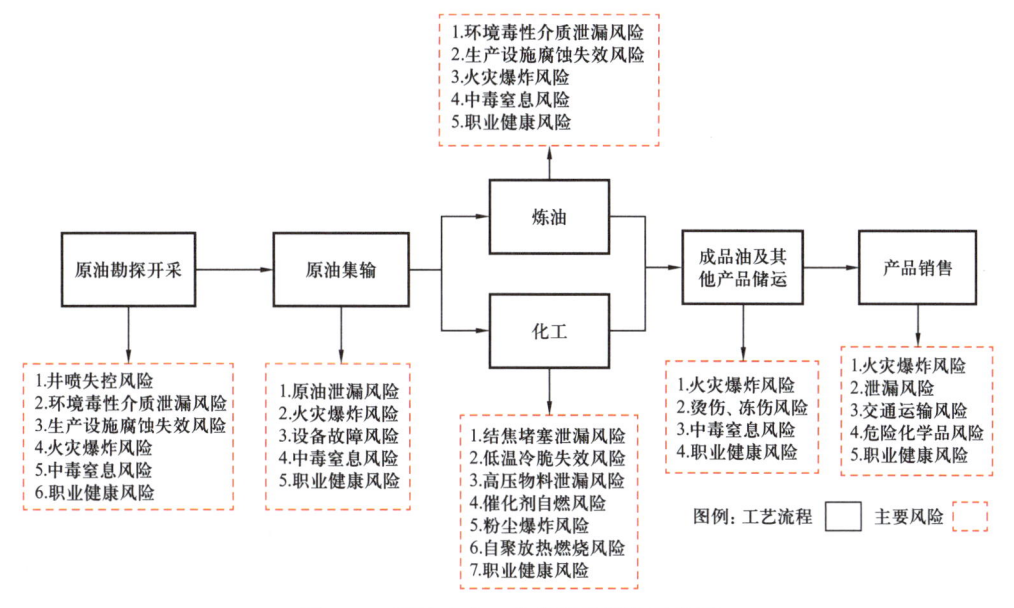

图1-1　石油生产工艺流程及风险示意图

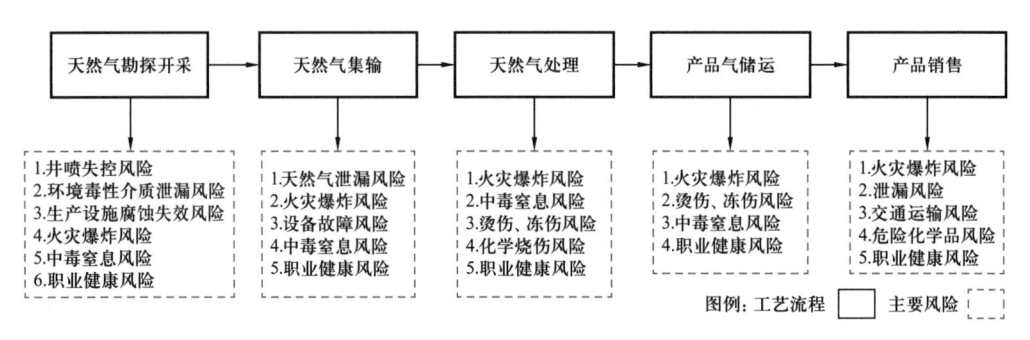

```
天然气勘探开采 → 天然气集输 → 天然气处理 → 产品气储运 → 产品销售

1.井喷失控风险          1.天然气泄漏风险      1.火灾爆炸风险        1.火灾爆炸风险        1.火灾爆炸风险
2.环境毒性介质泄漏风险    2.火灾爆炸风险        2.中毒窒息风险        2.烫伤、冻伤风险      2.泄漏风险
3.生产设施腐蚀失效风险    3.设备故障风险        3.烫伤、冻伤风险      3.中毒窒息风险        3.交通运输风险
4.火灾爆炸风险          4.中毒窒息风险        4.化学烧伤风险        4.职业健康风险        4.危险化学品风险
5.中毒窒息风险          5.职业健康风险        5.职业健康风险                              5.职业健康风险
6.职业健康风险

图例：工艺流程 □  主要风险 ▭
```

图 1-2　天然气生产工艺流程及风险示意图

一、油气勘探开采工艺与风险特点

油气勘探开采是能源领域中的关键环节，主要通过地质调查和地球物理勘探技术来确定勘探区域并评估油气储量，利用科学高效的技术手段开采石油与天然气。由于地质条件的复杂性和不确定性，勘探开采活动通常伴随着多种风险，如腐蚀泄漏、火灾爆炸及人员中毒或窒息等。

（一）油气勘探开采工艺

1. 油气勘探

油气勘探是指通过地质调查、地球物理勘探、钻井、录井及测井等一系列活动来识别勘探区域并探明油气储量的过程。石油勘探通常采用地震勘探、磁法勘探和电法勘探等方法来确定油层的位置。确定后，使用钻井设备钻探探井，采集岩心样本和岩屑以分析地质信息。在录井过程中，测量井下的地质参数并评估储层的性质和储量。天然气勘探遵循类似的流程，但在识别含气构造和确定天然气储层位置时，更加注重评估储层的气体饱和度和渗透性。在某些地质构造中，可能会发现伴生油气井，即在同一构造中同时存在石油和天然气。对于这类井，勘探时需要综合评估油层性质并详细分析气层特性。

2. 油气开采

油气开采是将埋藏在地下油层中的石油与天然气提取到地表的过程。石油开采通常利用钻井设备在已知含油区域内钻探生产井，并安装油管、套管及井控装置，通过自然地层压力或人工增压方式（如泵送）将石油从储层带到地面。天然气的开采流程与石油类似，通常依靠地层的自然压力，或采用油管排水、深井泵排水及泡沫排水等采气方法将天然气开采至地面。对于伴生油气井，在开采时需同时考虑油和气的不同特性，使用多级分离器进行分离处理。

（二）油气勘探开采风险特点

1. 井喷失控风险

在钻完井、井下作业、试修井过程中，钻井液密度与设计不符、钻遇异常高压或低压地层、地层存在严重漏失、起下钻未按规定灌注钻井液等原因都可能导致井内压力失去平衡，叠加井控制度不落实、井控操作失误、防喷器密封不良、井口装置失效等因素从而引发井喷事故。

2. 火灾爆炸风险

在油气勘探开采过程中，原油、天然气等均具有易燃易爆的特性。在钻井、完井、开采等环节中，如果维护不当、操作失误、阀门和储罐等设备老化或存在技术缺陷，可能导致设备密封性能下降、设备超压及控制系统失效，从而引发易燃易爆物质泄漏，一旦遇到静电火花或点火源，就可能发生火灾爆炸。

3. 中毒窒息风险

在油气勘探开采过程中，硫化氢具有剧毒特性，一旦泄漏逸散，将造成影响范围内的人员中毒。天然气中的甲烷、二氧化碳及所使用的钻井液和压裂液中常常含有的苯、甲苯和有机溶剂等均为有毒有害物质。此外，设备维护不当、燃烧加热时通风不良，以及罐装储存、气体置换的高压氮气泄漏并在空间内积聚等原因，均会造成氧气不足，使作业人员缺氧窒息。

4. 环境毒性介质泄漏风险

在油气勘探开采过程中，溢流井喷、设备腐蚀泄漏、密封失效等引发的硫化氢（H_2S）逸散可导致高毒性气体向大气环境扩散，造成区域性污染物浓度超标，并通过气—土界面迁移对地下水系统及土壤层形成复合污染威胁。钻井液中的氯化物（Cl）因套管电化学腐蚀或废水处置缺陷外溢，可诱发地表水及近地表生态系统的离子富集与盐渍化风险。同时，井下管柱腐蚀导致的结构完整性劣化可能形成垂向渗漏通道，促使烃类物质沿地质构造裂隙向浅层运移，引发非可控性碳氢化合物扩散的次生环境灾害。

5. 关键生产设施腐蚀失效风险

在油气勘探开采过程中，井筒结构失效风险源于氯离子诱导的套管电化学腐蚀，其引发的管壁减薄及断裂等结构性劣化可直接导致井控屏障失效。完井设备完

整性风险表现为含 CO_2、H_2S 酸性介质在完井阶段对封隔器弹性体密封面及管柱接箍造成的局部点蚀与缝隙腐蚀，显著削弱完井系统的压力完整性；硫化物应力腐蚀开裂（SSCC）风险则源自 H_2S 环境与设备冷加工残余应力的协同效应，可能诱发井口装置突发脆性断裂。这些腐蚀衍生机理通过材料性能退化、几何形变及流体动力学恶化等路径，最终导致生产中断、修井成本激增及井喷失控等重大生产安全事件，构成油气田全生命周期完整性管理的核心挑战。

6. 职业健康风险

在油气勘探开采过程中，通常存在粉尘、高分贝噪声及高温等多种有害因素。钻井作业产生的大量粉尘若被作业人员吸入，会沉积在肺部，进而损害呼吸功能；钻井时产生的高分贝噪声可能会引起听力损伤；作业人员长时间处于钻井平台等高温高湿的环境中，还可能会导致中暑，造成身体健康损害。

二、油气集输工艺与风险特点

油气集输是石油石化行业必不可缺的环节，主要通过集输管道把分散的油气井所生产的石油、天然气和其他介质集中起来，随后通过必要的处理输送至下游。由于油气集输工艺流程复杂、介质易燃易爆，存在油气泄漏、火灾爆炸、中毒窒息等风险。其中，油气泄漏和火灾爆炸是主要风险，而受限空间作业的常见风险则是中毒窒息。

（一）集输工艺

1. 站场集输

站场集输是指油气井采出的混合物收集到集输站场后，进行初步的油气水分离和计量，随后使分离后的原油和天然气经过集输管网汇集到油气处理厂进行更精细的处理，最后输送到下游工厂或市场的过程。

原油站场集输工艺是指将原油从井口收集起来后，先通过分离器、重力分离、化学处理或电脱水技术完成油水分离，对于含砂原油还需进行脱砂处理。随后，对原油进行稳定处理，并通过分馏塔去除原油中的轻质组分，从而减少原油的蒸发损耗。处理后的原油进入储罐，最终通过管道系统输送至炼油厂或其他处理设施。天然气站场集输工艺是指将天然气从井口收集后通过集输系统输送到处理站，通过脱水脱酸等净化处理来保证天然气品质，并防止水合物形成、管道腐蚀。另外，也可以通过低温将天然气液化，便于运输和储存。

2. 集输管道

集输管道是连接油气田内各生产井、集输站场与处理厂的关键组成部分，负责将油气输送至下游设施。原油集输管道工艺涉及原油的收集、增压、加热及输送等关键环节。在原油处理站完成分离与稳定后，原油被汇集并利用油泵进行增压，以适应长距离管输的要求。在寒冷地区，为降低原油黏度并预防重组分沉积，还需对原油进行加热处理。随后，原油经由管道系统输送至炼油厂或储存设施。天然气集输管道工艺涉及天然气的收集、增压、处理及输送等关键环节。通过集气支线汇集气田各单井产出天然气至集气站预处理，再由集气干线输送至天然气处理厂或净化厂进行深度处理。

（二）集输工艺风险特点

1. 油气泄漏风险

在油气集输过程中，油气中存在硫化氢、苯等有毒有害组分。若原油分馏塔、分离器、储罐、天然气收发球筒等设备损坏、生产异常、操作失误等情况，可能导致油气泄漏，从而导致人员中毒窒息；若泄漏的油气遇明火或高温，可能引发火灾爆炸。

2. 火灾爆炸风险

在油气集输过程中，油气中存在甲烷、硫化氢、轻烃和凝析油等多种易燃易爆的介质。人员操作不当、未及时进行检修导致油气集输管道失效，都可能引发火灾或爆炸。

3. 中毒窒息风险

在油气集输过程中，存在硫化氢、一氧化碳、苯、甲苯等有毒有害气体，检修过程中可能存在氮气等惰性气体。采气树、脱硫塔、脱水塔等设备一旦发生泄漏，这些气体的积聚可能导致作业人员中毒窒息。

4. 设备故障风险

在油气集输过程中，输油泵、水套炉、压缩机和调压设备维护不当或操作失误，可能会出现设备故障，对人员造成机械伤害。因存在易燃易爆、有毒有害介质，甚至可能引发火灾、爆炸和有毒气体泄漏造成人员中毒，从而影响油气正常输送。

5. 职业健康风险

在油气集输过程中，通常存在高分贝噪声、化学物质等多种有害因素。压缩机和泵等设备产生的高分贝噪声及振动，可能对工作人员的听力造成损伤；在油气处理过程中使用的化学添加剂（如缓蚀剂、防蜡剂等），可能造成工作人员皮肤或呼吸系统等受到刺激。

三、油气处理工艺与风险特点

油气处理是确保储运和销售安全和效率的关键环节，主要通过对采出的原油进行炼化，对采出的原料天然气进行分离、净化和加工，将原始的混合物转化为符合商业标准的产品。由于油气处理涉及诸多复杂的工艺过程，其通常伴随着腐蚀泄漏、设备故障和燃烧爆炸等多种风险。

（一）原油处理

1. 炼油

炼油是指将原油通过物理和化学方法加工处理，分离出各种不同的石油产品（如汽油、柴油、煤油、润滑油等）的过程。其主要过程始于常减压工序，该工序依据石油组分沸点差异，分馏出包括液态烃、石脑油、粗柴油、粗煤油、减压蜡油及减压渣油等多种馏分。随后，这些馏分作为原料进入深加工阶段，如加氢裂化，在高温高压及催化剂作用下转化为更高价值的汽油、柴油等产品；催化裂化则通过特定温度和压力下的裂解与分馏，从重质油中获取低分子烃、优质汽油及柴油；催化重整则以重石脑油为原料，在特定条件下生产高辛烷值汽油、轻芳烃，并副产氢气；延迟焦化技术确保减压渣油在焦炭塔内完成裂化缩合反应；最后，硫磺回收工艺有效处理炼制过程中产生的硫化氢，为硫磺及硫酸生产提供原料，其过程涵盖干法与湿法脱硫技术。这一系列复杂而精细的加工步骤共同构成了现代石油炼制的核心流程。

典型石油炼制工艺流程如图1-3所示。

2. 炼油工艺风险

1）环境毒性介质泄漏风险

在炼油过程中，产生的硫化氢、氯化铵等有害化合物，可能因设备腐蚀（氢腐蚀、硫腐蚀、氯腐蚀）导致密封失效，造成有毒/有害物质泄漏至外部环境。泄漏

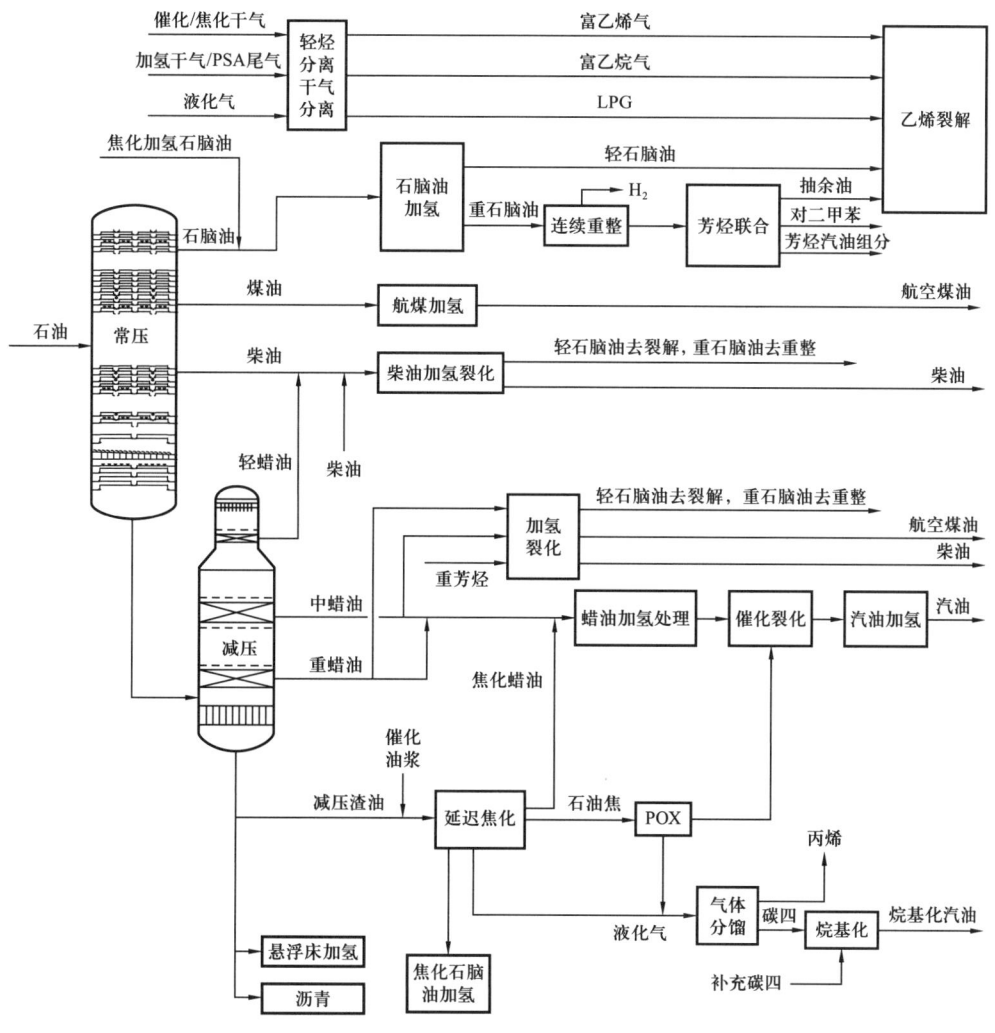

图 1-3 典型石油炼制工艺流程示意图

的硫化氢等气态污染物可能扩散至周边区域，引发大气污染。液态或固态腐蚀产物也可能通过土壤或排水系统污染水体及土壤环境。

2）关键生产设施腐蚀失效风险

在炼油工艺中，高温高压条件下，硫化氢、氯化铵等化合物加速设备及管线腐蚀，导致金属强度下降，可能引发突发性破裂或泄漏，造成可燃、有毒物料直接暴露于生产区域。装置长期运行后炉管内壁结焦，焦层增厚导致局部过热，可能烧穿炉管引发气体泄漏，形成爆炸性混合气体或高温喷射风险。

3）火灾爆炸风险

在炼油工艺中，油品中的硫及其硫化物与铁及其氧化物相互作用，形成硫化亚铁腐蚀产物，这些产物主要源自原油本身及加工过程中添加的如加氢催化剂硫化钼、硫化钴等。硫化亚铁常附着于设备管道内壁，暴露于空气时会氧化放热，有自燃风险。此外，炼油过程中还伴随着氢气、液化气等危险物质的生成，这些物质具有闪点低、自燃点低、爆炸下限低及点火能量小的特性。特别是氢气，其着火能量极小，爆炸极限范围宽泛，一旦遭遇引火源，极易引发火灾爆炸事故。加氢装置在高温条件下运行，物料泄漏会迅速与空气混合，构成重大火灾爆炸隐患。再者，油料管道检修期间，若防爆措施不当，静电放电可能引发残留油品起火爆炸，进一步加剧了炼油作业的安全挑战。

4）中毒窒息风险

在炼油过程中，存在苯、甲苯、氮气等有害物质。若设备密封不良、管道腐蚀、设备检修以及操作失误等原因，可能会造成苯、甲苯等物质泄漏，造成人员中毒。此外，通风不良或是泄漏的氮气等惰性气体在工作场所积聚会导致氧气不足，作业人员长时间在缺氧环境下进行储罐清理或管道维修等作业，可能会造成作业人员窒息。

5）职业健康风险

在炼油过程中，存在高分贝噪声、高温等有害因素。人员长时间暴露于机泵等设备运行产生的高分贝噪声环境中，易导致听力损害；人员在高温环境下工作可能导致中暑。

3. 化工

化工是指从原油和天然气的提取、加工到转化为广泛的石化产品（如塑料、合成纤维、合成橡胶、涂料、润滑油、石蜡等）的过程。在油气处理过程中不仅涉及常减压分馏以获取液态烃、石脑油、粗柴油等基础馏分，还深入拓展至乙烯、芳烃、合成树脂及合成橡胶等化工产品的生产。在乙烯生产方面，通过石脑油裂解等工艺，在高温下将大分子烃类转化为乙烯这一基础化工原料，进而用于制造聚乙烯等合成树脂。芳烃的获取则主要通过对石脑油或煤焦油进行催化重整与精馏，产出苯、甲苯、二甲苯等高价值芳烃，广泛应用于塑料、溶剂及化工中间体。合成树脂的生产则是以乙烯、丙烯等烯烃为原料，通过聚合反应制成聚乙烯、聚丙烯等塑料原料。此外，合成橡胶的生产也依赖于石油炼制的中间产物，如丁二烯等，通过聚合与加工技术，转化为丁苯橡胶、顺丁橡胶等，满足汽车轮胎、工业密封件等多元化需求。

典型化工工艺流程如图1-4所示。

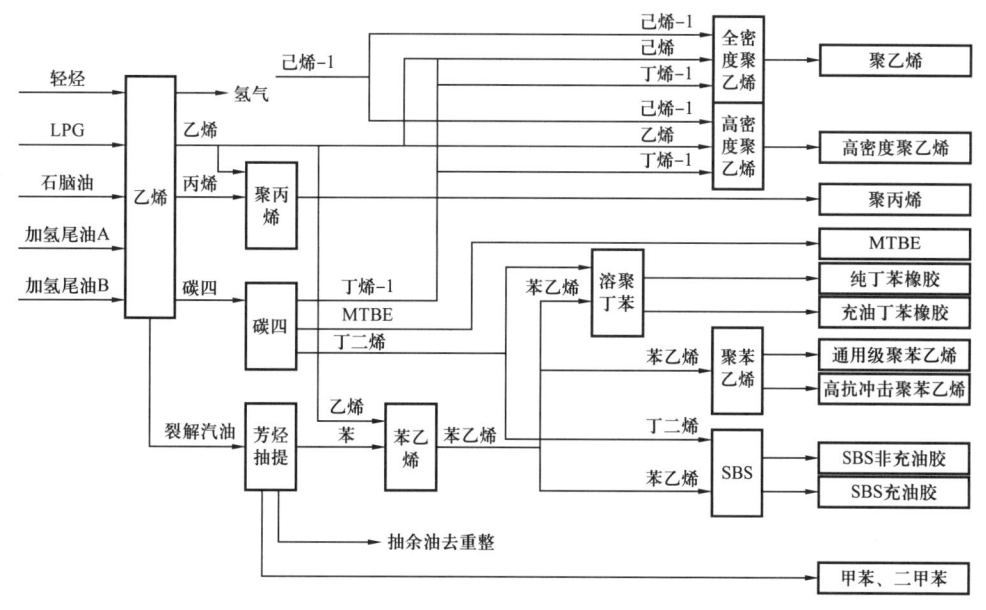

图 1-4 典型化工工艺流程示意图

4. 化工工艺风险

1）结焦堵塞泄漏风险

在化工工艺中，存在焦炭、二氧化碳等有害物质。热裂解烃类过程中易结焦或生炭，堵塞炉管，使得炉管过热烧穿、炉膛超温烧坏炉管或炉管焊口开裂发生裂解气泄漏，会立即发生自燃导致炉膛爆炸。而在延迟焦化时，焦炭沉积在反应器和输送管道内，如果清焦不及时，管道堵塞会导致物料流动受阻，反应器压力升高，可能导致反应器或管道破裂，发生泄漏和着火爆炸事故。

2）低温冷脆失效风险

在化工工艺中，存在液化天然气、氢气等具有潜在危险性的物质。冷脆失效可导致设备破裂，冻堵可引起胀裂漏料。冷分离系统的氢气分离罐温度低达 −162℃，深冷设备可能会发生冷脆失效，或低温"冻堵"。同时，如果在长期使用过程中由于材料老化或制造缺陷导致材料的低温韧性降低，在低温条件下储罐会出现脆性断裂，一旦破裂，液化天然气发生泄漏就会迅速气化并扩散，遇火源后极易引发火灾爆炸事故。

3）高压物料泄漏风险

在化工工艺中，存在聚乙烯、氢气及高温高压蒸汽等高压环境下储存、输送或处理的物料。若氢气管道或储罐的密封性能不佳，或受到腐蚀、振动等因素影响，极可能发生氢气泄漏。高压聚乙烯因操作不当或搅拌器、冷却器等设备故障，会导致反应器内温度、压力持续上升，乙烯裂解产生强烈放热而聚爆。另外，超高压设备系统不严密、材质缺陷等也会导致物料泄漏，从而引发火灾或爆炸事故。

4）催化剂自燃风险

在化工工艺中，存在三乙基铝、钯碳等化学反应活性很高，遇空气自燃，遇水自爆的催化剂。在催化剂配置过程中，稍有疏忽就会发生火灾爆炸事故。钯的催化作用能提升氧气的活性，当与空气中的氧反应时会产生热能并可能产生火花，形成点火源，从而引发火灾爆炸事故。

5）粉尘爆炸风险

在化工工艺中，催化剂粉尘、聚乙烯粉尘、聚丙烯粉尘及生产过程中使用的粉状助剂等粉尘属爆炸性粉尘。若粉尘扩散遇到引火源会发生粉尘爆炸，在生产过程中形成火花放电、堆表面放电、传播型刷形放电等，放电的能量均超过其最小点火能，粉体料仓因静电放电也可能导致料仓闪爆事故。

6）自聚放热燃烧风险

在化工工艺中，存在自聚放热燃烧风险。其主要源自高活性单体在不当条件下自发聚合并释放大量热量，若温度与压力控制不当或物料泄漏，易导致爆聚现象，进而可能引发燃烧或爆炸事故。如合成橡胶聚合产物黏性大，易发生自聚反应，生成的自聚物、热聚物遇空气或热源高温容易自燃。

7）职业健康风险

在化工工艺中，存在化学物质、高分贝噪声、高温等有害因素。接触化学品的过程中防护不当，可能导致人员出现神经系统损伤、肝肾功能异常、急性中毒等风险；人员长时间暴露于设备运行产生的高分贝噪声环境中，易导致听力损害；人员在高温环境下工作可能导致中暑。

（二）天然气处理

1. 天然气处理工艺

天然气处理工艺是指将天然气中的杂质和有害成分去除，以满足管道输送和使用标准的过程。自井口或集输系统来的天然气一般称为原料天然气，其组分中除含有甲烷以外，还含有水、颗粒物、硫化氢、二氧化碳和有机硫等其他组分，需采取分离、脱水、脱酸等工艺脱除其他组分和杂质，使其达到相应的产品气标准，并满足安全使用要求。天然气处理工艺需要根据原料气中所含杂质及其他组分确定，工艺路线通常包括原料气预处理、脱硫脱碳、脱水、脱烃及轻烃回收、硫磺回收、尾气处理、酸水汽提、凝析油稳定等。处理合格后的天然气可采用管道长输的方式输送给下游用户，也可采用液化、压缩等工艺转化为液化天然气或压缩天然气（CNG）提供给下游用户。常见的天然气处理工艺流程如图1-5所示。

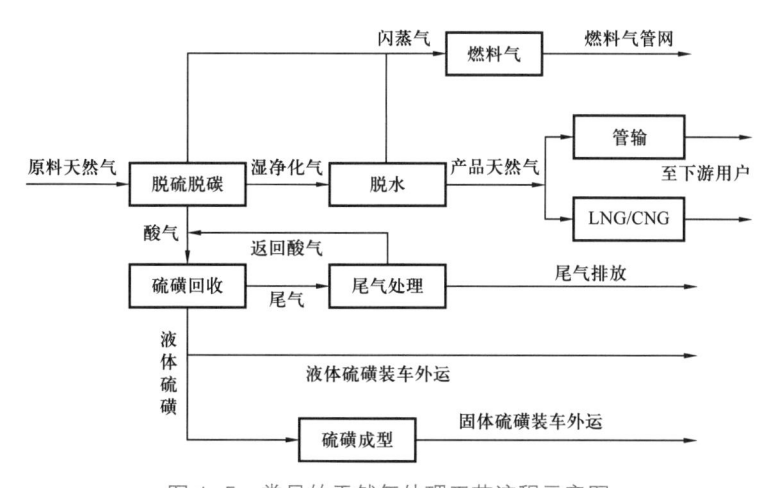

图1-5 常见的天然气处理工艺流程示意图

2. 天然气处理工艺风险特点

1）火灾爆炸风险

在天然气处理过程中，存在甲烷、硫化氢、轻烃、凝析油等易燃易爆介质。若遇管道设备腐蚀穿孔、超压，第三方破坏、密封失效等原因造成易燃易爆介质泄漏至空气中，遇点火源将可能引发火灾和爆炸。在硫磺成型或存储过程中，可能因振动等原因，导致硫磺粉尘在空气中形成爆炸混合物，遇点火源也可引发粉尘爆炸。

2）中毒窒息风险

在天然气处理过程中，存在硫化氢、二氧化硫、甲烷等有害物质。硫化氢、二氧化硫等介质产于原料气预处理、脱硫脱碳、硫磺回收、尾气处理等环节，除易燃易爆的特性外，其还属于毒性气体，一旦失控外泄，可能导致人员中毒。此外，如甲烷、氮气等介质外泄并在局部区域大量聚集，也可能造成人员窒息。

3）烫伤、冻伤风险

在天然气处理过程中，存在液硫、蒸气等高温介质，以及液化天然气、液氮等低温介质。若遇塔、罐、换热器的保温层失效或设备设施失效，高温介质可能导致人员烫伤；液化天然气、丙烷等低温介质还有导致人员冻伤的风险。

4）化学烧伤风险

在天然气处理过程中，存在脱硫溶液、盐酸、氢氧化钠、液体二氧化氯等化学品。在储运和使用过程中若包装破损、密封不严、操作防护不当，可能造成人员烧伤。

5）职业健康风险

在天然气处理过程中，通常存在高分贝噪声、高温等有害因素。人员长时间暴露于装置设备运行产生的噪声环境中，易导致听力损伤；若长时间处于高温环境，可能造成人员中暑或皮肤损伤。

四、油气储运工艺与风险特点

油气储运是能源供应链中的关键环节，主要通过将处理后的石油和天然气分别储存在炼油厂或集输站的储罐及地下储气库、LNG储罐中，随后使石油和天然气通过管道、铁路、公路和海运运输给下游用户。在油气储运环节中，储罐和集输管道可能含有挥发性有机化合物、硫化氢等，一旦发生泄漏或过多接触，可能会造成火灾爆炸、人员中毒窒息、污染环境等情况。

（一）储运工艺

1. 储存工艺

油气储存环节主要开始于油气的接收，即将处理后的油气输送至储存设施，随后通过储存系统对油气进行安全保管，这通常涉及大型储罐或地下储气库。石油储存工艺通常是在地上储罐储存，包括立式和卧式储罐。立式储罐又有拱顶和浮顶之分，其中浮顶罐可以减少油品蒸发损失。卧式储罐通常用于生产环节或加油站，容量较小。其次，还有地下储油和海上浮式储油，前者是指将石油储存在地下油藏中，适用于大型油田，这种方式可以减少环境影响，提高安全性，后者则是利用海上浮式储油装置（如FPSO）进行储存，适用于海上油田。天然气储存工艺通常是在地下储气库储存，包括利用枯竭油气藏、含水层、盐穴和废弃矿坑等地下空间进行储存。此外，通过加压方式将天然气储存在高压储气罐中，适用于城市燃气供应的调峰；将天然气冷却至-162℃后液化为液化天然储存，可以大幅减少天然气的体积，便于储存和运输，通常用于远洋运输和需要大规模储存的情况；将天然气加压至20~25MPa为压缩天然气储存，通常用于运输和小型储存解决方案。

2. 运输工艺

油气运输流程是指将油气从开采地通过一系列的工艺处理后，经由管道、船舶等运输工具进行长距离输送至终端用户的过程。长距离油品运输通常通过油轮进行海运；管道运输则是连接油井和炼油厂的重要方式，它效率高、成本低，适合长期稳定的石油运输需求；铁路运输适用于短途或中短途的石油运输；油罐车辆运输灵活性高，适用于短途运输或作为管道和铁路运输的补充。天然气运输工艺通常使天然气通过高压管道进行长距离输送，这是最常用、最经济的方式；液化天然气大幅节约储运空间，通过专用的 LNG 船，便于远洋运输；压缩天然气通过集装箱式高压管束车、CNG 运输船等运输，通常用于短途或移动式应用；天然气还可以通过专用的槽车进行陆上运输，适用于较小规模的运输需求。

（二）储运工艺风险特点

1. 火灾爆炸风险

在油气储运过程中，存在甲烷、硫化氢、轻烃等多种易燃易爆介质。若储存设施腐蚀、运输罐车超压、第三方破坏、操作不当，可能导致易燃易爆介质泄漏至空气中，遇点火源或运输装卸过程静电未及时释放产生的电火花等可能引发火灾或爆炸。

2. 烫伤、冻伤风险

在油气储运过程中，存在液硫、蒸气等高温介质，以及液化天然气、液氮等低温介质。若需要加热，设施的保温措施失效或管线阀门泄漏，可能导致人员烫伤；液氨、丙烷等低温介质还有导致人员冻伤的风险。

3. 中毒窒息风险

在油气储运过程中，存在硫化氢、一氧化碳、苯、甲苯等有毒有害气体。若遇管道、储罐等设备发生泄漏，可能导致人员中毒，这些气体的积聚可能导致人员窒息。

4. 职业健康风险

在油气储运过程中，存在高分贝噪声、化学物质等有害因素。压缩机和泵等设备产生的高分贝噪声及振动，可能会对工作人员的听力造成损伤；此外，储运过程中可能会使用一些化学添加剂（如缓蚀剂、防蜡剂等），人员长期接触低浓度油气或这些化学药剂等，易使皮肤或呼吸系统等受到刺激。

五、油气产品销售与风险特点

油气销售是能源领域的最终环节，根据市场需求通过管道、轮船、卡车等运输方式输送到分销商或零售点，随后油气产品经过进一步的计量和调压，最终通过加油站、气化站或直接输送到工业和民用用户。由于石油与天然气具有潜在的危险性，在销售环节中易造成火灾爆炸、人员中毒等事件。

（一）油气及化工产品销售

1. 油品及化工产品销售

1）燃料销售

燃料销售是指汽油、柴油及航空煤油等发动机燃料通过一定的销售渠道和方式，提供给消费者或用户的过程。这些产品首先通过管道、油轮、铁路油罐车或公路油罐车运输至储油库。根据市场需求，油品分装成不同规格，并通过加油站、工业用户和其他商业用户等渠道销售给个人消费者、工业用户和商业客户。

2）润滑油销售

润滑油销售是指发动机油、齿轮油、液压油及润滑脂等从生产到输送给最终用户的整个销售过程。生产完成后，润滑油经过严格的品质检测，并进行包装。包装后的润滑油被储存在专门的仓库中，根据需求配送至分销商或零售点，最终销售给终端用户，如汽车修理厂、工业设备制造商和个人消费者。

3）化工产品销售

化工产品销售是指聚乙烯、聚丙烯、苯及甲苯等调研、推广、配送后销售给下游用户或市场的过程。化工原料经过化学反应合成为产品，产品经包装后进行储存或配送至分销商或零售点。分销商或零售点根据市场需求，将产品销售给终端用户，如塑料制品厂、制药企业、涂料生产商等。

2. 天然气销售

1）城镇燃气销售

城镇燃气销售是指向城镇居民、商业用户和工业企业等提供符合产品其标准的天然气的过程。天然气通过长输管道输送并接收后，对其进行除尘、过滤、加热、调压、计量及加臭处理，并且在符合产品气标准后，通过输配系统向居民、商业、集体、工业等各类用户提供。

2）CNG 销售

压缩天然气销售是指将天然气加压至 200~250bar 储存于高压容器中，随后通过专门的加气站销售给 CNG 汽车或其他使用压缩天然气的用户的过程，CNG 主要成分为甲烷。其销售流程主要是罐内高压天然气经过预热、逐级降压、计量、加臭等工序后使气体符合规范要求，随后通过管道输送等方法输送至加气站或用户现场。

3）LNG 销售

液化天然气销售是指将处理后的天然气冷却至 −162℃ 使其液化后，以液态形式进行市场分销和销售的过程，LNG 主要成分是甲烷，还有少量的乙烷和丙烷。其销售流程主要使处理后的天然气经增压、气化、调压、计量、加臭后，通过低温罐车或 LNG 船进行运输，最终在 LNG 气化站或终端用户进行再气化使用。

（二）油气及化工产品销售风险特点

1. 火灾爆炸风险

在油气销售环节中，柴油、汽油、润滑油、液化天然气及压缩天然气等产品具有易燃易爆的性质。第三方破坏、违章占压、穿越密闭空间、燃气标识缺失、燃气用户使用明令禁止的燃气器具、私接乱改、限期未整改安检隐患、餐饮场所未安装可燃气体报警器等问题，以及隔离检查时出现管理缺陷或操作不当，都可能会增加火灾爆炸风险。压缩天然气因储存压力较高，在应力腐蚀或储罐膨胀的情况下会发生爆炸；低温储罐受热、发生故障或泄漏等原因都可能导致液化天然气迅速汽化，储罐内的压力快速上升，储罐超压从而引发爆炸事故。

2. 泄漏风险

在油气销售环节中，存在汽油、甲苯等有害物质，以及液化天然气、压缩天然气等潜在危险性物质。在加油站中，其地下储油罐若因防腐层损坏或长期使用导致腐蚀，可能造成油品泄漏。液化天然气泄漏过程中会大量吸收空气中的热量，易造成人员冻伤。液化石油气气瓶的密封装置损坏或操作人员在更换气瓶时未正确连接，可能导致液化气泄漏扩散，进而引发火灾或爆炸。

3. 交通运输风险

在油气销售环节中，存在柴油、聚乙烯、发动机油、城镇燃气等易燃易爆物质。油气产品的运输通常通过油轮、管道、铁路或公路进行，如发生油轮碰撞、管道破裂或道路交通事故等，可能导致泄漏、火灾或爆炸事故。其中，液化天然气和压缩天然气的运输需要特殊的低温罐车或 LNG 船，如遇碰撞、翻车或恶劣天气等，也可能导致泄漏、爆炸等事故。

4. 危险化学品风险

在油气销售环节中，存在液化石油气、汽油、柴油及苯等易燃易爆物质。液化石油气管道破裂或阀门损坏、汽油和柴油遇高温或火源、苯及其衍生物因操作不当泄漏挥发或在清罐过程中防护措施不当或使用不安全的清洗剂，可能引发爆炸、火灾、人员急性或慢性中毒。

5. 职业健康风险

在油气销售环节中，存在汽油、苯、液化天然气和压缩天然气等危险物质。柴油储存不当或人员未经有效防护接触汽油或甲苯等，则可能导致人员中毒、刺激人体呼吸系统、损伤神经系统。

六、受限空间作业风险

在石油石化产业链中，受限空间作业贯穿油气勘探开采、集输、炼化、储运等全流程，其风险呈现出工艺耦合性、危害叠加性、后果级联性的显著特征。受限空间固有的密闭性、复杂性及介质多样性，叠加烃类物质的高危属性，使得硫化氢积聚、缺氧窒息、燃爆连锁等风险呈现动态演变态势。特别是在高温高压、多相流态、腐蚀环境等工况下，传统经验式防控模式面临严峻挑战。

（一）油气勘探开采环节受限空间作业风险特点

在油气勘探开采过程中，受限空间内通常存在硫化氢、苯等有毒有害物质。作业人员进行钻机冷却水柜的清理、钻井底座方井内井口装置的安装与更换、循环罐和储备罐的检修与维护，以及基坑或管沟的清理与清洗等受限空间作业、设备老化或操作不当导致泄漏、通风系统失效引起有害气体积聚等原因都可能导致作业过程中存在中毒窒息、火灾爆炸、机械伤害、坍塌及掩埋等多种风险。

（二）油气集输环节受限空间作业风险特点

在油气集输过程中，存在硫化氢、甲烷等有害物质，检修过程中会使用氮气等惰性气体进行置换。检修人员在进入分馏塔、脱硫塔、分离器、反应器和储罐等设备进行检查、维护和清理等受限空间作业时，可能会进入有毒有害、惰性、易燃易爆气体环境，导致缺氧、火灾爆炸等风险。

（三）炼油环节受限空间作业风险特点

在炼油过程中，通常存在硫化氢、苯等有害物质。若遇原油储罐的清理与维修、蒸馏塔的清理与检修，加热炉内部的检查与维修，换热器的内部清理，油水分离器的维护及泵站内部设备的检查等受限空间作业，可能会因人员操作不当、设备故障等原因导致人员中毒窒息、火灾爆炸、触电、高处坠落及机械伤害等风险。

（四）化工环节受限空间作业风险特点

在化工工艺中，存在二氧化碳、硫化氢等有害物质。若遇各类储罐内部清洗、检维修，反应器更换催化剂或反应器内部检维修，压力容器及危化品运输车辆等进行内部清洗、检维修，输油输气管道或其他埋地管道疏通、维修、更换和检定，地下含油污水井、污水提升池及事故池等进行内部清淤和检维修等受限空间作业，可能因人员操作不当、设备故障等原因造成人员中毒窒息、火灾爆炸、高处坠落、触电、机械伤害、物体打击等风险。

（五）天然气处理环节受限空间作业风险特点

在天然气处理过程中，工艺流程长，管道布置复杂，存在硫化氢、二氧化硫、甲烷等有毒有害、易燃易爆的介质，并且使用的塔、罐、炉、反应器等各类容器多。装置检维修过程中涉及设备内件检查、清洗、维修、更换等作业均需人工完成，若遇人员操作不当、管道泄漏等原因，可能造成人员中毒窒息、火灾爆炸、高处坠落、触电、机械伤害、物体打击等风险。

（六）油气储运环节受限空间作业风险特点

在油气储运过程中，存在硫化氢、甲烷等有害物质。若遇成品油储罐或LNG储罐的清洗、检查或维修，管道内部检查、清洁或维修，分离器塔盘拆装或内部清洗、污水池清淤、罐车内部清洗或检查等受限空间作业，可能会因人员操作失误、外力影响造成人员中毒窒息、火灾爆炸、高处坠落、触电、机械伤害、车辆伤害、物体打击等风险。

（七）油气及化工产品销售环节受限空间作业风险特点

在油气销售环节中，存在发动机油、甲苯、液化天然气和压缩天然气等危险有害物质。若遇进入深阀井操作、检查及设备维护、油气及化学品储罐的清洗及维护、罐车的清洗及维护、油池（隔油池）清淤、加油站日常下罐检查、隔离检查及进入基坑或管沟等受限空间作业等，可能因人员操作不当、设备故障造成人员中毒窒息、火灾爆炸、触电、坍塌、掩埋等风险。

第二节 受限空间作业的危险有害因素及可能事故类型

受限空间作业中的许多危害具有隐蔽性，并且多种危害可能共同存在。为了有效地预防事故发生，除了对有关人员进行必要的安全教育培训外，还应探讨受限空间作业中的危险有害因素及其可能导致的事故类型，提前做好预防措施。

一、危险和有害因素

危险和有害因素是指可对人造成伤亡、影响人的身体健康甚至导致疾病的因素，根据 GB/T 13861—2022《生产过程危险和有害因素分类与代码》的规定，生产过程中的危险和有害因素共分为四大类，分别是"人的因素""物的因素""环境因素"及"管理因素"。

（一）人的因素

1. 作业人员的因素

（1）作业人员不了解进入期间可能面临的危害。

（2）作业前，作业人员未查证已隔离的程序。

（3）作业人员不了解危害出现的形式、征兆和后果。

（4）作业人员不了解防护装备的使用和限制，不了解未隔离、未蒸煮和未置换吹扫的危害。

（5）作业人员不清楚监护人用来提醒撤离时的沟通方法，不清楚当发现危险的征兆或现象时，提醒监护人的方法，不清楚何时撤离受限空间，以致事故发生。

2. 监护人员的因素

（1）监护人不了解作业人员进入期间可能面临的危害。

（2）监护人不了解作业人员受到危害影响时的行为表现。

（3）监护人不清楚召唤救援和急救部门帮助进入者撤离的方法，以致不能起到监督空间内外行动和保护进入者安全的作用。

3. 管理人员的因素

（1）管理人员不熟悉生产流程、对危险源识别不准确。

（2）管理人员误操作、指挥失误。

（3）管理人员的疏忽大意或对应急措施的不熟悉。

4. 气体检测员的因素

（1）气体检测员不遵守相关法律法规，没有确保作业前受限空间内的气体环境满足作业要求，作业时没有进行连续监测来保证作业人员安全。

（2）气体检测员对检测标准不熟练，不会正确使用检测仪器取样和检测，且资质没有达到要求。

（3）气体检测员没有遵循企业的安全管理制度，没有参与安全培训与演练，没有为作业申请和批准提供准确的检测结果和建议。

5. 作业申请人的因素

（1）作业申请人没有严格遵守相关法律法规，不明确自身的安全责任。

（2）作业申请人不遵循企业的安全管理制度，没有确保作业前的充分准备，并且没有全程监督作业过程及没有制订应急预案以应对突发情况。

6. 作业批准人的因素

（1）作业批准人没有执行行业标准，没有进行风险评估和控制，并且未确保作业活动符合安全要求。

（2）作业批准人没有严格遵循相关法律法规，没有对所批准的作业活动承担明确的安全责任。

（3）作业批准人没有按照公司的安全管理制度执行，没有对签发和关闭作业许可证负责，没有全程监督与协调作业过程，并未在异常情况发生时迅速组织应急处置。

（二）物的因素

1. 有毒气体

在受限空间作业中，可能存在很多的有毒气体，既可能是受限空间内已经存在的，也可能是在工作过程中产生的。石油石化行业受限空间中常见的有害气体有硫化氢、一氧化碳等，这些都对作业人员构成中毒威胁。

2. 可燃气体

在受限空间作业中，常见的可燃气体包括甲烷、天然气、氢气及挥发性有机化合物等。这些可燃气体来自地下管道泄漏（天然气管道）、容器内部的残存及细菌分解工作产物（在其内进行涂漆、喷漆、使用易燃易爆溶剂）等，若遇引火源，就可能导致火灾甚至爆炸。在受限空间中的引火源包括产生热量的工作活动，如焊接、切割等作业，打火工具可能会是光源、电动工具、仪器甚至静电。

3. 酸碱物质

在受限空间作业中，酸碱物质的风险不容忽视。这些酸碱物质如硫酸、盐酸、氢氧化钠等，具有强烈的腐蚀性，可能对作业人员的皮肤、眼睛和呼吸系统造成严重伤害。因此，在作业前必须全面了解作业环境中可能存在的酸碱物质种类和浓度，为作业人员提供适当的防护用品，严格执行空气检测和通风换气措施，确保作业过程的安全。

4. 厌氧物质

在受限空间作业中，氧气不足是引发窒息事故的关键因素。氧气不足的原因有很多，如被二氧化碳、氮气等挤占、燃烧氧化（如生锈）、微生物行为、吸收和吸附（如潮湿的活性炭）及工作行为（如使用溶剂、涂料、清洁剂或者是加热工作）等都可能影响氧气含量。当作业人员进入后，可能由于缺氧而窒息。因此，确保受限空间作业前进行充分的通风换气，实时监测氧气浓度，并采取必要的个体防护措施，是预防窒息事故、保障人员安全的关键措施。

5. 机械物体

在受限空间作业中，可能涉及机械运行，如转动轴体、齿轮箱等。如果机械未实施有效关停或操作不当，人员可能因机械的意外启动或操作失误而遭受伤害。机械伤害可能导致外伤性骨折、出血、休克、昏迷等，严重时甚至直接导致死亡。

6. 带电设备

在受限空间作业中，带电设备是一个重要的风险因素，可能给作业人员带来电击、电伤甚至死亡等严重后果。如果作业人员直接接触带电的导线、设备或部件，或是未对受限空间内或其周围设备接地，电流可能通过人体，导致电击伤害。电击伤害可能轻微（如肌肉收缩或疼痛），也可能严重（如心脏骤停或致命）。

7. 放射源

在受限空间作业中，放射源的存在可能会使作业人员受到伤害。放射源能够发射出具有一定能量的射线，这些射线对人体具有潜在的伤害性，可能导致细胞组织损伤、器官功能衰竭甚至死亡。因此，如果在受限空间作业时存在放射源或使用了含有放射性物质的设备，必须对放射源采取安全处置措施，确保作业人员安全。

（三）环境因素

（1）在高温高湿受限空间中，易引发热应激反应或低温症，叠加通风不良易形成 CO、H_2S 等有毒气体积聚，导致中毒窒息复合伤害。

（2）作业人员在接触高温设备表面时，若未做好保护措施，可能造成皮肤烧伤。

（3）一些受限空间极其狭小，长期蜷缩作业易引发肌肉骨骼损伤。

（4）在受限空间的湿滑表面作业时，因表面摩擦系数降低，易导致人员滑倒撞击管件；潮湿环境还会加速机械传动部件锈蚀，引发设备失控，可能导致对人员造成机械伤害。

（5）储水设施清洗时人员失足落水，受限空间阻碍自救；虹吸效应也会导致水位异常上涨形成淹没风险。

（6）在作业现场若电气防护装置失效或错误操作、电气线路短路、超负荷运行及雷击等都有可能发生电流对人体的伤害，从而造成伤亡事故。

（四）管理因素

安全管理制度的缺失、施工管理部门没有编制专项施工（作业）方案、没有应急预案或没有制订相应的安全措施、缺乏岗前培训、进入受限空间作业人员的防护装备与设施得不到维护和维修，是造成该类事故发生的重要原因。另外，因未制定受限空间作业的操作规程、操作人员无章可循而盲目作业、操作人员在未明了作业情况下贸然进入受限空间作业场所、误操作生产设备、作业人员未配备必要的安全防护与救护装备，这些都有可能导致事故的发生。

二、事故类型

受限空间作业的危害主要是因为空间内缺氧或存在有毒有害、易燃易爆物质，

图 1-6 受限空间安全风险

其聚积浓度达到或超过人体短时间内容许接触的最高浓度或工作时间内容许的加权平均浓度时，会引起不同程度的中毒、窒息及其衍生出的其他伤害事故，以及易燃易爆物质聚积浓度达到爆炸极限遇到点火源引起火灾爆炸事故。由 GB/T 6441—1986《企业职工伤亡事故分类》将主要事故类型分为中毒、窒息、火灾、爆炸、淹溺、高处坠落、触电、物体打击、机械伤害、灼烫、坍塌、掩埋及中暑类职业健康事故等。在某些环境下，上述事故可能同时存在，并且具有隐蔽性和突发性，如图 1-6 所示。

（一）中毒

受限空间内存在或积聚有毒气体，作业人员吸入后会引发化学性中毒，甚至死亡。

受限空间中有毒气体可能的来源包括：受限空间内存储的有毒物质的挥发、有机物分解产生有毒气体、进行焊接或涂装等作业时产生有毒气体、相连或相近设备中有毒物质的泄漏等。受限空间内若存在或积聚有毒气体，其主要通过呼吸道进入人体，再经血液循环，对人体的呼吸、神经、血液等系统及肝脏、肺、肾脏等脏器造成严重损伤。在石油石化行业中引发受限空间作业中毒风险的典型物质有：硫化氢、氨气、氯气、氰化氢、苯和苯系物、一氧化碳及汞等（表 1-1）。

表 1-1 引起中毒的典型物质

名称	状态	相对密度	熔点，℃	沸点，℃	溶解性	接触限值，mg/m³	危害
硫化氢（H_2S）	无色、有恶臭的气体	1.13（空气=1）	−85.5	−60.4	溶于水和乙醇	10	急性中毒，急性中毒性呼吸系统疾病、脑病、心脏病，电击式猝死
氨气（NH_3）	无色、有刺激性恶臭的气体	0.6（空气=1）	−77.7	−33.5	极易溶于水	20	眼损伤，上呼吸道症状；急性中毒，中毒性呼吸系统疾病，电击式猝死

续表

名称	状态	相对密度	熔点,℃	沸点,℃	溶解性	接触限值,mg/m³	危害
氯气（Cl_2）	黄绿色、有刺激性气味的气体	2.48（空气=1）	-101	-34.5	易溶于水、碱液	1	上呼吸道和眼刺激。急性中毒，急性中毒性呼吸系统疾病，电击式猝死
氰化氢（HCN）	无色气体或淡蓝色、易挥发的液体	0.93（空气=1）	-13.4	26	易溶于水、乙醇、乙醚、甘油、氨、苯、氯仿等	0.3	急性中毒，若短时间内吸入高浓度氰化氢气体，作业人员会立即呼吸停止而死亡
苯（苯系物）（C_6H_6）	有香味的、无色的液体	2.69（空气=1）	5.5	80.1	难溶于水	6	中毒，白血病，急性中毒性脑病，电击式猝死
一氧化碳（CO）	无色、无味的气体	0.968	-205	-191.5	难溶于水	20	碳氧血红蛋白血症，急性中毒，急性中毒性脑病，迟发性脑病，电击式猝死
汞（Hg）	蒸气	微溶于水	-38.87	356.7	微溶于水	0.02	肾损害，中毒，急性中毒性肾病、呼吸系统疾病
汞	液体	13.53	-38.9	356.7	不溶于水	0.025	神经毒性、肾损伤，蒸气吸入致震颤/记忆减退，慢性积累危害
丙烯腈	液体	0.81	-83.6	77.3	微溶于水	2	致癌（Ⅱ类）、黏膜刺激，代谢生成氰化物致全身中毒

（二）窒息

人体的呼吸过程由于某种原因受阻或异常导致的全身各器官组织缺氧、二氧化碳潴留而引起的组织细胞代谢障碍、功能紊乱和形态结构损伤的病理状态称为窒息。当人体内严重缺氧时，器官和组织会因为缺氧而广泛损伤、坏死，尤其是大脑。气道完全阻塞只要造成1min不能呼吸，心跳就会停止。空气中氧含量的体积分数约为20.9%，氧含量低于19.5%时就是缺氧。缺氧会对人体多个系统及脏器造成影响，甚至使人致命。空气中氧气含量不同，对人体的影响也不同（表1-2）。

表1-2 不同氧气含量对人体的影响

氧气含量（体积分数），%	对人体的影响
15~19.5	体力下降，难以从事重体力劳动，动作协调性降低，易引发冠心病、肺病等
12~14	呼吸加重，频率加快，脉搏加快，动作协调性进一步降低，判断能力下降
10~12	呼吸加重、加快，几乎丧失判断能力，嘴唇发紫
8~10	精神失常，昏迷，失去知觉，呕吐，脸色死灰
6~8	4~5min通过治疗可恢复，6min后50%致命，8min后100%致命
4~6	40s内昏迷、痉挛、呼吸减缓、死亡

受限空间内缺氧主要有两种情形：一是生物的呼吸作用或物质的氧化作用，受限空间内的氧气被消耗导致缺氧；二是受限空间内存在二氧化碳、甲烷、氮气、氩气、水蒸气和六氟化硫等窒息气体（表1-3）排挤氧空间，使空气中氧含量降低导致人员缺氧。

表1-3 造成窒息的典型物质

名称	状态	相对密度	熔点，℃	沸点，℃	溶解性	接触限值，mg/m³	危害
二氧化碳（CO_2）	无色、无味、无臭的气体	1.98（空气=1）	-56.6	-78.5	溶于水、烃类有机物	9000	呼吸中枢、中枢神经系统作用，窒息
甲烷（CH_4）	无色、无味、无臭的气体	0.717（空气=1）	-182.5	-161.5	不易溶解于水	/	呼吸中枢、中枢神经系统作用，窒息
氮气（N_2）	无色、无味、无毒的气体	1.25（空气=1）	-210	-196	不溶于水	/	呼吸中枢、中枢神经系统作用，窒息

（三）火灾

1. 自燃

自燃是指可燃物在没有外部火花、火焰等引火源的作用下，因受热或自身发热并蓄热而发生的自然燃烧现象。自燃现象按照热的来源不同，分为受热自燃和自热自燃（本身自燃）。受限空间作业中通常会遇到危险介质自热自燃的风险，如石油石化生产中的浸油纤维、硫化亚铁、还原镍、烷基铝等物质，常见可燃物质自燃点见表1-4。

表 1-4　常见可燃物质在空气中的自燃点

可燃物	自燃点，℃	可燃物	自燃点，℃	可燃物	自燃点，℃
氢气	571	苯	590	甲醛	430
甲烷	500～537	甲苯	480	甲醇	464
乙烷	472	乙苯	432	乙醇	363
丙烷	450	苯乙烯	490	丁醇	355～365
丁烷	287	二甲苯	528	乙醚	160～180
乙烯	450	MTBE	375	丙酮	465
乙炔	305	二甲基二硫	206	乙醛	175
环氧乙烷	429	二硫化碳	90	异丁烷	460
丙烯	460	丙烯腈	481	异丁烯	465
丁烯	385	丙烯醛	234	汽油	250～530
异戊烷	420	硫化氢	260	煤油	240～290
环己烷	245	溴甲烷	537	柴油	350～380
己烯-1	235	己烷	225	石脑油	232～288
丁二烯	415	氯甲烷	632	红磷	260
一氧化碳	610	氯乙烷	472	白磷	30
氨气	651	氰化氢	538		

2. 闪燃

闪燃是指在一定温度下，可燃性液体（包括少量可熔化的固体，如硫磺、石蜡、沥青等）蒸气与空气混合达到一定的浓度时，遇引火源产生的一闪即灭的燃烧现象。闪燃现象的产生，是因为可燃性液体在闪燃温度下，蒸发速度不快，蒸发出来的气体仅能维持一刹那的燃烧，来不及补充新的蒸气来维持稳定的燃烧，常见可燃性液体闪点见表 1-5。

表 1-5　常见可燃性液体的闪点（闭杯法）

液体名称	闪点，℃	液体名称	闪点，℃	液体名称	闪点，℃
乙醚	-45	甲苯	4	汽油	-50～10
乙醛	-39	乙苯	12.8	煤油	28～45

续表

液体名称	闪点，℃	液体名称	闪点，℃	液体名称	闪点，℃
丙酮	−18	苯乙烯	31	柴油	45～75
甲醇	12	苯	−11	石脑油	<−18
乙醇	13	二甲苯	25	MTBE	−28～34
丁醇	29	二硫化碳	−30	异戊烷	<−51
己烯-1	−26	丙烯腈	−1	环己烷	−18
二甲基二硫	<−17.7	丙烯醛	−26	三乙基铝	−52
乙醇	13	/	/	/	/

3. 着火

着火是指可燃物受到外界火源直接作用而开始持续燃烧的现象。例如，用明火点燃汽油，就会引起着火，常见可燃物质的燃点可见表1-6。

表1-6　常见可燃物质的燃点

物质名称	燃点，℃	物质名称	燃点，℃	物质名称	燃点，℃
汽油	16	黄磷	34	涤纶	390
灯用煤油	86	红磷	160	腈纶	355
润滑油	344	三硫化四磷	92	聚丙乙烯粒料	296
石蜡	190	黏胶纤维	235	聚氯乙烯	391
萘	86	醋酸纤维	305	有机玻璃	260
硫	207	尼龙6	395	尼龙66	415

（四）爆炸

由于受限空间内部通风不畅、吹扫处理不彻底、气体检测不合格、系统隔离不到位等原因，积聚的易燃易爆物质与空气混合形成爆炸性混合物，若混合物浓度达到其爆炸极限，遇明火、化学反应放热、撞击或摩擦火花、电气火花、静电火花等点火源时，就会发生爆炸，造成人员伤亡和设备损坏。同时，因为反应激烈，爆炸或燃烧过程消耗大量氧气，受限空间内部形成缺氧环境，容易引发二次事故。

在石油石化行业的受限空间作业中，常见的易燃易爆物质有甲烷、氢气等可燃性气体及铝粉、煤粉等可燃性粉尘。其中，甲烷可能由于地下储层、管道泄漏、设备故障等原因暴露在受限空间内，如果积累到一定体积分数，遇到火源就可能会造成爆炸；另外，在石油炼制过程中，氢气可能作为副产品产生，并在某些工艺条件下释放到受限空间中，也具有较高的爆炸风险，常见气体的爆炸极限见附录一。

（五）淹溺

作业过程中突然涌入大量液体，以及作业人员因发生中毒、窒息、受伤或不慎跌入液体中，都可能造成人员淹溺。发生淹溺后人体常见的表现有：面部和全身青紫、烦躁不安、抽筋、呼吸困难、吐带血的泡沫痰、昏迷、意识丧失及呼吸心搏停止等。造成淹溺的主要原因是：

（1）受限空间内有积水或积液：当受限空间内存在积水或积液，且作业人员未注意到或未采取防护措施时，容易发生淹溺事故。例如，在污水池、化粪池、蓄水池等受限空间作业时，如果积水深度超过作业人员的防护能力，就可能发生淹溺。

（2）作业位置附近的暗流或其他液体渗透：在某些受限空间内，可能存在暗流或地下水流，如果作业人员未及时发现或未采取相应措施，就可能被突然涌入的液体淹没。

（3）突然涌入的液体：在某些受限空间作业过程中，可能会由于设备故障、操作失误等原因导致液体突然涌入，从而造成淹溺事故。

在发生淹溺时，作业人员应保持冷静，不要惊慌失措，以免消耗过多体力。在保持冷静的同时，作业人员应大声呼喊求救，以便外部人员听到并采取相应的救援措施。如果可能的话，作业人员应寻找周围的漂浮物，如木板、泡沫等，抓住它们以增加浮力，并减少体力消耗，同时可以尝试用四肢轻轻划水，延缓下沉速度。

（六）高处坠落

在受限空间作业中，高处坠落是指作业人员在高于基准面的位置进行作业时，失去平衡、防护不当或其他意外因素导致从高处跌至低处的事故。许多受限空间进出口距底部超过 2m，一旦人员未佩戴有效防护用品，在进出受限空间或作业时易导致高处坠落。高处坠落可能导致四肢、躯干和腰椎等部位受冲击而造成重伤致残，或是因脑部、内脏等损伤而致命。造成高处坠落的主要原因是：

（1）作业平台或脚手架问题：脚手架、梯子或作业平台搭建不稳固，导致作业人员站立不稳而坠落；脚手架、梯子或作业平台材料有缺陷或磨损，降低了其承载能力；脚手架或作业平台上未设置防护栏杆或防护栏杆不符合安全标准。

（2）个人防护装备使用不当：作业人员未佩戴安全带或安全带佩戴不正确，无法有效防止坠落；安全带挂点不牢固或未设置在可靠的结构上。

（3）人为因素：作业人员操作不当，如走动时不慎踩空、脚底打滑或身体失去平衡；作业人员缺乏安全意识，如未遵守高处作业的安全规定，未采取必要的安全防护措施；作业人员患有不适宜高处作业的疾病或身体状态不佳。

当发生高处坠落后，作业人员应迅速采取止血、包扎等急救措施。同时，避免随意移动受伤部位以防二次伤害。在等待救援过程中，要保持安静并避免过度活动，配合救援人员进行救治。事故后，要总结经验教训，加强安全教育和预防措施，确保类似事故不再发生。

（七）触电

在受限空间作业中，触电是指作业人员因直接或间接接触带电体而导致的电流通过人体，对作业人员造成伤害的事故。当通过人体的电流超过一定值时，人就会产生痉挛，不能自主脱离带电体；由 GB 50160—2008《石油化工企业设计防火规范》及有关文件可知，当通过人体的电流超过 100mA，就会形成致命电流直接引发呼吸麻痹或心脏骤停。造成触电的主要原因是：

（1）电气设备使用不当：作业人员在使用电钻、电焊等设备时，未遵循安全操作规程，如未佩戴绝缘手套、未使用绝缘垫等，导致直接接触带电体。此外，电气设备的电源线或焊把线破损，绝缘层损坏，作业人员在操作过程中不小心触碰到裸露的电线。

（2）环境因素影响：受限空间内空气湿度大，可能导致电气设备的绝缘性能降低，从而增加触电风险；空间内可能存在积水或其他导电介质，增加了触电的可能性。

（3）电气设备维护不当：电气设备未定期进行安全检查和维护，导致设备存在安全隐患，如漏电、短路等；未使用或未正确安装漏电保护器，无法及时切断漏电电流，增加了触电风险。

发生触电事故后，首要任务是迅速切断电源，确保电流不再通过人体。同时，要使用绝缘工具或干燥木棍等将伤员与带电体分离，避免伤员继续受到伤害。在确认伤员脱离电源后，应立即拨打急救电话并进行现场急救。首先观察伤员的生命体征，如呼吸、心跳等。如有需要，进行人工呼吸或心脏复苏等急救措施。值得注意的是，在处理触电事故时，应注意自身安全防护，避免再次发生触电事故。

（八）物体打击

物体打击是指失控的物体在惯性力或重力等其他外力的作用下产生运动,打击人体而造成人身伤亡事故。在受限空间作业中,这种伤害尤为常见,因为空间限制导致作业人员可能与潜在的打击物距离更近。造成物体打击的主要原因是:

（1）工具或设备掉落:在受限空间内,作业人员可能使用各种工具和设备进行作业。如果工具或设备未正确固定或放置,它们可能因意外碰撞或震动而掉落。

（2）物料堆放不当:物料在受限空间内可能堆积较高,如果堆放不稳或未遵循安全规定,物料可能滑落或倒塌。

（3）人员操作失误:作业人员在传递工具或材料时,可能因疏忽或操作不当导致物体失控。

发生物体打击后,应立即观察并评估伤员的伤势,包括头部、脊柱和四肢等重要部位。如有必要,进行初步急救,如止血、包扎等。同时,迅速组织救援人员,将伤员从危险区域中移出,保持伤员呼吸道畅通,进行人工呼吸或胸外心脏按压等急救措施,并尽快将伤员送往医院接受专业治疗。在送往医院过程中,保持伤员安静、保暖、少动,避免二次伤害。在事故发生后,进行事故调查,分析事故原因和责任,并根据调查结果制订改进措施,防止类似事故再次发生。

（九）机械伤害

机械伤害是指作业人员在受限空间内,机械设备的不当操作、安全防护措施不到位或机械设备本身存在故障等原因,如未实施有效关停,人员可能因机械的意外启动而遭受伤害,导致作业人员受到的身体伤害,造成外伤性骨折、出血、休克及昏迷,严重的会直接导致死亡。造成机械伤害的主要原因是:

（1）机械意外启动:受限空间作业过程中可能涉及机械运行,如未实施有效关停,人员可能因机械的意外启动而遭受伤害,造成外伤性骨折、出血、休克、昏迷,严重的会直接导致死亡。

（2）设备故障:机械设备因长期使用或维护不当导致故障,如齿轮咬合不良、轴承损坏等,都可能造成机械伤害。

（3）人为误操作:作业人员在操作过程中未按照操作规程进行,如超载、超速、违规使用工具等,都可能导致机械伤害。

发生机械伤害后,作业人员应立即停止作业,避免伤害扩大。同时,根据伤害情况,采取紧急处理措施,如止血、包扎、固定等,减轻伤害程度。在紧急处理的同时，要立即呼叫救援，通知相关人员前来处理。在救援人员到达之前，要保护好事故现场，避免破坏证据，为事故调查提供线索。

（十）灼烫

受限空间内存在的燃烧体、高温物体、化学品（酸、碱及酸碱性物质等）、强光、放射性物质等因素可能造成人员烧伤、烫伤和灼伤。造成灼烫的主要原因是：

（1）高温物体接触：受限空间内可能存在的高温设备、管道等，如果作业人员不慎与其接触，可能导致皮肤灼伤。

（2）火焰或蒸汽：在受限空间内进行焊接、切割等作业时，产生的火焰或蒸汽如果未得到妥善控制，可能直接接触到作业人员，造成灼伤。

（3）化学品溅射：某些化学品在接触皮肤时会产生化学反应，释放出热量，导致皮肤灼伤。例如，酸、碱等强腐蚀性物质。

发生灼烫后，作业人员应迅速脱离热源，并用大量冷水冲洗灼伤部位，以降低皮肤温度，减轻热损伤。注意水流不宜过急，以免冲破伤口。如果灼伤部位有衣物覆盖，应小心去除衣物，避免加重皮肤损伤。如果灼伤严重，如面积大、深度深或伴有其他并发症，应立即寻求医疗救助。需要注意的是，在处理灼烫时避免使用油膏、润滑脂或其他油脂类物质，以免加重伤口感染。同时，如果灼伤部位出现水泡，应避免自行弄破，以免加重伤口。

（十一）坍塌

受限空间在外力或重力作用下，可能因超过自身强度极限或因结构稳定性破坏而引发坍塌事故。人员被坍塌的结构体掩埋后，会因压迫导致伤亡。

造成坍塌的主要原因包括土壤或岩石的不稳定性、结构物的损坏及外力作用等。在地下挖掘、隧道施工等作业中，若土壤或岩石的力学性质不稳定，或存在地下水位高、土壤饱和等不利条件，就容易导致坍塌。同时，在建筑物内部进行拆除、改造等作业时，若结构物的承重部分受损或支撑结构被移除，也会使整个结构物失去稳定性而发生坍塌。此外，在受限空间内，外部重物撞击、震动等外力作用同样可能导致结构物坍塌。

发生坍塌后，作业人员应立即撤离坍塌区域，确保自身安全，以免受到二次伤害。撤离后，作业人员应立即向上级报告事故情况，包括坍塌的位置、范围、人员伤亡情况等。同时，应配合救援人员做好事故现场的处理工作。如果条件允许，作业人员可以协助救援人员进行搜救和救援工作。在救援过程中，应遵守救援人员的指挥和安排，确保救援工作的顺利进行。

（十二）掩埋

当人员进入料仓、反应器等受限空间后，可能因人员体重或所携带工具重量导致物料流动而掩埋人员，或者作业过程中因作业面高度差过大，造成坍塌掩埋。人员被物料掩埋后，会因呼吸系统阻塞而窒息死亡，或因压迫、碾压而导致死亡。造成掩埋的主要原因是：

（1）物料流动：当作业人员进入粮仓、料仓等受限空间时，可能因人员体重或所携带工具重量导致物料流动，从而掩埋作业人员。例如，在粮食存储设施中，如果人员不慎触动或踩踏到粮食堆，可能引发粮食流动并造成掩埋。

（2）意外注入：在受限空间作业时，如果未有效隔离或控制物料注入，可能导致物料意外注入并掩埋作业人员。例如，在污水处理设施中，如果未关闭相关阀门或采取隔离措施，污水可能意外流入作业区域并造成掩埋。

（3）结构坍塌：受限空间的结构在外力或重力作用下可能坍塌，导致作业人员被掩埋。例如，在地下挖掘或隧道施工中，如果土壤力学性质不稳定或支撑结构失效，可能导致土壤坍塌并掩埋作业人员。

发生掩埋后，作业人员首先要保持冷静，尽快发出求救信号，如敲击物体、使用对讲机等通信设备，以便外界人员及时发现并采取救援措施。此外，作业人员应尽量寻找并移动到相对安全的空间，如坚固的支撑物附近或空间较大的区域，以减轻掩埋程度和避免进一步的伤害。同时，作业人员应注意保持呼吸畅通，避免窒息。如果可以的话，应使用湿毛巾等物品捂住口鼻，以减少有害气体的吸入。一旦外界人员发现并实施救援时，作业人员应积极配合救援人员的指示和安排，如保持安静、避免乱动等，以便救援人员更好地进行救援工作。

（十三）中暑类职业健康事故

作业人员长时间在温度过高、湿度很大的环境中作业，可能会导致人体机能严重下降。高温高湿环境可使作业人员感到热、渴、烦、头晕、心慌、无力、疲倦等不适感，甚至导致人员发生热衰竭、失去知觉或死亡。造成高温高湿的主要原因是：

（1）工作环境特点：如水箱、管道、沉积物等空间，由于其封闭性和狭小性，使得热量难以散发，湿度难以降低。当这些空间内部进行加热、蒸煮或其他产生热量的作业时，温度会迅速升高，湿度也会增加。

（2）通风不良：如果受限空间的通风系统不良或没有通风系统，那么热量和湿气就无法及时排出，导致空间内温度和湿度不断上升。

（3）热源或湿源：在受限空间内，如果存在热源（如加热设备、高温物料等）或湿源（如加湿器、液体蒸发等），它们会不断释放热量或增加湿度，从而导致空间内温度和湿度升高。

对于高温高湿环境，应在受限空间内设置有效的通风系统，确保空气流通，降低温度和湿度。此外，作业人员应佩戴适当的防护装备，如防热服、防湿服、防热手套等，以减少高温高湿环境对身体的影响。同时，企业应合理安排作业时间，避免在高温时段进行长时间作业，并且作业人员应定期补充水分和盐分，以减少身体疲劳、脱水和中暑的风险。

（十四）其他事故类型

1. 强迫体位

受限空间作业中的强迫体位是指作业人员在有限的空间内，由于工作需求或环境限制，不得不长时间保持某种特定的身体姿势或体位。这种体位往往会对身体造成一定的负担和不适。导致强迫体位发生的主要原因是：

（1）工作环境限制：在狭窄的管道、容器或地下设施中作业时，由于空间有限，作业人员可能不得不长时间保持弯腰、低头或扭曲身体的姿势。

（2）特定工作要求：在某些特定的作业任务中，如清洁、维修或安装等，作业人员可能需要保持特定的体位，以便更好地完成工作。这些体位可能包括长时间站立、跪姿、坐姿或卧姿等。

（3）工具和设备限制：作业人员可能需要使用特定的工具或设备，而这些工具或设备的使用方式可能限制了他们的体位。例如，使用长杆工具时可能需要保持特定的手臂姿势。

作业人员一旦发现自己长时间处于某种特定体位，应立即尝试调整姿势或寻求帮助。如果无法自行调整姿势，应立即通知其他作业人员或管理人员，请求协助。如果出现身体不适或疼痛等症状，应立即停止作业并寻求医疗救助。

2. 滑倒

石油石化行业的受限空间通常会有油污、滑腻的表面或潮湿的环境，这可能会导致作业人员滑倒。滑倒可能导致受伤，尤其是在受限空间内，滑倒可能会对作业人员的身体造成更大的伤害。造成滑倒的主要原因包括：

（1）地面湿滑：受限空间内可能存在水、油、泥等液体或湿滑物质，导致地面变得湿滑，增加作业人员滑倒的风险。

（2）地面不平整：受限空间内的地面可能存在坑洼、凸起或台阶等不平整现象，这些不平整的表面会增加作业人员行走时的难度，从而可能导致滑倒。

（3）障碍物：受限空间内可能存在工具、设备或其他障碍物，这些障碍物可能会阻碍作业人员的行走或操作，增加滑倒的风险。

在发生滑倒后，作业人员要立即检查自己的伤势，判断是否需要医疗救助。确认自己安全后，及时通知同事或管理人员，告知他们自己的位置和情况，以便他们提供必要的帮助和支持。如果滑倒是由地面湿滑引起的，作业人员应尽快采取措施防止再次滑倒。如果滑倒是由于障碍物引起的，作业人员应尽快清理这些障碍物，确保作业区域的安全。在事故发生后，应按照规定向相关部门报告事故情况，以便进行事故调查和处理，并采取措施防止类似事故再次发生。

第三节 受限空间作业相关的法规标准

石油石化行业受限空间形式多、结构特殊、自然通风不良，易造成有毒有害、易燃易爆物质积聚或氧含量不足，实施受限空间作业有较大风险，一旦出现违规作业，极易导致事故发生，而事故后盲目施救又容易导致事故伤亡数字扩大，造成严重后果。为遏制受限空间作业事故多发频发，我国各级政府部门颁布了一系列受限空间作业安全相关的规章和标准，各行业也根据行业特点制定了本行业相关的标准规范，在生产经营活动中发挥了积极的意义。

一、国家法律法规

（一）《中华人民共和国刑法》

《中华人民共和国刑法》（以下简称《刑法》）明确了在生产、作业中，生产经营单位及其有关人员犯罪及其刑事责任，主要涉及"危险作业罪""重大责任事故罪""强令、组织他人违章冒险作业罪""重大劳动安全事故罪""消防责任事故罪"等。其中"危险作业罪"在事故发生前可以进行定罪。

1. 危险作业罪

在生产、作业中违反有关安全管理的规定，具有发生重大伤亡事故或者其他严重后果的现实危险的，处一年以下有期徒刑、拘役或者管制。

2. 重大责任事故罪

在生产、作业中违反有关安全管理的规定，因而发生重大伤亡事故或者造成其他严重后果的，处三年以下有期徒刑或者拘役；情节特别恶劣的，处三年以上七年以下有期徒刑。

3. 强令、组织他人违章冒险作业罪

强令他人违章冒险作业，或者明知存在重大事故隐患而不排除，仍冒险组织作业，因而发生重大伤亡事故或者造成其他严重后果的，处五年以下有期徒刑或者拘役；情节特别恶劣的，处五年以上有期徒刑。

4. 重大劳动安全事故罪

安全生产设施或者安全生产条件不符合国家规定，因而发生重大伤亡事故或者造成其他严重后果的，对直接负责的主管人员和其他直接责任人员，处三年以下有期徒刑或者拘役；情节特别恶劣的，处三年以上七年以下有期徒刑。

5. 消防责任事故罪

违反消防管理法规，经消防监督机构通知采取改正措施而拒绝执行，造成严重后果的，对直接责任人员，处三年以下有期徒刑或者拘役；后果特别严重的，处三年以上七年以下有期徒刑。

(二)《中华人民共和国安全生产法》

《中华人民共和国安全生产法》(以下简称《安全生产法》)是我国第一部规范安全生产的综合性法律，目的是加强安全生产工作，防止和减少生产安全事故，保障人民群众生命和财产安全，促进经济社会持续健康发展。相关条文如下：

第四十三条　生产经营单位进行爆破、吊装、动火、临时用电，以及国务院应急管理部门会同国务院有关部门规定的其他危险作业，应当安排专门人员进行现场安全管理，确保操作规程的遵守和安全措施的落实。

第四十四条　生产经营单位应当教育和督促从业人员严格执行本单位的安全生产规章制度和安全操作规程；并向从业人员如实告知作业场所和工作岗位存在的危险因素、防范措施及事故应急措施。生产经营单位应当关注从业人员的身体、心理状况和行为习惯，加强对从业人员的心理疏导、精神慰藉，严格落实岗位安全生产责任，防范从业人员行为异常导致事故发生。

第五十三条 生产经营单位的从业人员有权了解其作业场所和工作岗位存在的危险因素、防范措施及事故应急措施，有权对本单位的安全生产工作提出建议。

第五十七条 从业人员在作业过程中，应当严格落实岗位安全责任，遵守本单位的安全生产规章制度和操作规程，服从管理，正确佩戴和使用劳动防护用品。

第五十八条 从业人员应当接受安全生产教育和培训，掌握本职工作所需的安全生产知识，提高安全生产技能，增强事故预防和应急处理能力。

第五十九条 从业人员发现事故隐患或者其他不安全因素，应当立即向现场安全生产管理人员或者本单位负责人报告；接到报告的人员应当及时予以处理。

第八十二条 危险物品的生产、经营、储存单位以及矿山、金属冶炼、城市轨道交通运营、建筑施工单位应当建立应急救援组织；生产经营规模较小的，可以不建立应急救援组织，但应当指定兼职的应急救援人员。危险物品的生产、经营、储存、运输单位，以及矿山、金属冶炼、城市轨道交通运营、建筑施工单位应当配备必要的应急救援器材、设备和物资，并进行经常性维护、保养，保证正常运转。

（三）《中华人民共和国特种设备安全法》

《中华人民共和国特种设备安全法》是我国首部全面规范特种设备安全监管的专门法律，2014年正式实施。该法针对锅炉、压力容器、电梯、起重机械等八大类高危设备，构建了覆盖生产、经营、使用、检验检测的全过程安全监管体系，明确企业主体责任、政府分级监管责任和社会监督机制，通过强制检验、风险预警、事故追责等制度，强化安全隐患防控，保障人民群众生命财产安全。其核心要义在于通过法治手段落实"安全第一、预防为主、节能环保、综合治理"原则，推动特种设备安全治理现代化。相关条文如下：

第十四条 特种设备安全管理人员、检测人员和作业人员应当按照国家有关规定取得相应资格，方可从事相关工作。特种设备安全管理人员、检测人员和作业人员应当严格执行安全技术规范和管理制度，保证特种设备安全。

第十五条 特种设备生产、经营、使用单位对其生产、经营、使用的特种设备应当进行自行检测和维护保养，对国家规定实行检验的特种设备应当及时申报并接受检验。

第二十五条 锅炉、压力容器、压力管道元件等特种设备的制造过程和锅炉、压力容器、压力管道、电梯、起重机械、客运索道、大型游乐设施的安装、改造、重大修理过程，应当经特种设备检验机构按照安全技术规范的要求进行监督检验；未经监督检验或者监督检验不合格的，不得出厂或者交付使用。

第四十二条　特种设备出现故障或者发生异常情况，特种设备使用单位应当对其进行全面检查，消除事故隐患，方可继续使用。

第四十七条　特种设备进行改造、修理，按照规定需要变更使用登记的，应当办理变更登记，方可继续使用。

第五十四条　特种设备生产、经营、使用单位应当按照安全技术规范的要求向特种设备检验、检测机构及其检验、检测人员提供特种设备相关资料和必要的检验、检测条件，并对资料的真实性负责。

（四）《建设工程安全生产管理条例》

《建设工程安全生产管理条例》是国务院于2003年11月24日发布、2004年2月1日起施行的行政法规，旨在加强建设工程安全生产监督管理，保障人民群众生命和财产安全。该条例依据《中华人民共和国建筑法》和《中华人民共和国安全生产法》制定，适用于境内建设工程的新建、扩建、改建及拆除等活动，涵盖土木工程、建筑工程、线路管道安装工程及装修工程等领域。其核心内容包括明确建设单位、勘察单位、设计单位、施工单位、监理单位等各方安全责任，要求建设单位提供真实完整的施工资料并保障安全费用投入，施工单位需设立安全管理机构、编制专项施工方案、规范特种作业人员资质，监理单位负责监督安全措施落实等。此外，条例强调对危险性较大的分部分项工程（如深基坑、高大模板）需组织专家论证，并规定施工机械设施的检测验收要求，形成从责任划分到具体操作的全链条安全管理框架。相关条文如下：

第二十五条　垂直运输机械作业人员、安装拆卸工、爆破作业人员、起重信号工、登高架设作业人员等特种作业人员，必须按照国家有关规定经过专门的安全作业培训，并取得特种作业操作资格证书后，方可上岗作业。

第二十七条　建设工程施工前，施工单位负责项目管理的技术人员应当对有关安全施工的技术要求向施工作业班组、作业人员作出详细说明，并由双方签字确认。

第二十八条　施工单位应当在施工现场入口处、施工起重机械、临时用电设施、脚手架、出入通道口、楼梯口、电梯井口、孔洞口、桥梁口、隧道口、基坑边沿、爆破物及有害危险气体和液体存放处等危险部位，设置明显的安全警示标志。

安全警示标志必须符合国家标准。

施工单位应当根据不同施工阶段和周围环境及季节、气候的变化，在施工现场采取相应的安全施工措施。施工现场暂时停止施工的，施工单位应当做好现场防护，所需费用由责任方承担，或者按照合同约定执行。

第三十三条　作业人员应当遵守安全施工的强制性标准、规章制度和操作规程，正确使用安全防护用具、机械设备等。

第三十四条　施工单位采购、租赁的安全防护用具、机械设备、施工机具及配件，应当具有生产（制造）许可证、产品合格证，并在进入施工现场前进行查验。

施工现场的安全防护用具、机械设备、施工机具及配件必须由专人管理，定期进行检查、维修和保养，建立相应的资料档案，并按照国家有关规定及时报废。

第三十五条　施工单位在使用施工起重机械和整体提升脚手架、模板等自升式架设设施前，应当组织有关单位进行验收，也可以委托具有相应资质的检验检测机构进行验收；使用承租的机械设备和施工机具及配件的，由施工总承包单位、分包单位、出租单位和安装单位共同进行验收。验收合格的方可使用。

《特种设备安全监察条例》规定的施工起重机械，在验收前应当经有相应资质的检验检测机构监督检验合格。

施工单位应当自施工起重机械和整体提升脚手架、模板等自升式架设设施验收合格之日起30日内，向建设行政主管部门或者其他有关部门登记。登记标志应当置于或者附着于该设备的显著位置。

二、受限空间作业常用标准及规定

（一）GBZ/T 205《密闭空间作业职业危害防护规范》

该标准是中华人民共和国国家卫生健康委员会（原卫生部）发布的一项职业卫生标准，旨在规定密闭空间作业职业危害防护人员的职责、控制措施和技术要求，以保障作业人员的生命安全和健康。该标准于2008年3月1日正式实施，适用于用人单位密闭空间作业的职业危害防护，为用人单位提供了密闭空间作业管理的框架和指南。

该标准明确了密闭空间作业职业危害防护人员的职责，包括具有能警觉并判断准入者异常行为的能力、接受职业卫生培训并持证上岗、准确掌握准入者的数量和身份、在作业期间履行监测和保护职责等。此外，详细规定了密闭空间作业的职业危害控制措施，包括通风要求、监测要求、作业审批制度、个人防护用品的配备和使用等，以确保作业人员在密闭空间内的安全。该标准还包含了一系列技术要求，如密闭空间的定义、分类、作业前的风险评估、应急救援措施等，为密闭空间作业提供了全面的技术指导和支持。强调了在密闭空间作业过程中必须进行必要的监测和记录，包括空气质量监测、作业人员健康监测等，以便及时发现和处理潜在的职业危害。

（二）GB 8958《缺氧危险作业安全规程》

该标准由中华人民共和国国家质量监督检验检疫总局、中国国家标准化管理委员会于 1988 年 4 月 1 日发布。为了更好地保护缺氧作业人员的安全和健康，该标准于 2023 年发布了新修订版，并于同年 6 月 17 日正式实施，这使标准更具有可操作性和符合实际情况。该标准明确规定缺氧危险作业的安全防护措施、作业场所分类和监测要求等，并对缺氧危险作业的定义、要求及应急救援措施等进行详细规定，从而降低事故发生的可能性，减少人员伤亡和财产损失。

修订后的标准明确要求了作业前必须充分通风换气并检测环境安全，作业人员需佩戴符合要求的个人防护用品，并有专人进行监护。同时，规定对缺氧定义进行了调整，将缺氧危险作业氧气浓度由 18% 提高到 19.5%。该标准对缺氧危险作业场所分类的内容进行了调整和更新。该标准对一般和特殊缺氧危险作业要求与安全防护措施的内容进行了调整和更新，将属于事故应急救援的内容纳入新增加的事故应急救援部分。该标准对安全教育与管理部分修改为安全教育与培训部分，增加了事故应急救援部分，删除了管理部分。同时，对安全教育与培训部分的内容进行了调整和更新。

（三）GB 30871《危险化学品企业特殊作业安全规范》

该标准由中华人民共和国国家质量监督检验检疫总局、中国国家标准化管理委员会于 2014 年 7 月 24 日发布。2022 年 3 月 15 日，国家市场监督管理总局和国家标准化管理委员会正式发布了新修订版，2022 年 10 月 1 日实施。

2022 年版标准规定了危险化学品企业设备检修中动火、受限空间作业、盲板抽堵、高处作业、吊装、临时用电、动土、断路等安全要求。同时，该标准增加了作业前安全交底的内容，增加了监护人的职责，规定了监护人应培训考核、持证上岗，增加了"固定动火区"的术语和定义及管理要求，加大了对安全作业票的管理力度，将附录中的一些推荐性要求上升为强制性条款，增加了在可燃、易爆性粉尘环境下进行特殊作业的安全要求,增加了乙炔气瓶使用时的安全管理要求,增加了特级动火作业和受限空间内作业应连续检测气体浓度的要求,增加了忌氧环境下受限空间内的作业安全要求,更改了受限空间内作业个人防护用具的佩戴要求及对监护人的特殊要求,更改了附录中各种安全作业票的部分要求内容,并增加了"作业申请时间"和"作业实施时间栏"。

(四)《工贸企业有限空间作业安全规定》(中华人民共和国应急管理部令第13号)

《工贸企业有限空间作业安全规定》是由应急管理部公布,并于2024年1月1日起正式施行的一项重要规定。这一规定的出台,旨在加强工贸企业有限空间作业的安全管理,规范工贸企业在有限空间作业中的安全管理行为,有效预防和减少因有限空间作业而引发的生产安全事故,提供一个明确、统一的标准和指导。有限空间作业由于其特殊性和潜在的危险性,一直是工贸企业安全管理的重点和难点。通过这一规定的推出,能够引导企业正确识别有限空间作业的风险,采取科学有效的安全措施,降低事故发生的概率和严重程度。

该规定对有限空间作业提出了多项要求。首先,明确了有限空间的定义和范围,要求工贸企业建立有限空间管理台账,明确有限空间的数量、位置,以及存在的危险因素等信息。其次,规定了作业前的审批制度,要求根据有限空间作业的安全风险大小,明确审批权限和程序,确保作业决策的科学性和合理性。同时,要求企业严格遵守"先通风、再检测、后作业"的原则,确保作业环境的安全。此外,还规定了作业过程中的监护制度,要求有专门的监护人员监督安全措施的落实,保障作业人员的安全。

(五)GB/T 50484《石油化工建设工程施工安全技术标准》

该标准于2019年发布,并于同年12月1日起正式实施。推出GB/T 50484的目的和意义在于,为石油化工建设工程施工的安全管理提供了一套明确、统一的标准和指导。这不仅有助于减少生产安全事故的发生,保障作业人员的安全,还能提高施工效率,降低施工成本。

在受限空间作业方面,该标准提出了以下要求:首先,在受限空间作业前,必须进行详细的危险辨识和风险评估,明确可能存在的安全风险,并据此制订安全作业方案。其次,在进入受限空间前,必须对空间内的空气成分进行检测,包括氧气含量、有害气体浓度等,确保环境符合安全作业要求。此外,作业人员必须接受专门的安全培训，掌握受限空间作业的安全知识和操作技能，并佩戴符合要求的个人防护用品。在作业过程中，应有专人进行监护，确保作业人员的安全。最后，应制订受限空间作业的紧急救援预案，并定期进行演练，以应对可能出现的紧急情况。

综上所述，该标准的发布和实施，对于提高石油化工建设工程施工的安全管理水平、保障作业人员的生命安全具有重要意义。同时，该标准对受限空间作业提出了明确的要求，为受限空间作业的安全管理提供了有力的保障。

（六）GB/T 50493《石油化工可燃气体和有毒气体检测报警设计标准》

该标准是住房和城乡建设部发布的重要标准，旨在确保石油化工行业在可燃气体和有毒气体检测报警设计方面的安全性和可靠性。该标准于2019年正式发布，并自2020年1月1日起开始实施，为石油化工装置的设计、施工和运行提供了明确的指导和规范。通过规定可燃气体和有毒气体检测报警系统的设计要求，该标准有助于预防和控制石油化工装置中潜在的安全风险，保护人员安全，减少财产损失，并提升整个行业的安全水平。

虽然该标准并不直接针对受限空间作业提出具体要求，但其在石油化工安全管理和监测报警系统设计方面的规定，对于受限空间作业的安全管理和风险控制也具有一定的指导意义。

（七）GB 39800.1《个体防护装备配备规范 第1部分：总则》

该标准是由国家市场监督管理总局和国家标准化管理委员会于2020年12月24日发布，于2022年1月1日正式实施，其发布和实施不仅提升了我国职业健康安全水平，促进了经济社会的发展，还推动了标准化工作的进一步深入。

尽管该标准主要针对的是个体防护装备的配备和管理，但它对于受限空间作业同样具有重要的指导意义。受限空间作业因其特殊的作业环境和潜在的风险，要求劳动者必须配备适合的个体防护装备。根据该标准的规定，进入受限空间作业的劳动者应根据实际情况佩戴相应的呼吸防护装备、防护服、防护手套等，以预防中毒、窒息、火灾、爆炸等风险。同时，也要求使用单位对防护装备进行定期的检验和维护，确保其在受限空间作业中的有效性。因此，此标准不仅为个体防护装备的配备提供了明确的标准，也为受限空间作业的安全防护提供了有力的支持。

（八）GB/T 18664《呼吸防护用品的选择、使用与维护》

该标准是由中华人民共和国国家质量监督检验检疫总局发布的一项重要标准，

旨在指导呼吸防护用品的正确选择、使用和维护。该标准于 2002 年 3 月 12 日发布，自 2002 年 10 月 1 日起正式实施，至今仍然保持现行状态。它不仅确保了呼吸防护用品能够有效地降低空气污染物浓度，保障员工的健康，还为用人单位和监督部门提供了技术性和管理性的指导。

虽然该标准并未直接对受限空间作业提出具体要求，但其所涉及的呼吸防护用品的选择、使用和维护原则，对于受限空间作业中的呼吸防护具有重要的参考价值。在受限空间作业中，工人可能需要佩戴隔离式防护面具等呼吸防护用品，此时可以参照该标准中的相关指导，确保防护用品的性能、适用性和佩戴者的舒适度，从而有效预防可能存在的有毒气体、缺氧等危害。

（九）GB 6220《呼吸防护 长管呼吸器》

该标准是由国家市场监督管理总局和国家标准化管理委员会于 2023 年 12 月 28 日正式发布的，其实施日期定于 2025 年 1 月 1 日。推出该标准的主要目的在于规范长管呼吸器的设计、制造、检测和使用，以确保工作人员在特定工作环境中免受有毒、有害气体的侵害，保障其生命安全与身体健康。

尽管该标准并未直接对受限空间作业提出具体要求，但其在长管呼吸器的应用方面为受限空间作业提供了重要指导。在受限空间作业中，工作人员可以参照标准中关于长管呼吸器的性能要求、测试方法及使用和维护要求来选择合适的呼吸防护设备，并确保其在使用过程中持续保持良好的性能。这将有效降低受限空间作业中的职业健康风险，为工作人员提供更加安全、可靠的工作环境。

（十）GB/T 16556《自给开路式压缩空气呼吸器》

该标准是由国家质量监督检验检疫总局和国家标准化管理委员会于 2007 年 6 月 26 日发布，并于 2008 年 2 月 1 日正式实施的一项国家标准。该标准旨在规定自给开路式压缩空气呼吸器的技术要求、检验规则、试验方法等，以确保呼吸器在各类有毒、有害气体、粉尘等有害环境中的安全有效性。这一标准的制定，为自给开路式压缩空气呼吸器的设计、生产、检验和使用提供了统一的技术指导，保障了作业人员在恶劣环境下的呼吸健康和安全。

虽然该标准并未直接对受限空间作业提出特定的要求，但其所涉及的自给开路式压缩空气呼吸器在受限空间作业中具有广泛的应用。受限空间作业常因空间封闭、通风不良而存在有毒、有害气体或缺氧等危险，因此作业人员需要佩戴呼吸防护设备来保护自己。依据该标准中的相关规定，自给开路式压缩空气呼吸器应具备足够的性能，能够在各种有害环境中提供清洁空气供作业人员呼吸，并具有报警功能和安全可靠性。此外，呼吸器的结构应简单，易于操作和维护，以降低作业人员的操作难度和维护成本。在受限空间作业中，作业人员应根据实际情况选择合适的自给开路式压缩空气呼吸器，并遵循标准规定进行使用和维护，确保呼吸器的有效性和作业人员的安全。

（十一）SY/T 6444《石油工程建设施工安全规范》

该标准是国家能源局在2018年10月29日正式发布修订的一项重要标准，旨在全面指导石油工程建设施工过程中的安全管理工作。自2019年3月1日起，这一标准正式实施，成为石油工程建设领域安全管理的重要依据。该规范紧密结合国家安全生产法律法规和标准，针对石油工程建设的特点和实际需求，提出了详细的安全管理要求和技术措施。

在受限空间作业方面，规范尤其强调了对作业前风险评估的严谨性，要求必须对受限空间内的空气成分进行细致检测，确保环境符合安全作业标准。同时，还明确规定了作业人员的安全培训要求，以及作业过程中应设置的专人监护和紧急救援预案，从而确保受限空间作业的安全可控；其中5.10条规定了进入受限空间作业的管理要求。

（十二）Q/SY 05095《油气管道储运设施受限空间作业安全规范》

该标准是一项关于油气管道储运设施受限空间作业安全的标准。该标准由中国石油天然气集团有限公司（以下简称集团公司）制定，发布日期为2017年12月22日，实施日期为2018年3月1日。

该标准适用于输送原油、成品油、天然气的管道储运企业生产设施的受限空间作业。该标准提出了进入油气管道储运设施受限空间的作业安全要求，确保作业区域的安全和作业人员具备必要的技能和知识，受限空间内的空气质量符合安全标准，详细规定了受限空间作业的流程、操作步骤和应急措施。

（十三）Q/SY 08240《作业许可管理规范》

该标准是由集团公司于2018年11月12日发布并立即实施的。该规范旨在为集团公司及其下属企业的作业许可管理提供统一的标准和指导，确保作业活动的安全、高效和合规性。通过实施统一的作业许可管理规范，企业可以建立更加完善的安全管理体系，降低事故风险，提高作业效率，并促进合规经营。

在受限空间作业方面，该标准要求进行充分的安全评估，确保作业前获得相应的作业许可，参与作业的人员必须接受安全培训，并在作业过程中进行持续的监测和检测。此外，还需制订应急预案，以应对可能出现的紧急情况，从而保障受限空间作业的安全进行，保护作业人员的生命安全和身体健康。

（十四）Q/SY 06526《成品油储罐机械清洗作业规范》

该标准是由集团公司制定的企业标准，自2021年开始实施。该标准详细规定了成品油储罐机械清洗作业的多个关键方面，旨在确保作业过程的安全、高效和环保。规范适用于成品油储罐的机械清洗作业。接着，它详细规定了作业前的准备工作，包括清洗设备的检查、作业人员的培训及安全防护措施的落实等，确保作业前的各项条件符合安全要求。

其次，标准明确了清洗作业的具体流程和技术要求。同时，对清洗设备、清洗介质和清洗方法等技术要求进行了详细规定，以确保清洗作业的效果和质量。标准强调了防火、防爆、防中毒和防污染等关键措施。此外还提出了环保要求，要求清洗过程中产生的废水、废渣等废弃物得到妥善处理，以减少对环境的污染。最后，规定了作业过程中相关文档的管理要求。

（十五）Q/SY 08433《炼化企业气体防护安全技术规范》

该标准是一份专门针对炼化企业气体防护安全制定的技术规范，详细规定了炼化企业在气体处理、储存和运输过程中的安全技术要求。该标准强调了气体防护工作的重要性，明确了防护设备的性能要求、操作规程、培训与教育内容，以及气体特性与危害等方面的知识。同时，要求炼化企业建立完善的气体防护安全管理制度，定期进行设备维护和检查，加强安全监督，确保气体防护工作的有效实施。此外，还详细制订了应对气体泄漏、中毒等突发事件的应急处理措施，以最大程度地减少事故损失。

（十六）Q/SY 08136《生产作业现场应急物资配备选用指南》

该标准是集团公司发布的一项重要标准，旨在规范油气生产、炼化生产和油气储运等主要作业场所的应急物资配备和管理。

该标准详细规定了在不同作业现场应配备的应急物资种类和数量，并对物资的存储、检查、维护和更新等管理要求进行了说明，以确保在突发事件发生时能够迅速有效地进行初期应急处置。此外，标准还强调了危险作业场所的应急物资配备要求,并特别描述了油库、加油站作业现场的应急物资配备,以提供更具体和有针对性的指导。

参 考 文 献

[1] 程丽华,梁朝林.石油炼制工艺学［M］.北京:中国石化出版社,2021.

[2] 张来勇.大型乙烯成套技术［M］.北京:石油工业出版社,2022.

[3] 胡杰,王松汉.乙烯工艺与原料［M］.北京:化学工业出版社,2017.

[4] 胡杰.合成树脂技术［M］.北京:石油工业出版社,2022.

[5] 张立新.有限空间作业安全风险分析与预防对策［J］.化工管理,2020(1):87-88.

[6] 赵文峰.受限空间作业事故预防［J］.安全、健康和环境,2011,11(7):9-11.

[7] 全国信息分类与编码标准化技术委员会.生产过程危险和有害因素分类与代码:GB/T 13861—2022［S］.北京:中国标准出版社,2022:10.

[8] 吴飞.受限空间作业风险分析和对策［J］.现代职业安全,2023(12):75-77.

[9] 柯品,薛静.受限空间作业风险分析与安全防范措施［J］.石化技术,2023,30(6):224-226.

第二章　受限空间作业管理要求

受限空间作业属于危险性较高的特殊作业，国家出台了 GB 30871—2022《危险化学品企业特殊作业安全规范》、GB 8958—2006《缺氧危险作业安全规程》及 GBZ/T 205—2007《密闭空间作业职业危害防护规范》等一系列规定，要求企业在作业前应进行安全隔离，确保受限空间内空气流通良好；作业时，作业人员要配置移动式气体检测报警仪，超限时作业人员应立即停止作业并撤离；作业后，企业应组织人员及时恢复安全设施功能，清理作业现场并验收确认。例如，集团公司依据该标准并结合自身特点制定了《中国石油天然气集团有限公司作业许可安全管理办法》，补充了工作面要求及设备容器的聚合物加热试验等内容，提出了特殊和非常规作业的"八不准"要求，推行了作业区域安全生产"区长"制。为保障受限空间作业安全进行，防止意外事故发生，在执行相关规定的同时，还应明确受限空间作业相关单位和人员的安全职责，明确作业前的准备要求，并加强受限空间作业许可管理。

第一节　受限空间作业基本概念

在进行受限空间作业时，由于受限空间通风不良、未按固定工作场所设计和进出口受限等特点，可能会使有毒或易燃易爆物质积聚，对作业人员造成伤害。因此，作业相关人员有必要了解受限空间的分类和特点，掌握受限空间作业基本概念。

一、受限空间的定义和分类

目前，有"有限空间"和"受限空间"两种定义。"有限空间"出自《工贸企业有限空间作业安全规定》（中华人民共和国应急管理部 13 号令），是指封闭或者部分封闭，未被设计为固定工作场所，人员可以进入作业，易造成有毒有害、易燃易爆物质积聚或者氧含量不足的空间。

"受限空间"出自 GB 30871—2022《危险化学品企业特殊作业安全规范》，是指进出口受限，通风不良，可能存在易燃易爆、有毒有害物质或者缺氧，对进入人员的身体健康和生命安全构成威胁的封闭、半封闭设施及场所（包括反应器、塔、釜、槽、罐、炉膛、锅筒、管道，以及地下室、窨井、坑、池、管沟或者其他封闭、半封闭场所）。

在生产安全领域，"受限空间"主要是化工行业约定俗成的用语，"有限空间"主要是冶金等工贸企业的规范用语，"受限空间"更容易积聚有害气体（图2-1），潜在的危险性更大。因此，本书将这类场所统称为"受限空间"。

图 2-1 受限空间的定义

受限空间的特点有：

（1）空间有限，与外界相对隔离。受限空间是一个有形的，与外界相对隔离的空间，它既是全部封闭的，如管道、油罐等，也可是部分封闭的，如敞口的污水处理池等。

（2）进出口受限。受限空间由于本身的体积、形状和构造，进出口一般与常规的人员进出通道不同，大多较为狭小，如直径60cm的人孔；另外，进出口的设置也可能不便于人员进出，如各种敞口池等。

（3）未按固定工作场所设计。受限空间在设计上未按照固定工作场所的相应标准和规范，考虑采光、照明、通风和新风量等要求，建成后受限空间内部的气体环境不能确保符合安全要求，人员只是在必要时进入，开展临时性工作。

（4）通风不良，易造成有毒有害、易燃易爆物质积聚或氧含量不足。受限空间因封闭或部分封闭、进出口受限且未按固定工作场所设计，其内部通风不良，这容易造成有毒有害、易燃易爆物质积聚或氧含量不足，产生中毒、燃爆和缺氧风险。

受限空间可分为以下三类：

（1）密闭设备。在石油石化行业中，密闭设备主要包括储罐、反应塔、管道和锅炉等密闭设备，如图2-2所示。

（2）地下受限空间，如地下室、检查井室、地下管沟、隧道、涵洞、地坑、深基坑、地窖和污水处理池等。在石油石化行业中，这些空间的封闭性较高，容易聚集有毒有害气体或氧气不足，长时间的作业易导致中毒和窒息，作业危险性大。地下受限空间如图2-3所示。

(a) 储罐 　　　　　　　　　(b) 反应釜 　　　　　　　　　(c) 锅炉

图 2-2　密闭设备

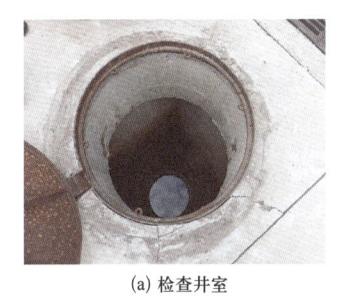

(a) 检查井室 　　　　　　　(b) 地下管沟 　　　　　　　(c) 污水处理池

图 2-3　地下受限空间

（3）地上受限空间，如管道、输油泵房和料仓、油气管线阀门仓等，如图 2-4 所示。

(a) 输油泵房 　　　　　　　(b) 管道 　　　　　　　　　(c) 料仓

图 2-4　地上受限空间

此外，有些区域或地点不符合受限空间的定义，但是可能会遇到类似于进入受限空间时发生的潜在危害，应按受限空间作业管理，这些包括：

（1）未明确定义为"受限"的空间。有些区域或地点不符合受限空间的定义，但是可能会遇到类似于进入受限空间时发生的潜在危害。如把头探入 30cm 直径的管道、洞口或氮气吹扫过的罐内。

（2）围堤。符合下列条件之一的围堤，可视为受限空间：

① 高于1.2m的垂直墙壁围堤，且围堤内外没有到顶部的台阶。

② 在围堤区域内，作业者身体暴露于物理或化学危害之中。

③ 围堤内可能存在比空气重的有毒有害气体。

（3）动土或开渠。符合下列条件之一的动土或开渠，可视为受限空间：

① 动土或开渠深度大于1.2m，或作业时人员的头部在地面以下的。

② 在动土或开渠区域内，身体处于物理或化学危害之中。

③ 在动土或开渠区域内，可能存在比空气重的有毒有害气体。

④ 在动土或开渠区域内，没有撤离通道的。

（4）惰性气体吹扫空间。用惰性气体吹扫空间，可能在空间开口处附近产生气体危害，此处可视为受限空间。在进入准备和进入期间，应当进行气体检测，确定空间开口周围危害区域的大小，设置路障和警示标志，防止误入。

二、受限空间作业的定义和分类

受限空间作业是指人员进入或探入受限空间进行的作业。

在石油石化行业中，通常将受限空间作业分为特殊情况受限空间作业和一般受限空间作业。

特殊情况受限空间作业（图2-5）是指存在缺氧、富氧、有毒、易燃易爆环境，经清洗或置换仍不能满足相关要求，以及与受限空间相连的管线、阀门无法断开或加盲板的作业。

图2-5 特殊情况受限空间作业

以下是一些较为常见的特殊情况下的受限空间作业：

（1）缺氧条件下的受限空间作业。缺氧受限空间作业是指在氧气浓度低于正常水平的封闭或半封闭空间内进行的作业，如无氧卸剂作业。由于氧气含量不足，可能导致作业人员窒息。在这种情况下，作业人员需配备氧气供应设备，如呼吸器或氧气瓶。此外，还需进行连续的氧气检测，确保氧气水平足够。

（2）富氧条件下的受限空间作业。富氧受限空间作业是指在氧气浓度超过正常水平的封闭或半封闭空间内进行的作业。富氧受限空间中，氧气含量过高，这可能会导致火灾风险增加。在这样的环境中，需要特别注意防火措施，并确保所有电器设备都符合防爆要求。同时，也需要进行连续的氧气检测，以防止氧气浓度过高。

（3）有毒条件下的受限空间作业。有毒条件下的受限空间作业是指在含有有毒物质或气体的封闭、半封闭空间内进行的作业，如进入内浮顶储罐作业。该条件下的受限空间会存在各种有害气体、化学物质或微生物等，会对人体健康造成危害。在这种情况下，作业人员需要配备适当的防护装备，如防毒面具或防护服等，并对受限空间进行定期的气体检测，以确保环境安全。

（4）易燃易爆条件下的受限空间作业。易燃易爆条件下的受限空间作业是指在存在易燃易爆气体、液体或固体等物质的封闭或半封闭空间内进行的作业。作业人员需特别注意防火防爆措施，并避免使用可能引发火花或静电的设备。

一般受限空间作业是指除特殊情况受限空间作业之外的其他受限空间作业。在石油石化行业中，常见的一般受限空间作业主要有：

（1）清除、清理作业，如进入污水井进行疏通，进入污水池进行清理等。

（2）设备设施的安装、更换及维修等作业，如进入地下管沟敷设线缆、进入污水调节池、阀门井更换及调节设备等。

（3）涂装、防腐、防水及焊接等作业，如在储罐内进行防腐作业、在反应釜内进行焊接作业等。

（4）巡查检修等作业，如进入检查井、热力管沟进行巡检、开关阀门及检维修作业等。

（5）反应釜（容器）清理作业，如人员从反应釜（容器）人孔将胳膊探入釜内，进行擦拭或清理的作业。

（6）在生产装置区、罐区等危险场所动土时，遇有埋设的易燃易爆、有毒有害介质管线、窨井等可能引起燃烧、爆炸、中毒或窒息危险，且挖掘深度超过1.2m时的作业。

（7）可能产生高毒、剧毒且通风不良，需设置局部通风的地下室等场所进行检查、操作、维修及应急救援作业。

受限空间具有封闭性强、危险因素复杂和作业环境恶劣等特点。由于存在缺氧、有毒有害气体、易燃易爆气体及粉尘等危险因素，可能对作业人员的身体健康和生命安全造成威胁。为确保作业安全，需评估受限空间作业的安全风险，明确受限空间作业的管理要求。

第二节 受限空间作业安全职责

在受限空间作业中，负责人和作业人员需了解作业内容、危害因素和安全措施，并遵守安全操作规程，相关单位也扮演着重要角色。同时，企业也应实施受限空间作业安全生产挂牌制和网格化监管等措施，进一步强化受限空间作业的安全生产和监管工作。在遵守国家相关规定的同时，企业要加强作业批准人、作业监护人及气体检测员等受限空间作业相关人员的岗位职责，进一步完善受限空间作业管理要求。

一、相关单位安全职责

（一）属地单位

属地单位是指按照分级审批原则具备作业许可审批权限的单位，负责作业全过程管理，是其管辖区域内受限空间作业安全管理的主体。对于受限空间作业中属地单位的安全职责，国家明确要求属地单位必须遵守安全生产法律法规，确保作业安全。企业也根据自身特点提出了具体要求，例如，集团公司制定了具体的标准和规范，要求属地单位建立健全安全生产责任制，提供必要的安全保障措施，加强安全教育培训和监督检查，以确保受限空间作业的安全可控，为属地单位提供了明确的指导。属地单位应履行以下职责：

（1）负责受限空间作业预约，组织作业单位、相关方开展受限空间作业风险分析。

（2）提供现场作业安全条件，向作业单位进行安全交底，告知作业单位受限空间作业现场存在风险及必要的应急处置信息。

（3）审批作业单位编制的受限空间作业安全措施或者相关方案，监督作业单位落实安全措施。

（4）负责受限空间作业相关单位的协调工作。

（5）监督现场受限空间作业，发现违章或者异常情况有权停止作业。

综上所述，对受限空间作业中属地单位的安全职责要求涵盖了风险评估、安全条件提供、措施方案审核监督、单位协调及现场作业监督等多个方面，属地单位需严格按要求执行，确保受限空间作业的安全顺利进行。

（二）作业单位

作业单位是指承担作业任务的单位，对作业活动具体负责。国家通过制定法律法规，明确作业单位必须遵守的安全管理规定，并加强监督执法；企业也针对自身特点及实际情况制定一系列安全管理办法对作业单位提出了具体要求。例如，集团公司要求作业单位负责作业的全过程管理，要协调作业相关单位，审核并监督安全措施或者作业方案的落实，确保作业单位在受限空间作业中严格遵守安全要求，全面保障作业人员的生命安全和健康。作业单位应履行以下职责：

（1）参加受限空间作业现场风险分析。

（2）制订并落实受限空间作业安全措施，其中特殊受限空间作业应编制安全工作方案。

（3）开展作业前安全培训，安排符合规定要求的作业人员从事作业，组织作业人员开展工作前安全分析。

（4）检查作业现场安全状况，及时纠正违章行为。

（5）当人员、工艺、设备或环境安全条件变化，以及现场不具备安全作业条件时，立即停止作业，并及时报告属地单位。

（6）熟悉紧急情况下的应急处置程序和救援措施，熟练使用相关消防设备、救护工具等应急器材，可进行紧急情况下的初期处置。

（7）作业单位应当对管理人员和作业人员每年至少进行一次安全生产教育培训，其教育培训情况记入个人工作档案。安全生产教育培训考核不合格的人员，不得上岗。

（8）作业人员进入新的岗位或者新的施工现场前，应当接受安全生产教育培训。未经教育培训或者教育培训考核不合格的人员，不得上岗作业。

（9）作业单位在采用新技术、新工艺、新设备、新材料时，应当对作业人员进行相应的安全生产教育培训。

（10）作业单位应当为施工现场从事危险作业的人员办理意外伤害保险。

综上所述，对石油石化行业受限空间作业单位的安全职责要求涉及风险评估、安全措施制订、安全培训、现场检查、紧急处置等多个方面，作业单位需全面履行这些职责，为受限空间作业提供安全保障。

二、受限空间作业相关人员安全职责

（一）作业申请人

作业申请人是指作业单位的现场作业负责人，对作业活动负管理责任。作业申请人必须严格遵守相关法律法规，明确自身的安全责任；同时，作业申请人应遵循企业的安全管理制度，确保作业前的充分准备，全程监督作业过程，并制订应急预案以应对突发情况。这些要求共同确保了受限空间作业的安全性和规范性，突出了作业申请人在保障作业人员生命安全与健康中的核心作用。作业申请人应履行以下职责：

（1）提出申请并办理作业许可证。

（2）参与作业风险评估，组织落实安全措施或者作业方案。

（3）对作业人员进行作业前安全培训和安全技术交底。

（4）指定作业单位监护人，明确监护工作要求。

（5）参与书面审查和现场核查。

（6）参与现场验收、取消和关闭作业许可证。

（7）作业人员有权对施工现场的作业条件、作业程序和作业方式中存在的安全问题提出批评、检举和控告，有权拒绝违章指挥和强令冒险作业。

（8）在施工中发生危及人身安全的紧急情况时，作业人员有权立即停止作业或者在采取必要的应急措施后撤离危险区域。

（9）作业人员应当遵守安全施工的强制性标准、规章制度和操作规程，正确使用安全防护用具、机械设备等。

综上所述，作业申请人在石油石化行业受限空间作业中需承担多项安全职责，包括提出申请、参与风险评估、指定监护人、参与审查和验收等，确保整个作业活动符合安全要求。

（二）作业批准人

在受限空间作业中，作业批准人的安全职责至关重要。从国家层面，作业批准人必须严格遵循相关法律法规，对所批准的作业活动承担明确的安全责任；在行业层面则要求作业批准人执行行业标准，进行风险评估和控制，确保作业活动符合安全要求；而在企业层面，作业批准人需按照公司的安全管理制度执行，负责签发和关闭作业许可证，全程监督与协调作业过程，并在异常情况发生时迅速组织应急处置。这些要求突出了作业批准人在保障受限空间作业安全中的核心作用，确保作业活动的安全、规范和顺利进行。作业批准人应履行以下职责：

（1）组织对作业申请进行书面审查，并核查作业许可审批级别和审批环节与企业管理制度要求的一致性情况。

（2）组织现场核查，核验风险识别及安全措施落实情况，在作业现场完成审批工作。

（3）负责签发、取消和关闭作业许可证。

（4）负责组织异常情况下的应急处置。

（5）对受限空间作业全过程的安全负责。

（6）指定属地监督，明确监督工作要求。

综上所述，石油石化行业受限空间作业中，作业批准人的安全职责涵盖书面审查、现场核查、许可证管理及监督执行等方面，确保作业活动在合规的前提下进行。

（三）气体检测员

受限空间作业中，气体检测员负责进行气体检测和监测，他们必须严格遵守相关法律法规，确保作业前受限空间内的气体环境满足作业要求，作业时要进行连续监测，保证作业人员安全。行业层面要求气体检测员熟练掌握检测标准，正确使用检测仪器取样和检测，对气体检测人员的资质提出了具体要求。气体检测员需遵循企业的安全管理制度，积极参与安全培训与演练，为作业申请和批准提供准确的检测结果和建议，并在作业过程中进行持续监测与评估，以确保受限空间作业环境的安全稳定。气体检测员应履行以下职责：

（1）负责受限空间内各类气体的采样分析工作。

（2）负责选用合适的检测仪器和分析方法，并确保分析仪器完好。

（3）对分析结果的真实性负责。实施作业前对危险有害气体进行检测并全程监测，如实记录危险有害气体数据，对气体检测仪器完好、灵敏有效、分析数据的真实性负责。

因此，气体检测员必须时刻保持高度的警惕性和责任心，严格遵守相关安全规定和操作规程，确保受限空间作业的安全进行。只有这样，才能有效避免安全事故的发生，保障作业人员的生命安全和企业的稳定运营。

（四）属地监督

属地监督是指作业批准人指派现场监督人员进行监督。从国家层面，属地监督人员需确保作业活动严格遵守国家法律法规，并推动安全责任制的落实；从行业层面，他们应熟悉并执行行业标准，对作业现场进行定期检查，确保符合安全要求，并特别关注应急管理的落实；在企业层面，属地监督人员需确保作业单位遵守安全管理制度，全程监督作业过程，推动安全培训与教育的实施，并通过有效的信息沟通机制及时反馈并改进作业中的安全隐患。这些要求共同确保了属地监督在保障受限空间作业安全中的核心作用，有效促进了作业活动的安全顺利进行。属地监督人员应履行以下职责：

（1）熟悉作业区域、部位状况、工作任务和存在风险。

（2）监督检查作业许可相关手续符合性。

（3）监督安全措施落实到位。

（4）核查现场作业设备设施完整性和符合性。

（5）核查作业人员资格符合性。

（6）在作业过程中，按要求实施现场监督。

（7）及时纠正或者制止违章行为，发现异常情况时，要求停止作业并立即报告，危及人员安全时，迅速组织撤离。

在石油石化行业，安全是永恒的主题。属地监督至关重要，必须严格遵守相关规定。只有这样，才能有效防范事故的发生，保障企业的稳定运营和员工的生命安全。

（五）作业监护人

作业监护人是指在作业现场实施安全监护的人员，由具有生产（作业）实践经验的人员担任，监护人需严格遵守相关法律法规，明确安全责任，要在受限空间外全程监护，清点作业工器具，确保作业活动符合规定；同时，各企业也应根据自身特点和实际情况对作业监护人提出明确要求，例如，集团公司要求监护人检查作业许可，管理作业人员，持续改进监护方法，并及时反馈作业安全情况。作业监护人应履行以下职责：

（1）清楚可能存在的危害和对作业人员的影响。

（2）作业前检查作业许可证。作业许可证应与作业内容相符并在有效期内，核查作业许可证中各项安全措施已得到落实。

（3）确认相关作业人员持有效资格证书上岗。掌握作业人员情况并与其保持沟通，负责作业人员进出时的清点并登记名字；检查作业人员着装、工具袋、通信设施、氧气检测报警仪、可燃气体报警仪、有毒气体检测报警仪、个人气体防护器材、安全绳等的佩戴使用情况。

（4）对现场安全作业条件进行检查，负责作业现场的安全协调与联系。清楚应急联络电话、出口、报警器和外部应急装备的位置并能及时应用。

（5）在入口处监护，监视作业条件变化情况及受限空间内外活动过程，防止未经授权人员进入受限空间。当作业现场出现异常情况时应中止作业，并采取安全有效措施进行应急处置，当作业人员违章时，应及时制止违章，情节严重时，应收回作业许可证、中止作业。

（6）紧急情况下不得盲目进入施救，应立即启动应急预案，发出救援信息；在保障自身安全的情况下，配合施救人员在受限空间外实施救援，并做好监护。

总之，在石油石化行业的受限空间作业中，作业监护人的安全职责不容忽视。他们必须严格遵守相关规定，切实履行各项安全职责，确保作业安全。

（六）作业人员

作业人员作为受限空间作业的行为主体，要具备必要的安全生产技能，熟练掌握本岗位操作规程，具备基本的危害因素辨识能力和应急处置技能，涉及特种作业的需持有效操作证上岗操作。作业人员应履行以下职责：

（1）必须持有经批准有效的受限空间作业许可证作业。

（2）必须严格执行预先制订的安全措施，对不符合安全要求的，有权拒绝作业。要时刻掌握工作区域的情况，作业环境发生改变，应该立即停止工作，并报告不安全的状况。

（3）作业时与监护人要有约定的方式并始终保持有效的沟通联络，监护人不在现场不准作业并撤出受限空间。

（4）受限空间作业的任务、地点（位号）、时间与受限空间作业许可证不符不作业。

（5）不正确佩戴使用个人防护装备、工具袋、通信设施、氧气检测报警仪、可燃气体报警仪、有毒气体检测报警仪不作业。

（6）遇有违反规定强令作业或削减风险措施没落实，作业人员有权拒绝作业。

（7）根据受限空间环境情况（狭小、垂直的空间等）应佩戴安全绳以备联络救援。

（8）在作业结束之后，要清理现场并确保现场处于安全状态。

第三节　受限空间作业许可管理

国家对受限空间作业许可管理高度重视，并提出了具体要求，包括严格实行作业审批制度，要求作业人员必须配备符合标准的防护装备及在作业现场设置明显的安全警示标识。在此基础上，企业对受限空间作业的管理要求应涵盖作业许可、安全培训及应急管理等多个方面，包括对作业人员进行必要的安全教育和培训，作业许可的审批，制订详细的应急预案等内容，通过全面的规范和管理，确保受限空间作业的安全进行。作业许可管理流程主要包括作业申请、作业批准、作业实施及作业取消和关闭等几个主要管理环节，如图2-6所示。受限空间作业许可证（推荐样式）见表2-1。

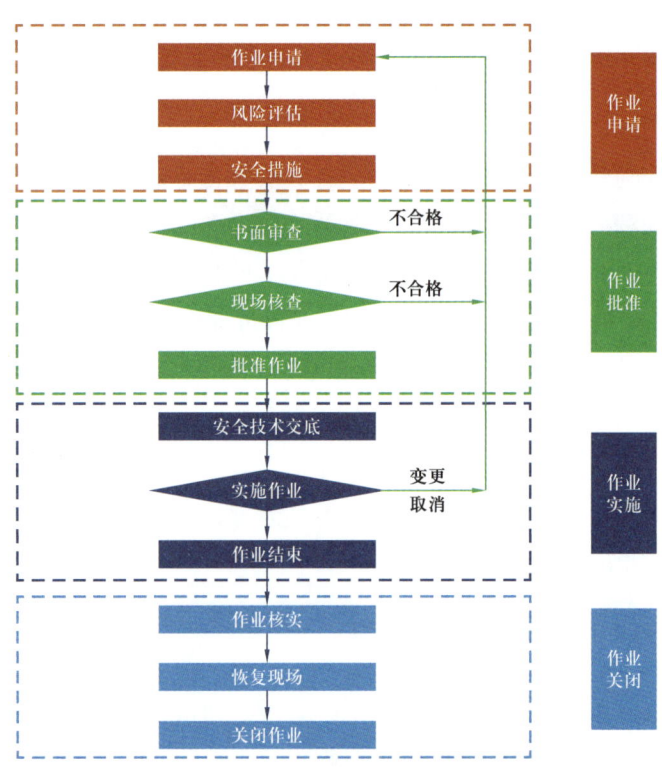

图2-6　作业许可管理流程

表2-1 受限空间作业许可证（推荐样式）

编号：

申请单位		作业申请时间		年 月 日 时 分	
作业区域所在单位		属地监督		监护人	
申请人		作业人			
作业区域		受限空间名称			

作业内容描述：

涉及的其他特殊作业、非常规作业		涉及的其他特殊作业、非常规作业许可证编号	

存在的风险：
□爆炸　□火灾　□灼伤　□烫伤　□机械伤害　□中毒　□辐射　□触电　□泄漏
□窒息　□坠落　□落物　□掩埋　□噪声　□其他：

气体检测部位：	受限空间原介质名称：

检测时间						
氧气浓度，%						
可燃气体浓度LEL，%						
有毒气体浓度，%						
采样分析人签字						

作业时间	自 年 月 日 时 分始，至 年 月 日 时 分止

序号	安全措施	是否涉及 是画"√" 否画"×"	确认人
1	已完成所有与受限空间有关的工艺能量隔离		
2	转动设备已采取能量隔离、放射源屏蔽		
3	受限空间内的介质已经过置换、吹扫或蒸煮等处理干净		
4	受限空间已进行自然通风，温度适宜人员作业		
5	采用强制通风，不应采用直接通入氧气或富氧空气的方法补充氧		

续表

序号	安全措施	是否涉及 是画"√" 否画"×"	确认人
6	受限空间已分析其中的可燃、有毒有害气体和氧气含量,且在安全范围内		
7	用于连续检测的移动式可燃、有毒气体、氧气检测仪已配备到位		
8	已清理出入口处的障碍物,并设警示牌,作业点设好警戒线		
9	采用非防爆工具,手持电动工具符合作业安全要求		
10	存在大量扬尘的设备已停止扬尘		
11	作业人员已佩戴必要的个体防护装备,清楚受限空间内存在的危险因素		
12	作业现场已配备消防、气防等应急设施		
13	盛有腐蚀性介质的容器作业现场已配备应急用冲洗水		
14	受限空间内作业已配备通信设备		
15	其他相关特殊作业已办理相应安全作业票		
16	其他安全措施: 　　　　　编制人(签字):		
安全交底人 (签字)		接收交底人(签字) (作业人)	
作业方申请	我保证阅读理解并遵照执行作业方案和此许可证,并在作业过程中负责落实各项风险削减措施,在作业结束时通知属地单位负责人。 　　　　　作业申请人(签字):		
作业监护监督	本人已阅读许可证并且确信所有条件都满足,并承诺坚守现场。 　　　　　作业单位监护人(签字):　　　　　　　　年 月 日 时 分 　　　　　属地监督(签字):　　　　　　　　　　　年 月 日 时 分		
批　准	我已经审核过本许可证的相关文件,并确认符合公司受限空间安全管理规定的要求,同时我与相关人员一同检查过现场并同意作业方案,因此,我同意作业。 　　　　　作业批准人(签字):　　　　　　　　　　年 月 日 时 分		

续表

关 闭	□许可证到期，同意关闭。 □工作完成，已经确认现场没有遗留任何隐患，并已恢复到正常状态，同意许可证关闭。 作业结束时间： 　　年　月　日　时　分	作业申请人（签字）： 年　月　日　时　分	批准人（签字）： 年　月　日　时　分
取 消	因以下原因，此许可证取消：	作业申请人（签字）： 批　准　人（签字）： 年　月　日　时　分	

备注：1. 表格上部的监护人、申请人、作业人、属地监督由作业申请人统一填写，必须是打印或正楷书写；在表格上标明需签字处必须是本人签字。
　　　2. 此表格中不涉及的，用斜划线"/"划除。

一、作业许可的申请

在受限空间作业中，作业许可的申请是指作业人员向有关部门提交进入受限空间作业的申请。国家出台了一系列规定对作业许可申请提出了要求，作业单位必须按照规定的程序提交作业许可申请，明确作业的具体内容、时间、地点及人员等信息，并经过主管部门的综合评估。在此基础上，各企业应对作业许可申请提出具体要求，例如，集团公司要求作业单位在申请作业许可时，必须提供详细的作业方案、安全风险评估报告、应急预案和必要的安全设施信息等。这一过程中，作业单位还需进行充分的现场勘查和安全分析，编制作业方案，明确危害因素辨识、风险管控措施及应急救援等内容。此外，企业在申请作业许可证时，需要特别关注危险化学品的使用、存储和处置等方面的安全措施，确保作业过程不会对人员和环境造成危害。作业申请包括申请、风险评估及安全措施等内容。

（一）作业预约

受限空间作业许可申请遵循"谁作业，谁申请"的原则，作业申请由作业单位负责人提出，由属地项目负责人提前预约，属地单位应当至少提前一天提出作业预约申请，作业预约申请填报后，提交属地单位负责人进行审核确认，合格后提交上级主管部门审批。作业预约中应明确属地单位、作业单位、作业地点、作业时间、作业类型、作业内容、存在的作业风险类型及作业项目负责人的相关信息，上一级业务主管部门应当依据生产运行状况和作业管控力量评估当日作业量和作业风险是否可控,对作业项目的实施做出统筹安排,未获得预约批准的项目不准擅自作业。

(二)风险评估

风险评估是作业许可审批的基本条件,作业前应针对作业项目和内容,由属地单位组织作业单位及相关方开展作业风险评估。作业区域所在单位应针对作业内容、作业环境与作业单位相关人员共同进行风险分析,明确作业活动的工作步骤、存在的风险及危害程度。同一作业活动涉及两种或两种以上特殊或者非常规作业时,可统筹考虑作业类型、作业内容、交叉作业界面及工作时间等各方面因素,统一进行风险评估,应同时执行各自作业要求,办理相应的作业审批手续。这样既利于提高工作效率,又利于统筹考虑各项特殊作业和交叉作业的相互影响,统筹策划。

(三)安全措施

属地单位要组织作业单位针对作业风险评估的结果制订可靠的防范和控制措施,制订安全措施时应从工程控制和管理措施两个方面考虑。在工程控制方面,可从消除、替代、降低及隔离这四类措施对风险进行控制,如用其他低危险的材料、设备等替代风险较高的材料或设备、局部废气通风及采用防护罩等;在管理控制方面,可从作业程序、员工接触时间及防护设备入手,通过规定操作规程、工作前安全分析、工作岗位轮班及使用个人防护装备等措施来实现风险管控。

二、作业许可的批准

在受限空间作业中,作业许可的批准是指经过申请和审批程序后,最终授权作业人员进入受限空间进行作业的过程。作业许可的批准必须严格遵守相关法律法规,确保作业活动符合国家安全生产标准。国家有关部门要求作业单位必须向主管部门提交详细的作业许可申请,主管部门收到申请后,会依据规定的流程对作业申请和方案进行综合评估,评估过程中,主管部门要特别关注作业的风险、安全措施和应急预案等方面。此外,各企业应对作业许可的批准提出具体要求,强调作业审批制度的重要性。在审批过程中,主管部门应考虑作业的风险等级、安全措施的完善程度及应急预案的可行性。作业许可获得批准后,主管部门才可签发作业许可,明确作业的具体要求和注意事项。同时,主管部门或监理单位还会进行持续的监督和检查。

（一）书面审查

书面审查按照"谁批准谁负责"原则。在收到申请人的作业许可申请后，批准人应组织申请人和相关方及有关人员，集中对许可证中提出的安全措施、工作方法进行书面审查。审查内容主要包括确认作业的详细内容，核对人员的资质证书等相关文件，确定作业前后应采取的安全措施和应急措施，确认相关支持文件如风险评估、作业方案及作业区域示意图等的完整性和准确性，分析评估周围环境或相邻工作区域间的相互影响，并确认相应的安全措施，最后确认许可证的期限等。这些步骤的目的是确保在作业进行过程中能够全面有效地预防事故，保障作业人员的安全。

（二）现场核查

书面审查通过后，批准人应到作业许可证涉及的工作区域进行实地检查，确认各项安全措施的实施情况。现场检查涵盖多个方面：确认作业所需设备、工具及材料的合规性；核实现场作业人员的资质和能力；确保系统倒空、隔离、清洗、置换、吹扫及检测等程序的有效实施；检查个人防护装备的配备情况；评估安全消防设施和应急措施的准备情况；审查作业人员和监护人员的培训及沟通情况；验证其他安全措施如照明设备和警示标识的设置；最后确认安全设施的完好性。这些步骤旨在通过现场实地检查进一步确保作业环境的安全性和准备性，使作业人员能够熟悉现场环境、了解应急救援装备的位置和正确使用方法，以应对可能发生的紧急情况。

（三）批准作业

作业许可的批准必须严格遵守相关法律法规，确保作业活动符合国家安全生产标准。相关规定强调作业审批制度的重要性，要求作业单位必须向主管部门提交详细的作业许可申请，主管部门收到申请后，会依据规定的流程对作业申请和方案进行综合评估。同时，企业应结合自身特点及实际情况对作业许可的批准提出具体要求。例如，集团公司要求在审批过程中，主管部门应考虑作业的风险等级、安全措施的完善程度及应急预案的可行性，主管部门或监理单位要对受限空间作业进行持续的监督和检查。

在现场核查通过之后，作业批准人、作业申请人和相关各方在作业许可票证上签字，作业许可生效，现场可以开始作业，未通过应重新办理。作业许可未在现场审批不准作业。特殊情况受限空间作业由二级单位相关负责人审批。原则上作业批准人不准授权，确需授权时，应向具有作业许可风险管控能力的人员授权，但授权不授责。

这些对作业许可批准的要求和做法构成了作业许可管理体系中的一部分，能确保作业活动的安全和高效进行，有效降低作业活动中的风险。

三、作业许可的实施

作业实施包括安全技术交底、作业条件确认、作业过程监管。从国家、行业到企业三个层面，对作业许可的实施均提出了明确且具体的要求和做法，以确保作业活动的安全、合规和高效进行。国家要求企业应结合自身实际，细化作业许可实施要求，强调作业单位不得擅自更改或超出许可范围，作业过程中应遵守安全操作规程。同时，作业单位还要建立作业记录制度，记录作业活动的全过程和关键信息，并定期向主管部门或监理单位提交作业报告。由此可知，国家对作业许可的实施提出了全面而严格的管理要求，旨在确保作业活动的安全性和合规性，有效防止事故的发生。

受限空间作业许可证的有效期限一般不超过一个班次（通常为 8h），延期后总的作业期限原则上不能超过 24h。作业过程中，若作业中断超过 30min，继续作业前，作业人员、作业监护人应重新确认安全条件。

作业许可证可以延期，但需在书面审查和现场核查时确认延期的期限和次数。延期只适用于安全措施有效、作业条件和环境没有变化的情况。申请人、批准人及相关方需重新核查工作区域，确认所有安全措施仍然有效，且作业条件和风险未发生变化，方可办理延期。

（一）安全技术交底

作业前，必须进行充分的现场勘查和安全分析，确保作业环境的安全条件符合标准，并遵循"先通风、再检测、后作业"的原则，随后作业批准人应组织作业申请人、属地监督人、作业监护人和作业人员等相关人员，现场进行安全技术交底并签字确认。并且，作业人员必须经过严格的健康检查和安全生产培训，配备相应的防护装备，并在相应位置设置明显的安全警示标识。

（二）作业实施

作业许可的实施必须严格遵循国家相关法律法规，以及中华人民共和国应急管理部发布的各项规定。国家要求作业单位必须在获得主管部门批准的作业许可后才能开展受限空间作业,且必须严格遵守审批结果,不得擅自进入有限空间作业。作业期间,作业监护人不得擅自离开作业现场,不从事与监护无关的事,确需离开,应中止作业;作业监护人不在现场不得作业;作业监护人应佩戴明显标志,经作业许可培训合格后上岗。进行特殊情况受限空间作业时,属地监督人和作业监护人均不应离开作业现场,实施作业现场"双监护"和视频监控。除获得作业许可外,受限空间作业还应落实以下管理要求。

(1)能量隔离。作业前,应根据辨识出的危险能量和物料及可能产生的危害,编制隔离方案,隔离方案应明确隔离方式、隔离点、隔离实施及解除的操作步骤、隔离有效性的检测、作业区域警戒设置要求等内容,根据危险能量和物料性质及隔离方式选择相匹配的断开、隔离装置。在实施能量隔离和隔离有效性测试后,还应落实上锁挂牌要求。

(2)危险物料的清理、清洗、中和或者置换。进入受限空间前,应当采取清理、清洗、中和或者置换等方式对盛装危险物料的受限空间进行处理。对盛装过产生自聚物的设备容器,作业前还应进行聚合物加热等试验。

(3)通风。作业前,打开人孔、手孔、料孔、风门、烟门等与大气相通的设施进行自然通风,也可采用强制通风或者管道送风方式进行通风,管道送风前应当对管道内介质和风源进行分析确认。

作业过程中,受限空间应当持续进行通风,保持受限空间空气流通良好。当受限空间内进行涂装作业、防水作业、防腐作业及焊接等动火作业时,应当持续进行强制通风。

(4)设备检查。作业前应对安全防护设备、个体防护用品、应急救援装备、作业设备和用具的齐备性和安全性进行检查,发现问题应立即修复或更换。当受限空间可能为易燃易爆环境时,设备和用具应符合防爆安全要求。

(5)气体检测。作业前应根据受限空间内可能存在的气体种类进行有针对性检测,如氧气、可燃气体、硫化氢和一氧化碳等。有毒有害气体允许浓度应当符合GBZ 2.1—2019《工作场所有害因素职业接触限值 第1部分:化学有害因素》的规定,受限空间内气体浓度检测合格后方可作业。

受限空间作业时,作业现场应当配置移动式气体检测报警仪,连续检测受限空间内氧气、可燃气体及有毒有害气体浓度,并2h记录1次检测数值;气体浓度超限报警时,应当立即停止作业、撤离人员。再对现场进行处理,并重新检测合格后方可恢复作业。

（三）作业结束

作业结束是受限空间作业许可实施过程中的关键环节，需严格依据国家、行业和企业相关要求操作。第一，作业单位要对作业区域进行彻底清理和检查，移除所有可能危及安全的物品或残留物。第二，必须回收和检查所有使用的个人防护装备、安全设施和应急救援装备，保证其完好无损，并进行必要的清洁和维护，以备下次作业使用。第三，应立即记录作业实际情况及发现的问题，包括安全检查结果、问题解决方案及改进建议，并将报告提交给相关管理人员和安全监管部门进行归档审查。第四，所有作业人员需确认作业区域安全后方可安全退出受限空间，并进行事后安全评估，评估作业过程中遇到的问题和采取的措施是否有效，并记录以供未来参考和培训。第五，作业许可证及相关文件应进行归档整理，确保易于查阅和审查，作为作业过程合规性和安全性的重要记录。

四、作业许可取消与关闭

在受限空间作业中，作业许可取消与关闭通常是指完成作业或终止作业时，对作业许可证的撤销和关闭。企业要严格遵循作业许可相关规定，当作业条件发生变化，如作业位置改变、作业环境恶化及作业内容变更等，且这些变化可能导致作业活动无法安全进行时，应立即终止作业并取消作业许可。同时，企业应上报国家安全监管部门，对作业许可取消进行审查，核实原因和情况。此外，在作业完成后，申请人和监护人需对人员、器具、设备、现场等进行认真检查，确保无安全环保隐患，并报批准人审批是否同意关闭。一旦签字确认，即代表作业已经关闭，未经重新申请批准，任何人不得进入受限空间。这一要求确保了作业结束后现场的安全状态，防止了未经许可擅自进入受限空间的情况。

（一）作业取消

当发生下列任何一种情况时，作业区域所在单位和作业单位都有责任立即中止作业，并报告作业批准人，取消作业许可票证。

（1）作业环境、作业条件或工艺条件发生变化，作业内容、作业方式发生改变。

（2）属地监督人、作业监护人、关键作业人员等现场关键人员未经批准发生变更。

（3）实际作业与作业计划发生偏离，安全措施或作业方案发生变更或无法实施。

（4）交叉作业过程中，发现影响相关方的事故隐患；发现重大安全隐患；紧急情况或事故状态。

作业许可票证一旦被取消即作废，需要继续作业的，应重新办理作业许可票证。取消作业应由作业申请人和作业批准人在作业许可票证上签字。出现严重违章或紧急异常情况，属地监督人有权直接取消作业许可。

（二）作业关闭

在作业完成后，申请人和监护人需对人员、器具、设备、现场等进行认真检查，确保无安全环保隐患，并报批准人审批是否同意关闭。具体要求如下：

1. 人员清点

作业负责人与监护人共同核对"受限空间作业人员登记表"，逐一点名确认人员信息，包括姓名、工号、进出时间等，确保全员签字离场。若使用电子标签或定位系统，需通过后台数据核查所有人员定位信号已离开受限空间。

2. 器具与设备检查

逐项核对带入的工器具清单（如扳手、焊接设备、检测仪器），确保全部撤出，重点防范小型物品（如螺栓、垫片）遗落。临时用电设备（如照明灯、电焊机）断电并拆除电缆；盲板拆除或恢复原管线连接状态，避免介质窜流；通风设施停用后关闭电源，防止误启动。

3. 现场清理

清除焊渣、油污、化学残液等废弃物，使用防爆吸尘器处理粉尘，禁止直接倾倒易燃液体。危险废物（如含油抹布、废溶剂）按 GB 18597—2023《危险废物贮存污染控制标准》分类封装，贴标移交专业机构。移除作业架设的临时平台、支撑架，恢复地面盖板、人孔盖密封状态。

4. 安全防护设施恢复

拆除临时围栏或隔离带，恢复固定防护栏（如人孔盖、笆子板）并加锁；检查铰链、螺栓等连接件紧固状态，防止脱落。恢复原有通风管道或百叶窗，测试风机正常运行；若作业时采用强制通风，需关闭临时风管并封堵接口。

5. 隐患排查

气体复测：使用四合一检测仪确认氧气（18%～21%）、可燃气体（≤0.5%LEL）、有毒气体[如 H_2S（体积分数）≤10ppm、CO（体积分数）≤25ppm]达标；检查内壁腐蚀、结构变形或残留物堆积（如聚合物结焦）。

6. 销票管理要求

作业负责人、监护人、属地主管逐项核对上述步骤完成情况，在"受限空间作业许可证"签字并标注终止时间。作业票原件归档保存至少1年，电子版上传至安全管理平台；附页需包含气体检测报告、人员清点表、隐患排查记录等支撑文件。若作业中发生气体报警或设备故障，需在作业票中详细记录原因及处置措施；未彻底解决的隐患需移交下一班次或维修部门跟踪闭环。高风险作业（如含硫化氢空间）保留监控录像30天，供事故追溯；定期对销票记录进行审计，评估流程合规性。

完成上述步骤后，由作业负责人、监护人和属地单位负责人共同签字确认，关闭"受限空间作业许可证"。若作业期间发生异常或中断，需在作业票中详细记录原因及处理措施，作为后续安全管理的重要依据。现场恢复后，需对应急预案执行情况进行复盘，完善风险防控措施。

五、作业变更管理

在受限空间作业过程中，任何计划外或临时性变更（如工艺调整、设备替换、作业范围扩大等）均需纳入严格的变更管理程序，以防控因变更引入的新风险。以下为作业变更管理的具体要求和实施步骤。

（一）变更类型界定

1. 工艺变更

如作业介质、压力、温度等参数调整。

2. 设备变更

临时增设通风设备、更换检测仪器、使用非原计划工具。

3. 人员变更

作业负责人、监护人或作业人员中途替换。

4. 环境变更

外部条件变化（如暴雨导致空间积水、周边管线泄漏）。

5. 时间变更

作业超时或中断后重新启动。

（二）变更管理流程

1. 变更申请

作业负责人或属地主管填写"受限空间作业变更申请表"，说明变更原因、内容及预期影响。变更前后对比（如原工艺参数与新参数），关联风险分析（如更换工具可能产生的火花），应急措施调整（如新增气体检测点）。

2. 风险评估与审批

重新分析变更后的作业步骤及风险，针对工艺变更开展系统性风险识别。同时，由属地负责人、安全管理部门联合审批；重大变更（如涉及动火范围扩大）需升级至厂级分管领导批准。

3. 变更实施

首先，重新检测气体环境（尤其变更涉及介质泄漏风险时）；检查设备防爆等级是否匹配新工艺（如临时使用非防爆灯具）；更新作业许可证，标注变更内容及审批编号。同时，对新增或替换的作业人员进行专项安全交底；通过"工具箱会议"说明变更后的操作要点及应急措施。

4. 变更验证与记录

监护人核查变更措施落实（如新增通风设备运行状态）；安全员抽查作业人员对变更内容的掌握程度。变更申请表、风险评估报告、审批单、培训记录等纳入作业票附件，保存期限同作业票（至少1年）。

（三）风险控制措施

物理隔离：变更涉及高危操作时，需增设硬隔离（如双阀隔断＋盲板）。动态监测：工艺参数变更后，需连续监测气体浓度及设备状态（如压力、温度）。备用方案：对可能引发连锁反应的变更（如介质置换），提前制定退守策略。

（四）禁止性规定

严禁未经审批的临时变更：如擅自扩大作业范围、替换非指定工具。禁止"以变更代审批"：不得通过多次小变更规避重大变更审批流程。

第四节 受限空间作业其他管理要求

除明确受限空间作业安全职责、做好进入受限空间前的准备和加强作业许可管理外，还应对人员能力、人员培训及作业升级管理等其他方面提出管理要求。

一、人员能力与培训要求

在受限空间作业管理中，人员的能力和企业的培训水平对于保障作业安全至关重要。由于受限空间作业具有较高的危险性和复杂性，因此相关人员必须具备必要的安全知识和技能，能够正确应对各种紧急情况和危险因素。

（一）作业批准人

作业批准人是指负责审批作业许可证的负责人或其授权人，也是有权提供、调配、协调风险控制资源的管理人员。他们负责审批作业许可证，确保作业许可证的申请符合相关法规和标准。作为作业批准人，要具备以下能力：

（1）作业批准人要了解受限空间作业的危险性和安全问题。作业批准人需要深刻了解受限空间作业的潜在危险和可能发生的安全问题，包括但不限于气体中毒、缺氧、火灾、爆炸等。对于这些危险和问题，作业批准人应具备相应的安全意识和防范措施。

（2）作业批准人要具备严谨的安全观念和意识。作业批准人要能够依据现场安全规则、公司安全标准和政府安全法规进行操作和管理。在审批受限空间作业计划时，要充分考虑作业的安全性，确保作业过程符合相关法规和标准。

（3）作业批准人要具备相应的技术能力和专业知识。作业批准人要能熟练掌握受限空间作业的相关技术、工具和设备，有能力进行故障排除和维护，有能力紧急处理受限空间作业中的突发事件。在审批作业计划时，要对作业过程中的技术要点进行全面评估。

（4）作业批准人要充分了解受限空间作业的特殊要求和安全程序。作业批准人要了解进入程序、气体检测及监控、紧急撤离程序、第一救援与急救技能等安全措施。在审批作业计划时，要确保各项安全措施的落实和执行。

（5）作业批准人应接受过相关培训。作业批准人要了解受限空间作业的相关知识和技能，并具有相应的资质。在审批作业计划时，要考虑作业人员的培训情况和资质是否符合要求。

作业批准人应就如下内容接受培训：

（1）职责。

（2）进入原则的应用。

（3）进入准备工作。

（4）危害因素评估（如化学、机械、热量、气体、坠落和任何其他特殊危害）。

（5）监测装备、进入装备和个人防护装备的确定与使用。

（6）进入和进入许可证终止的程序。

（7）撤离误进入人员的方法。

（8）移交进入行动职责的方法。

（9）保持进入行动符合进入许可证条件的方法。

（10）评估、验证外部救援方法。

（11）救援程序。

总之，受限空间作业的作业批准人需要具备严谨的安全观念和意识，相应的技术能力和专业知识，充分了解受限空间作业的特殊要求和安全程序，并接受过相关培训和具有资质。只有这样，才能确保受限空间作业的安全性和作业的顺利进行。

（二）作业监护人

在受限空间作业管理中，作业监护人负责监督和管理进入受限空间作业的人员，他们需具备一定的专业知识和技能，熟悉相关法律法规和安全操作规程，并具备对作业现场进行评估和监督的能力。作为作业监护人，要具备以下能力：

（1）作业监护人要有强烈的责任心，能够正确对待肩负的责任。作业监护人既要严肃认真，又要谦虚谨慎；既是良好的沟通者，也是监护现场管理者，需要尽职尽责做好监护工作，自觉与作业人员协调，逐项检查并督促落实风险防范措施，勇于制止违章冒险作业行为，作业过程中做到人不离场，履行好安全监护的责任。

（2）作业监护人要有从事监护所需的安全知识和技能。这是做好安全监护工作的充分条件，决定着监护工作的质量。同时，企业应根据自身特点，组织作业监护人参加本企业的作业监护知识培训和基本能力训练，经考试合格后核发作业监护人资格证书，做到持证上岗。

（3）作业监护人要掌握作业场所和作业过程基本情况。作业监护人对检修作业场所越熟悉，越有利于监护，对施工方案越了解越有利于管控。这就要求作业监护人提前做足功课，掌握作业的基本方式和基本方法；熟悉作业时生产装置的环境状况等，做到心中有数。

（4）作业监护人要有应对突发事件的能力。作业监护的目标是不出事故，但出事故时应把损失控制在可接受的范围内。因此，要求作业监护人对突发事故反应敏捷，处事不慌，能及时向作业人员、相关人员报警，采取相应措施，保护作业人员和企业财产安全。

作业监护人应就如下内容接受培训：

（1）职责。

（2）危害因素评估（如化学、机械、热量、气体、坠落和任何其他特殊危害）。

（3）人员受到危害影响时的行为表现。

（4）终止进入的条件。

（5）随时掌握作业人员数量的正确方法。

（6）辨别作业人员的方法。

（7）监督空间内外活动和提醒作业人员的方法。

（8）监督作业人员及提醒其撤离的方法。

（9）撤离程序的启动时机和实施。

（10）救援联络方法。

（11）急救与逃生、救援过程中的职责。

（12）预防、劝阻误进入人员的方法，通知作业人员已有误进入人员的方法。

（13）消防、气防器材及安全绳的使用常识。

（14）交接的时间和内容。

（15）其他注意事项，如不做职责之外的其他工作。

（三）气体检测员

在受限空间作业中，气体检测员的主要职责是进行气体检测和监测。为了确保气体检测员高效完成工作，气体检测人员必须经过企业组织的培训，并经考核合格后取得公司内部的上岗证才能开展检测工作。建议气体检测人员取得"化学检验工国家职业标准"初级证书。参与受限空间内气体检测、评估的人员，应就如下内容接受培训：

（1）职责。

（2）辨识可能存在的危害因素（包括危害特性和预警点的设置）。

（3）采样过程中的危害、预防措施，包括从受限空间内取样的适当方法和开始取样的许可条件。

（4）测试仪器的选择、使用方法及适用范围。

（5）采样点的确定及数量。

（6）采样的代表性（如氧、易燃性、毒性或生物危害）。

（7）确认采样设备的状态并满足样品的体积要求。

（8）辨别样品是否存在其他危害种类和仪表误差。

（9）取样分析结果确认。

总之，气体检测员需要充分了解受限空间作业中的有害气体的危害和影响，熟练掌握各种气体检测仪器，掌握紧急救援技能，并接受过专业培训和具有资质。只有这样，才能确保受限空间作业的安全性和顺利进行。

（四）作业人员

作业人员是指在受限空间内进行作业的人员，包括执行具体操作的工作人员、技术人员和相关管理人员等。作业人数应尽量减少并控制在6人以内，以降低安全风险，便于管理和应急撤离。根据作业内容和空间大小合理安排，确保作业人员有足够的活动空间且不互相干扰，同时需要设置监护人员，一般在受限空间外持续监护，不得擅离职守。作业期间人员如有变动，应及时记录并进行工作交接，确保作业安全和连续性。进入作业人员应了解受限空间作业的安全要求和操作规程，掌握相关的工具和设备使用方法，并具备紧急情况下的应急处理能力。在受限空间作业管理中，作业人员的安全意识和技能水平对于保障作业安全至关重要。因此，需要对作业人员进行全面的培训和考核，作业人员应就如下内容接受培训：

（1）职责。

（2）危害因素评估（如化学、机械、热量、气体、坠落和任何其他特殊危害）。

（3）危害隔离和验证的程序。

（4）进入准备。

（5）危害表现的形式、征兆（或症状）和后果。

（6）终止进入的条件。

（7）个人防护装备的确定与使用。

（8）进入装备的使用（如测试、监测、通风、通信、照明、坠落预防、障碍物清除、进入方法和救援装备）。

（9）与监护人双向沟通的方法。

（10）终止、撤离时机的选择与确定（即监护人命令作业人员撤离时、发现有暴露危险的征兆或症状时、觉察有受禁止的条件时或发出撤离报警时）。

（五）救援人员

受限空间作业管理中的救援人员是指由作业单位指定专门对作业人员进入受限空间全过程实施救援的人员。他们的主要职责是确保作业人员的安全和健康，并在紧急情况下进行救援和应急处理。救援人员应具备以下能力：

（1）熟悉受限空间作业的安全规程和操作流程，适应受限空间工作环境，能够完成受限空间救援任务，并具备相关的实际操作经验。

（2）掌握危险品识别、事故应急处理、技术操作等方面的知识和技能，具有良好的团队合作和沟通能力，能够有效应对不同救援情况。

（3）发生紧急情况时，严禁盲目施救。救援人员应当经过培训，具备与作业风险相适应的救援能力。

（4）在进入受限空间进行救援之前，应明确监护人与救援人员的联络方法。救援人员均应佩戴安全带、救生索等以便救援，如存在有毒有害气体，应携带气体防护设备，除非该装备可能会阻碍救援或产生更大的危害。

救援人员应就如下内容接受培训：

（1）职责。

（2）与作业人员相同的培训。

（3）救援责任。

（4）在进入施救时可能面临的危害（如化学、机械、热量、大气、坠落和任何其他特殊危害）。

（5）危害隔离及验证的程序。

（6）危害因素表现的形式、征兆（或症状）和后果。

（7）个人防护装备的使用。

（8）进入和救援装备的使用（如测试、监测、通风、通信、照明、坠落预防、清障、进入方法和救援装备）。

（9）联络方式。

（10）人工呼吸和其他基本急救技能。

（六）属地监督

属地监督是指作业批准人指派的现场监督人员，也是核查、督促受限空间作业现场风险管控措施落实，纠正、制止违章及紧急情况下"第一时间，第一现场"实施应急处置的人员。作为属地监督，要具备以下能力：

（1）属地监督要具备相应的安全知识和技能。属地监督应熟悉并遵守相关的安全生产法规、标准和作业程序，确保作业符合法律法规要求，并具备与监督风险作业相适应的安全知识和应急处置能力，能够正确使用气体检测、通风换气、呼吸防护、应急救援等用品和装备。

（2）属地监督要熟悉作业区域、部位状况、工作任务和存在风险。属地监督要熟悉作业的基本方式和基本方法，以及作业时生产装置的环境状况等，并能够辨识作业现场的风险，包括空气环境要求、人员进入受限空间风险、作业管控难度、应急救援难度等因素，并根据风险制订相应的防范措施。作业过程中属地监督需要全程进行监护，与作业人员保持实时联络，并在作业过程中对作业区域持续进行通风和气体浓度检测。

（3）属地监督要具备受限空间作业现场管理和协调能力。属地监督需要具备管理和协调能力，以确保作业现场的安全措施得到有效落实，包括监督作业全流程的差异化管控和关键环节的管控。

（4）属地监督要具备紧急情况下的应急处置能力。在发生紧急情况时，监督人员应能立即采取行动，组织作业人员撤离，并按照现场处置方案进行应急处置。

属地监督应就如下内容接受培训：

（1）职责。

（2）作业许可办理程序。

（3）危害因素评估（如化学、机械、热量、气体、坠落和任何其他特殊危害）。

（4）进入受限空间作业的管理要求（如作业环境要求、能量隔离要求、气体检测要求、临时用电电压要求等）。

（5）防控措施的有效性及验证方法。

（6）监测装备、进入装备和个人防护装备的确定与使用。

（7）进入和进入许可证终止的程序。

（8）内外部人员联络方式。

（9）工作界面交接方式。

（10）救援程序和救援措施。

二、受限空间作业升级管理要求

受限空间作业升级管理是指在受限空间作业过程中，根据实际需求、作业条件、环境变化等因素，对原有的管理措施、安全标准、操作规程等进行调整、改进和提升，以更好地保障受限空间作业人员的安全和健康的管理活动。节假日、公休日、夜间及其他特殊敏感时期或者特殊情况，应当尽量减少作业数量，确需作业，应当实行升级管理，可采取审批升级、监护升级、监督升级及措施升级等方式，特殊受限空间作业及情况复杂、风险高的非常规作业，作业区域所在单位应当有领导人员现场带班。受限空间作业升级管理主要包括：

（一）审批升级

审批升级是指作业许可审批人层级提升，比原始作业许可审批升高一个层次，如原来一般受限升级为特殊受限。已经是最高审批等级时，就不能再使用审批升级的方式了，可采用监护、监督或措施升级的方式。

（二）监护升级

监护升级是指增加作业监护人员或强化作业监护手段，比如在原来作业单位派出作业监护人员的基础上，由作业区域所在单位和作业单位实施作业现场"双监护"，抑或是提升监护人的职务等级或实施视频监控等监护手段。

（三）监督升级

监督升级是指增加监督人员的数量或级别，除增加属地监督人员数量外，还可以让作业申请人、作业批准人、上级安全监督人员或安全管理人员进行作业现场监督。

（四）措施升级

措施升级是指增强和加大风险控制措施的力度。比如采取多重能源隔离措施、持续主动通风、连续气体检测、领导人员现场带班等，其中特级动火作业、一级吊装作业、Ⅳ级高处作业、特殊情况受限空间作业及情况复杂、风险高的非常规作业，作业区域所在单位应当有领导人员现场带班。

受限空间作业升级管理要求主要包括以下几点：

（1）升级管理期间，由二级单位组织研判作业必要性，所有作业均应上升一级管理。

（2）涉及特级动火作业、特殊情况受限空间作业，企业业务主管部门负责人，二级单位负责人应"双到现场"。

（3）涉及一级吊装作业、Ⅳ级高处作业及情况复杂、风险高的非常规作业，作业区域所在单位负责人现场带班。

（4）正常时段已经开始且特殊时段需要持续作业，实行监督、监护升级，原属地监督人必须进行旁站监督，在作业现场实施"双监护"。

（5）升级管理期间，升级应急处置程序和保障措施。

总之，受限空间作业升级管理要求需从多个方面入手。这些措施的制订和执行在符合相关法规和标准要求的同时，应结合实际情况进行具体的安排和落实。

三、受限空间作业台账管理

受限空间作业的台账管理是确保工作场所安全和有效管理的关键环节。应急管理部对建立受限空间管理台账高度重视。在编写受限空间作业的台账时，首先需要明确责任分工，指定责任部门和管理人员，明确其职责和权限范围。其次，企业必须建立完善的管理流程规定，包括台账建立、更新和审查的流程，以及台账修改或调整的规范程序，确保台账信息的准确性和及时性。同时，企业应规定台账内容和格式的具体要求，明确受限空间名称、位置、危险因素及作业程序等必须包含的详细内容，以便于全面记录和管理作业信息。

受限空间管理台账应根据作业实际情况及时更新，包括作业环境、作业内容、危险因素等发生变化时，应及时在台账中进行相应调整和补充。同时，台账的维护应有专人负责，确保信息的准确性和完整性。企业应定期对受限空间管理台账进行审查和评估，检查台账内容是否符合实际情况，是否满足安全管理要求。审查过程中发现问题应及时整改，并对台账进行相应更新。随着信息技术的发展，企业可考虑将受限空间管理台账电子化，利用数据库、信息化管理系统等工具，提高台账管理的效率和准确性。电子化台账便于查询、统计和分析，有助于实现对受限空间作业的动态管理和实时监控。

目前，受限空间作业台账管理存在部分受限空间未识别，或者在对受限空间存在危害进行识别时考虑不到位，未考虑其他相关因素，或者防护措施描述不到位等情况。同时，还应注意区分长管呼吸器。在存在窒息及中毒危害的场所，严禁佩戴自吸式长管呼吸器，必须使用正压式长管呼吸器。因此，受限空间作业台账管理应涵盖以下要求。

（一）建立受限空间台账

如何建立完善受限空间管理台账，需要选拔懂技术、懂管理人员，开展受限空间配套培训。从法律法规、规章制度、风险辨识、安全防护设施、应急管理等多方面进行理论培训，形成一支专业队伍来辨识本单位存在的受限空间及其安全风险，确定受限空间数量、位置、名称、主要危险有害因素、可能导致的事故和后果、防护要求及作业主体等情况，建立健全受限空间管理台账。同时，要采取必要措施减少不必要的受限空间作业，例如雨水阀门必须由专业人员到雨水井底部进行开关，技改为人员在陆地上即可开关雨水阀门。

（二）建立教育培训台账

企业应当根据实际情况，对受限空间作业所有涉及的人员进行日常安全培训工作，培训人员应涵盖空间内所有人员。培训内容一般包括受限空间作业安全基础知识、安全管理知识、受限空间作业安全操作规程、危险有害因素、安全防范措施及安全防护设备使用方法等，以保证工作人员能够迅速提升操作技能并了解危险化学品安全管理的注意事项。通过组织教育培训活动，提升工作人员的安全意识，摆脱盲目作业、监护能力较弱等现状，此外，还要强化作业监督队伍建设，对于受限空间技术措施认真逐一落实，严禁违章操作。

（三）安全防护用品台账

企业应根据识别出来的受限空间管理台账，配置相适应的作业安全防护设备设施、安全警示标识牌。例如：气体检测设备、坠落防护用品、通风设备、照明设备、通信设备及应急救援装备等。同时，要加强日常的设备设施管理和维护保养工作，建立详细的设备台账，技术人员要做好定期检查与校准工作，确保相关器材处于完好备用状态，发现设备设施影响安全使用时，应及时修复或更换。杜绝受限空间检测仪器、防护用品、作业设备配备不到位、功能失效等问题。

（四）工具管理台账

在受限空间作业中，工具的管理同样重要。企业应建立完善的工具管理台账，记录作业所需工具的名称、型号、数量、使用情况等信息。工具在作业前应进行检查，确保其完好无损且适用于受限空间作业。作业完成后，工具应及时清理、归位，并检查是否有损坏或丢失的情况。对于特殊工具，如气体检测仪、通风设备等，应有专门的维护和校准记录，确保其正常运行。

（五）人员进出登记制度台账

为了确保受限空间作业的安全，必须建立严格的人员进出登记制度台账。所有进入受限空间的人员都应进行登记，记录其姓名、进出时间、作业内容等信息。同时，应明确人员进出的审批流程，确保只有经过授权和培训的人员才能进入受限空间。在人员离开受限空间时，也应进行相应的登记，以确保人员的完整性和安全性。人员进出登记制度台账有助于实时掌握受限空间内的人员动态，便于在紧急情况下进行救援和管理。

四、受限空间作业"十不准""七不进""十必须"

在受限空间作业过程中，为了确保作业人员的安全和健康，避免发生安全事故，各企业应遵守中华人民共和国应急管理部发布的"十不准"等安全要求和规定，参考集团公司总结的"七不进"和"十必须"。这些要求和规定是保障受限空间作业安全的基础，也是对作业人员的最低要求。只有严格遵守这些规定，才能有效降低安全风险，保障作业人员的生命安全和企业的正常运转。

（一）受限空间作业"十不准"

受限空间作业"十不准"是指在进行受限空间作业时，必须遵守的十条安全规定。"十不准"包括：

（1）不准未经风险辨识就作业：在进入受限空间之前，必须进行详尽的风险评估和辨识工作。这包括确定潜在的危险源、评估可能的风险等级，并采取相应的控制措施。未经风险辨识就作业可能导致未预见的危险事件，危及作业人员的生命安全和健康。

（2）不准未经通风和检测合格就作业：受限空间内常常存在有害气体或缺氧等危险因素，因此必须进行有效的通风，并确保使用合适的气体检测设备对空间内的气体浓度进行检测和监控。只有通风和检测合格后，才能进行作业，以防止因气体中毒或窒息而造成的意外伤害。

（3）未佩戴合格的劳动防护用品不准作业：进入受限空间前，必须佩戴适当的个人防护装备，如头盔、安全鞋、防护眼镜、呼吸器等，以有效防范受限空间内潜在的物理和化学风险，确保作业人员的安全。

（4）没有监护不准作业：受限空间作业必须进行监护。监护人员需要具备相应的技能和知识，负责作业人员的安全和健康，随时响应可能的紧急情况，并能有效地执行紧急救援计划。

（5）使用不符合规定的安全设备、应急装备不准作业：所有使用的安全设备和应急装备必须符合国家标准和作业规范要求，并保持良好的工作状态。使用不合格或损坏的设备可能导致设备失效，增加事故风险。

（6）不准未经审批就作业：所有受限空间作业必须事先获得适当的批准和许可。这包括作业计划的审批和作业程序的确认，以确保作业符合安全标准和法规要求。

（7）未确定联络方式及信号不准作业：在受限空间作业期间，必须建立有效的联络方式和信号系统，以便作业人员与外界保持联系，并能在紧急情况下快速进行响应和撤离。

（8）未经培训演练不准作业：所有参与受限空间作业的人员必须接受相应的专业培训和模拟演练。培训内容包括作业程序、应急响应、设备使用和安全意识培训，确保作业人员能够正确应对各种潜在风险和紧急情况。

（9）不准未检查好应急救援装备就作业：在进入受限空间之前，必须检查和确认所有的应急救援装备完好有效。这些装备包括应急通信设备、救援绳索、急救箱等，确保在需要时能迅速有效地进行救援和应对突发情况。

（10）不了解作业方案、作业现场可能存在的危险有害因素、作业安全要求、防控措施及应急处置措施不准作业：所有参与受限空间作业的人员必须充分了解作业方案、作业现场的潜在危险因素、安全要求、防范措施及应急处理措施。这包括对作业现场结构、化学品、气体等可能的危险因素进行全面分析和评估，以便有效预防和应对各类安全风险和紧急情况。

（二）受限空间作业"七不进"

受限空间作业"七不进"是在进行受限空间作业时，为确保工作人员的安全而提出的要求。以下是受限空间作业"七不进"的内容：

（1）未经作业许可审批不得擅自进入受限空间。

（2）未经清理、清洗、中和、置换、通风不进入受限空间。

（3）气体检测不合格不进入受限空间。

（4）未设立安全警示标志并保持出入口畅通不进入受限空间。

（5）未正确穿戴个体防护装备不进入受限空间。

（6）属地监督人、作业监护人不在场监控不进入受限空间。

（7）应急救援措施、物资不到位不进入受限空间。

受限空间作业"七不进"是确保在受限空间内进行作业时的基本原则，旨在最大程度地保障作业人员的安全。在受限空间作业前，必须进行充分的培训和准备，确保所有人员都了解和遵守这些安全要求。

（三）受限空间作业"十必须"

受限空间作业"十必须"涵盖了多个方面，包括个人防护、通风和检测、警戒线和警示标识、操作规程、通信联络、检查和维护及应急救援预案等，以下是受限空间作业"十必须"的内容：

（1）必须办理安全许可审批手续。

（2）必须采取可靠隔断（隔离）和置换措施。

（3）必须执行先通风、再检测、后作业的原则。

（4）必须保持通风设施的正常连续运转。

（5）必须佩戴气体监测仪。

（6）必须配备通信联络工具，设置安全监护人并保持联系。

（7）必须按照作业标准和单项安全技术措施作业。

（8）高处作业的受限空间必须设置逃生和应急救援通道。

（9）必须保持出入口畅通。

（10）发生异常情况必须立即撤离。

参 考 文 献

［1］《有限空间安全作业五条规定》（国家安全生产监督管理总局69号令）

［2］《危险化学品输送管道安全管理规定》（国家安全生产监督管理总局43号令）

［3］黄晓环.浅谈石化装置受限空间作业风险管控措施［J］.橡塑资源利用，2018（2）：15-19.

［4］白战鹏，陈志浩.石化装置检维修受限空间作业安全管理探究［J］.石油化工安全环保技术，2020，36（2）：12-14+41+5.

［5］马江涛，赵小转.浅谈受限空间作业安全管理及事故应急救援对策［J］.中氮肥，2023（1）：68-71.

［6］马丽.化工企业受限空间作业安全管理的要点及分析［J］.化工管理，2020（21）：70-71.

［7］全国信息分类与编码标准化技术委员会.生产过程危险和有害因素分类与代码：GB/T 13861—2022［S］.北京：中国标准出版社，2022：10.

［8］王师婧.天然气公司受限空间作业台账管理［J］.化工管理，2022（34）：116-118.

第三章 受限空间安全作业技术

第一节 受限空间作业风险辨识方法

一、任务勘查

在受限空间作业安全技术中，任务勘查是确保在作业执行过程中安全的重要步骤。特别是在石油石化行业，由于受限空间作业的复杂性和高风险，任务勘查必不可少。任务勘查应包括以下内容：

（1）明确作业的目标和要求。这包括了解将要进行的维修、清洁或安装工作的具体任务，以及所需达到的预期结果。例如，如果是对某个设备进行维修，那么具体需要解决哪些问题、更换何种部件、如何确保维修后的设备能够正常运作等。同样地，清洁工作可能需要清除污垢和异物，而安装工作则可能涉及如何将新设备正确放置在指定位置。

（2）深入进行现场调查。为了确保安全无误地进行作业，勘查人员必须亲自前往现场进行详尽的调查。他们需要详细了解该受限空间的物理结构特征，包括但不限于空间的大小、形状、深度、高度等；还要观察空间周围环境的条件，比如空气质量、温度、湿度、通风状况，以及是否存在易燃易爆物质或其他潜在的危险因素。这些信息对于评估风险至关重要。

（3）全面评估作业风险。通过现场调查收集到的数据，结合专业知识和经验，对受限空间作业过程中可能存在的各种风险进行综合评估。这些风险可以是有形的，比如进入狭窄区域时可能遇到的障碍物，也可以是无形的，如操作过程中可能吸入的有害气体、长时间暴露于缺氧环境中的风险，或是由于高温、高湿度导致的设备损坏风险。此外，还需要考虑到机械设备本身可能带来的风险，如机械故障或操作不当可能引发事故。所有这些因素都应当被仔细分析并记录下来，以便于制订出相应的预防措施和应急预案。

（4）制订安全措施。根据之前的风险评估结果，必须认真考虑并制订相应的防护措施。这些措施不仅需要涵盖个人防护装备（如呼吸器、专业面罩及专用防护服等），还包括了一系列的安全工具和设备，比如安全玻璃、警示牌和紧急停止按钮等。此外，为了保持空气流通和降低有害气体或粉尘的浓度，通风系统也应该被纳入考虑范围内，同时，必要的气体检测仪器可以帮助作业人员实时了解周围环境中的有害物质水平。

（5）确定人员需求。基于风险评估的结果，需要计算出所涉及空间所需的作业人员数量。这通常取决于作业的复杂程度、人员技能及空间大小等因素。为了确保每位作业人员必须掌握正确的作业程序和使用所有安全装备，他们必须接受系统的培训。培训内容应详细阐述作业程序的每一个步骤，如何安全地使用各种安全装备，以及在遇到紧急情况时的应对措施。只有当所有人员都具备了必要知识和技能后，才能进入作业现场。

（6）编制作业计划。该计划应详细列明作业的具体时间安排，指定负责不同环节的人员，以及所需要的设备和材料清单。这样的计划旨在确保每一项活动都有明确的负责人，并且每个人都清楚自己的职责所在。作业计划还应该包括任何可能影响到安全的外部条件或环境变化的应对措施，确保整个过程的安全可靠。

（7）安全审查。在正式开始作业之前，必须经过严格的安全审查。这一步骤至关重要，因为它确保作业计划和措施符合相关标准和法规。审查过程中，安全专家会对作业计划进行全面评估，以确保其可行性和安全性。同时，监管机构也可能介入，与企业合作以确保遵守所有法规和标准。通过这种多方面的合作，可以大大提高作业的安全性，防止任何潜在的安全隐患。

二、JSA 分析基本步骤

工作前安全分析（Job Safety Analysis，简称 JSA）是指事先或定期对某项工作任务进行危害识别、风险评价，并根据评价结果制订和实施相应的控制措施，达到最大限度消除或控制风险的方法。该方法从安全角度来设计、计划一项工作，将工作分解成不同的步骤或子任务，然后识别每一步骤或子任务中的危害，进行相应风险评估，如果风险不能接受，则需采取安全的方法和措施来降低风险，达到可接受的程度，从而防止事故或伤害发生。工作前安全分析的基本内容如图 3-1 所示。

成立小组 → 划分步骤 → 识别危害因素 → 风险评价 → 确定控制措施

图 3-1　工作前安全分析内容

（一）成立分析小组

受限空间作业应由属地单位负责人指定属地单位项目负责人，属地单位项目负责人对工作任务进行初步审查，确定工作任务内容，判断是否需要做工作前安全分析，制订工作前安全分析计划。

属地单位项目负责人在作业前选择熟悉工作前安全分析方法的生产（技术）、设备、安全专业技术人员和当班班长、操作人员及作业单位现场负责人等从事该项作业的相关人员，组成分析小组，以讨论会方式进行工作前安全分析。分析小组成员应了解工作内容及所在区域环境、设备和相关规程。

（二）划分工作步骤

分析小组应审查工作计划，将作业按先后顺序划分为若干工序或步骤，搜集相关信息，实地考察工作现场，重点核查以下内容：

（1）以前此项工作任务中出现的健康、安全、环境问题和事件事故。

（2）工作中是否使用新设备、新工器具。

（3）工作环境、空间、照明、通风、出口和入口等。

（4）工作任务的关键环节。

（5）作业人员是否有足够的知识、技能。

（6）是否需要作业许可及作业许可的类型。

（7）是否有严重影响本工作安全的交叉作业。

（8）其他。

分解步骤时应先从头到尾列出每一作业步骤，步骤的描述语言要简练，保证用最少的字数，一般用几个字的动宾短语，即"一个动词"+"一个名词"，如焊接管线、安装设备等，不能用动宾短语描述的，也可用含有动词的短句。在完整列出作业步骤前不要急于跳到"危害因素描述"一栏，每一作业步骤应是"做什么"而不是"如何做什么"。一项作业活动的步骤一般为3～8步，如作业步骤超过10步则应考虑划分成不同的作业。

（三）辨识危害因素

分析小组针对每步工序，识别每项任务或步骤所伴随的危害因素。识别危害因素时应充分考虑人员、设备、材料、方法、环境五个方面和正常、异常、紧急三种状态。在考虑危害因素时可以参考固有危害因素：火灾、爆炸、中毒、窒息、高处坠落、触电、物体打击、车辆伤害、机械伤害、起重伤害、淹溺、烫伤、腐蚀、坍塌、辐射、中暑、湿滑跌倒、隐蔽工程等 20 种危害因素。

（四）风险评价

按照发生概率和严重性对存在潜在危害的关键活动或重要步骤进行风险评价。根据判别标准确定初始风险等级和风险是否可接受。风险评价采用可采用风险矩阵和 LEC 等定量分析方法进行评价，具体分析方法在后文介绍。

（五）确定控制措施

分析小组应针对识别出的危害因素，考虑现有的预防/控制措施是否足以控制风险。若不足以控制风险，则提出改进措施并由专人落实。特殊受限空间应编制安全工作方案，将风险控制到可接受范围内。

针对受限空间作业风险控制措施涉及的方面有作业程序，工作方案，清理清洗、能量隔离、气体检测、通风置换、上锁挂牌，培训、安全交底、人员管控、作业轮换、检查、监护和监督，应急措施或预案，个人防护装备（PPE）等。

制订控制措施应首先考虑工程控制措施，从技术手段消除和削减作业风险，如果无法达到控制效果，再考虑管理控制措施，同时，制订控制措施时要有针对性，说明做什么，措施要具体而明确，内容要符合现场实际，用词一定要准确，尽力避免使用简略语句或模糊词和模糊句子。明确任务和行动，避免使用"工作要小心""……要注意""加强安全教育""严格执行安全操作规程"等不确定的句子，这不是控制措施。

分析小组制订出所有风险的控制措施后，还应确定以下问题：

（1）是否全面有效地制订了所有的控制措施。

（2）对实施该项工作的人员还需要提出什么要求。

（3）风险能否得到有效控制。

三、风险评估方法

（一）LEC 评价法

LEC 评价法主要用于评价作业人员在具有潜在危险性环境中作业时的危险性、危害性，适用于大多数作业活动的风险评估，针对受限空间作业的风险评估，推荐首选该评价方法。

该方法用与系统风险有关的三种因素指标值的乘积来评价操作人员伤亡风险大小，这三种因素分别是 L（Likelihood：事故发生的可能性）、E（Exposure：人员暴露于危险环境中的频繁程度）和 C（Consequence：一旦发生事故可能造成的后果）。给三种因素的不同等级分别确定不同的分值，再以三个分值的乘积 D（Danger：危险性）来评价作业条件危险性的大小。即：

$$D = L \times E \times C \tag{3-1}$$

风险分值 $D=LEC$。D 值越大，说明该系统危险性大，需要增加安全措施，或改变发生事故的可能性，或减少人体暴露于危险环境中的频繁程度，或减轻事故损失，直至调整到允许范围内。对这三种方面分别进行客观的科学计算，得到准确的数据，是相当烦琐的过程。为了简化评价过程，采取半定量计值法。即根据以往的经验和估计，分别对这三方面划分不同的等级，并赋值，见表3-1、表3-2、表3-3。

表3-1　事故发生的可能性（L）

分数值	事故发生的可能性
10	完全可以预料
6	相当可能
3	可能，但不经常
1	可能性小，完全意外
0.5	很不可能，可以设想
0.2	极不可能
0.1	实际不可能

表3-2　暴露于危险环境的频繁程度（E）

分数值	暴露于危险环境的频繁程度
10	连续暴露
6	每天工作时间内暴露
3	每周一次或偶然暴露
2	每月一次暴露
1	每年几次暴露
0.5	罕见暴露

表3-3 发生事故产生的后果（C）

分数值	发生事故产生的后果
100	10人以上死亡
40	3~9人死亡
15	1~2人死亡
7	严重
3	重大，伤残
1	引人注意

根据公式：风险 $D=L \times E \times C$ 就可以计算作业的危险程度，并判断评价危险性的大小。其中的关键还是如何确定各个分值，以及对乘积值的分析、评价和利用，见表3-4。

表3-4 危险程度（D）

D 值	危险程度
>320	极其危险，不能继续作业
160~320	高度危险，要立即整改
70~160	显著危险，需要整改
20~70	一般危险，需要注意
<20	稍有危险，可以接受

根据经验，总分在20以下是被认为低危险的，如果危险分值到达70~160之间，那就有显著的危险性，需要及时整改；如果危险分值在160~320之间，那么这是一种必须立即采取措施进行整改的高度危险环境；分值在320以上的高分值表示环境非常危险，应立即停止作业直到作业条件得到改善为止。

（二）风险矩阵

风险矩阵法基于的原理是将危害因素、事故发生的可能性和影响程度进行综合分析，其最大的特点就是危害发生的可能性易于确定，它是用过去该危害发生的频率来衡量现在同样危害发生的频率，简单易行，可靠性高，而且可重复性较强，不同人评价得出的结果会基本相同。

风险评估矩阵中后果的严重性是从人员、财产、环境和声誉等方面评估，后果的可能性是基于过去事故的经验和案例统计等来评估，形成的5横5纵的矩阵

（表3-5）。用危害事件发生的对应的可能性与严重性作图画出折线，其所导致的风险等级（表3-6）相对应。例如，某石化企业输油泵泄漏导致油品起火事故的评估案例中，首先从人员伤害、财产损失、环境影响和声誉影响四类后果进行分级：人员伤害造成1~2人重伤（等级C）、财产损失达200万元~1000万元且导致管线停运（等级D）、企业界区内污染（等级B）、周边社区受影响（等级B）。结合行业历史数据，事故可能性等级被定性为3（石油石化行业曾发生类似事故）。根据风险矩阵，财产损失D级与可能性等级3组合后风险等级为D3（中风险），其余后果风险等级均低于该值，因此整体风险定为中风险。企业随后通过加强设备检维修、完善联锁报警系统及优化应急预案等措施降低事故发生频率，将剩余风险控制在可接受范围内。该案例体现了风险矩阵法在系统性识别风险、指导分级管控中的核心作用。可能性见表3-7，严重性见表3-8。

表3-5　风险评估矩阵（RAM）

事故发生概率等级	5	II 5	III 10	III 15	IV 20	IV 25
	4	I 4	II 8	III 12	III 16	IV 20
	3	I 3	II 6	II 9	III 12	III 15
	2	I 2	I 4	II 6	II 8	III 10
	1	I 1	I 2	I 3	I 4	II 5
风险矩阵		1	2	3	4	5
		事故后果严重程度等级				

表3-6　风险等级划分标准

风险等级	分值	描述	需要的行动	改进建议
IV级风险	16＜IV级≤25	严重风险（绝对不能容忍）	必须通过工程和/或管理、技术上的专门措施，限期（不超过六个月内）把风险降低到级别II或以下	需要制定专门的管理方案予以削减

续表

风险等级	分值	描述	需要的行动	改进建议
Ⅲ级风险	9＜Ⅲ级≤16	高度风险（难以容忍）	应当通过工程和/或管理、技术上的控制措施，在一个具体的时间段（12个月）内，把风险降低到级别Ⅱ或以下	需要制定专门的管理方案予以削减
Ⅱ级风险	4＜Ⅱ级≤9	中度风险（在控制措施落实的条件下可以容忍）	具体依据成本情况采取措施。需要确认程序和控制措施已经落实，强调对它们的维护工作	个案评估。评估现有控制措施是否均有效
Ⅰ级风险	1≤Ⅰ级≤4	可以接受	不需要采取进一步措施降低风险	不需要。可适当考虑提高安全水平的机会（在工艺危害分析范围之外）

表 3-7 事故发生概率（可能性）

等级	发生概率	说明
1	微小概率	诱导因素——多种反常因素存在时将导致事故
		防护层——两道或两道以上的被动防护系统[1]，相互独立，可靠性高
		检测[2]——有完善的书面检测程序，定期进行全面的功能检查，检测结果满足法规标准要求，效果好、故障少
		以往事故原因分析——未曾发生过事故，而且同类装置的事故经验能被很好地学习和借鉴
		运行管理——流程很少出现异常情况，即使出现也总能及时有效地处理
		培训和规程——有全面、清晰、明确的操作指南和高质量的工艺安全分析；员工掌握潜在的危险源及其危害；错误被指出可立刻得到更正；定期进行有效的应急操作程序培训及演练，内容包括正常、异常操作和应急操作程序，而且包括所有可预见到的意外情况
		员工组成及工作状态——每个班组都有多名经验丰富的操作工；没有显著的过度工作情况和厌倦感，理想的压力水平；所有人都符合资格要求；员工爱岗敬业，掌握并重视危险源
2	低概率	诱导因素——多种罕见因素存在时将导致事故
		防护层——两道或两道以上的防护系统，其中至少有一道是被动和可靠的
		检测——定期检测，功能检查可能不完全，检测结果基本满足法规标准要求；偶尔会出现问题

续表

等级	发生概率	说明
2	低概率	以往事故原因分析——曾经发生过未遂或轻微事故,都及时采取了整改行动
		运行管理——偶尔会出现流程异常情况,大部分异常情况的原因都被弄清楚了,处理措施有效
		培训和规程——关键的操作有清晰、明确的指南,但其他的非关键操作指南则有些非致命的错误或缺陷;关键流程进行了有效的工艺安全分析;员工了解潜在的危险源及其危害;例行进行培训、开展检查和安全评审;定期进行应急操作程序培训及演练
		员工组成及工作状态——有少数新员工,但每个班组内新员工的数量不会超过一半;偶尔和短时间的疲劳,有一些厌倦感;员工知道自己有资格做什么和自己能力不足的地方;对危险源有足够认识
3	中概率	诱导因素——某些因素存在时可能发生事故
		防护层——两道复杂的主动防护系统,都有一定的可靠性,但可能共因失效的弱点
		检测——不经常检测,功能检查也不完全,部分检测结果不能满足法规标准要求;历史上曾不止一次地出现问题
		以往事故原因分析——没有发生过重大事故,近期有几次未遂和轻微事故,但未充分找出原因
		运行管理——曾经持续出现过小的流程异常情况,对其原因没有完全搞清楚或没有进行处理,但较严重的流程异常被标记出来并能最终得到解决
		培训和规程——有操作指南,但没有及时更新或进行定期评审;工艺安全分析不够深入;例行进行培训、开展检查和安全评审,但有些流于形式;应急操作程序培训及演练只是不定期地进行
		员工组成及工作状态——可能一个班组多数都是新员工,但不是每个班组都是这样;有时出现短时期的班组群体疲劳,较强的厌倦感;员工不会主动思考,完全听从于命令;不是每个人都充分了解危险源
4	高概率	诱导因素——不能肯定但某一因素存在时可以导致事故
		防护层——只有一道复杂的主动防护系统,有一定的可靠性
		检测——检测工作没有明确规定,只有在出现问题的时候才进行局部检测,而且检测结果大多不能满足法规标准要求;历史上经常出问题
		以往事故原因分析——发生过一次重大事故,事故原因没有完全掌握,采取了一些整改行动,但整改行动是否合适存有疑问
		运行管理——经常性地出现流程异常,其中部分较为严重,而且员工对产生原因不甚清楚

续表

等级	发生概率	说明
4	高概率	培训和规程——有操作指南，但不够具体，过多依靠口头指示，可操作性差；工艺安全分析处于初期和探索阶段；岗前培训和操作培训都不系统；无应急操作程序培训及演练
		员工组成及工作状态——可能一个班组全是新员工，但不是每个班组都是这样，而且这种情况也不会经常发生；季节性的群体加班和普遍疲劳，员工有怠工现象，有时可能自以为是；大部分人对危险源只有肤浅的认识
5	很高概率	诱导因素——事故几乎不可避免地会发生
		防护层——没有防护系统，或只有一道复杂的主动防护系统且可靠性较差
		检测——未进行过检测，对出现的问题也没有进行正确处理
		以往事故原因分析——发生过很多次事故和未遂事件，且不清楚事故原因
		运行管理——经常性地出现较严重的流程异常，其中有些很严重，而且员工对产生原因不清楚
		培训和规程——无操作规程，操作仅凭口头指示；无工艺安全分析；无培训或培训仅为口头传授
		员工组成及工作状态——员工周转快，经常发生一个或一个以上班组全为无经验人员这种情况；过度的加班，疲劳情况普遍；士气低迷；工作由技术不达标的人员完成；没有明确的工作范围限制，对危险源没有多少认识

[1] 被动防护系统是指不需要人的介入或动力源的防护系统；主动防护系统是指仪表联锁系统或要求人的介入的防护系统。

[2] 检测是指针对基本过程控制系统、联锁自保系统、安全仪表系统、机械完整性和应急系统的检测。

表3-8 事故后果严重程度

等级	后果严重程度	说明
1	微后果	职员——无伤害或很小伤害，无健康影响，无时间损失
		公众——无任何影响
		环境——事件影响未超出界区，泄漏或排放的量未超过事故上报要求的下限，全部或大部分泄漏液体均被回收
		经济——最小的设备损失；建（构）筑物没有受损，或有轻微受损但完全不影响其功能作用；估计损失（财产损失＋生产损失，下同）低于1万元
		声誉——事件仅仅可能成为企业内部的学习资料，不至于在企业外被传播

续表

等级	后果严重程度	说明
2	低后果	职员——导致急救箱事件（FAC），医疗事件（MTC），限工事件（RWC）
		公众——有轻微影响，但无伤害危险和健康影响
		环境——事件影响超出界限，但尚未超出环境允许条件，事件不会受到管理部门的通告。泄漏或排放的量超过了事故上报要求的下限，但全部或大部分的泄漏液体均被围堵收集；不寻常的噪声或散出的气味可能引起附近居民的投诉；短时间的火炬排放
		设备——较小的设备损害；建（构）筑物受损，功能作用部分受到影响，但稍加修复后就能再使用，对在里面作业的人没有危险；估计损失大于或等于1万元但小于10万元
		声誉——可能出现企业内外部的小规模传播，但一般不会导致媒体介入，也不需要上报当地政府
3	中后果	职员——导致损工事件（LWC）；中等程度但可恢复的健康影响
		公众——有轻微伤害或可恢复的健康影响。一次轻伤1~2人；因气味或噪声等引起公众普遍抱怨
		环境——事件影响超出界区，且超出环境允许条件，可能受到管理部门的通告。附近居民区出现持续超过1天的难闻气味、灰尘、烟雾等；相当数量的泄漏液体排入水体或土壤中，但影响仅限于本地区，且未造成河流的污染（以当地的环保要求为准）；一次泄漏油品或危险化学品在20t以下（含20t）
		设备——有些设备受到损害；建（构）筑物受伤，主要功能还能实现，但需要进行较大的修复才能再使用，对在里面作业的人有一定的伤害危险；估计损失大于或等于10万元但小于100万元
		声誉——需要上报当地政府，当地媒体可能会有报道
4	高后果	职员——1人以上严重受伤，3人以上轻伤，严重且不可逆的健康影响
		公众——导致一次重伤1~2人；一次轻伤3~10人；中等程度的健康影响，且可能是不可逆的；伤害和损失的法律责任50万元~100万元
		环境——重大泄漏，给工作场所以外带来严重环境影响，且可能导致潜在的健康危害。泄漏物质或事故产生的火灾、爆炸和烟雾影响到厂外区域；在厂区外能感到爆炸冲击波、大量的灰尘、烟雾及散落物；急性空气污染；大量泄漏的液体排放入水体或土壤中，虽然并没有严重的影响，但超出了当地法规许可要求，可能造成河流被污染；一次泄漏油品或危险化学品20~100t（含100t）
		设备——生产过程设备受到损害；建（构）筑物丧失完整性，对在里面作业的人可能造成严重的伤害，对其中部分人可能造成致命的伤害；估计损失大于或等于100万元但小于1000万元
		声誉——需要上报当地政府，且会导致当地政府的处罚，引起全国性媒体的报道

续表

等级	后果严重程度	说明
5	很高后果	职员——1人以上死亡或永久性失去劳动能力，3人以上重伤
		公众——导致1人以上死亡，3人以上重伤，11人以上轻伤，严重且不可逆的健康影响，伤害和损失的法律责任超过100万
		环境——重大泄漏，给工作场所以外带来严重环境影响，且会导致直接或潜在的健康危害。事故导致大量的有毒有害物质泄漏，需要进行大规模的厂区外疏散；泄漏的有毒有害物质会对生态系统（动植物）产生严重伤害或导致重大环境污染事件发生，需要很大努力才能恢复；永久性的/持续性的土壤和水体污染；一次泄漏油品或危险化学品100t以上
		设备——生产设备受损严重或全部受到损害；建（构）筑物被摧毁，里面的人会受到致命伤害；估计损失大于或等于1000万元
		声誉——将导致政府的大额罚款和民事甚至刑事诉讼，可能成为全国"头条新闻"和国际性媒体的重要新闻，引起公众的极大关注甚至抗议；事件震惊国家、损害国家品牌，可能长期影响到国家立法

第二节 受限空间作业风险控制技术

一、工艺处理

在受限空间作业中，工艺处理措施是重要的风险控制措施之一，用于管理和处理受限空间内可能存在的危险物质或环境。下面是一些常见的工艺处理措施及其解释。

（一）倒空

倒空是利用转动设备或系统压差将受限空间内物料尽可能转移至目标系统，常用的输送转移设备有机泵、抽吸机等，如图3-2所示。根据空间内介质相性，选择适应的转动设备创造压力差进行气相（粉料）、液相等物料介质的倒空，实现物料的安全转移。

物料倒空过程必须安排专人实时监控、精细操作，作业前确认好倒空流程，严格执行工作方案和操作卡，防止出现设备抽空或跑冒滴漏等异常情况发生。下列注意事项在物料倒空操作过程中应重点关注：

图 3-2 输送设备

（1）利用系统内设备压差进行倒空作业时，要严格控制好系统压力，时刻关注高压设备的液位和压力变化，防止出现高压窜低压事故。

（2）倒空作业需加设临时管线的，需确保连接牢靠，做好气密检测，防止临时管线超重压坏支撑及塔、罐连接件，发生泄漏。

（3）安装的临时设备要符合防爆要求，并做好静电接地。

（4）物料倒空期间，严禁随意排放，物料排空至槽车时，必须确保密封可靠，防止物料逸散至空气中污染环境，造成环境检测超标。

（二）蒸煮

装置物料介质组分较重时，通过有效的蒸煮可将重组分物料介质中可燃气体、液化烃及可燃液体等易燃易爆、有毒有害物质汽化带出。蒸煮操作应做好以下注意事项：

（1）蒸煮操作前，应将设备呼吸阀、安全阀及其配套的阻火器、透光孔、人孔盲板等拆下，可用毛毡等进行封闭，用弹性绳索捆扎，确保在异常情况下能迅速打开。切断运行设备的电源，拆除被蒸煮设备上电气仪表等附属设备。确认与忌氧、忌水、忌高温的催化剂系统和设备能量隔离措施已实施。

（2）为了确保蒸煮效果，减少含油污水的大量产生，需严格把关各项措施落实情况，开始蒸煮前应确认物料倒空操作已完成，设备底部、管道 U 形弯等易积聚部位和死角处物料介质已尽可能彻底排净，无残留。

（3）用来蒸煮的蒸汽通常为低压或中压蒸汽。注水操作后，应稍开蒸煮线蒸汽总阀门和进设备的蒸煮线阀门，同时开启蒸汽线排凝阀进行排凝暖管，排凝阀见汽后，关闭蒸汽线排凝阀。排凝暖管操作时，阀门开度不宜过大，防止发生水击。

（4）为不污染环境，造成环境检测超标，蒸煮气体要求密闭泄放，泄放蒸汽进泄放罐或火炬系统。同样，蒸煮后的含油污水不得随意排放，应排入装置重污油罐进行沉降切水，再转入下游装置进行净化处理。

（5）蒸煮操作应严格执行工艺处理方案或岗位操作卡，蒸煮时间不得随意缩减，防止因蒸煮不透给后期检修作业带来安全隐患。蒸煮期间应密切监控温度、压力等控制参数，特别是蒸煮容积较小的设备或容器时容易出现高温，可适当在底部注水预防高温，当温度上升明显，则说明设备内水量少，应及时补水。

（三）中和

使用化学中和剂将受限空间中的危险物质中和为无害或安全的物质。中和处理可以降低有害物质的化学活性或毒性，以减少对人身安全的风险。

在受限空间作业中执行中和工艺时，通常需要遵循以下步骤：

1. 开始阶段

首先，确认所有进入受限空间的人员已接受相关的培训，具备必要的工作许可和访问许可；其次，要确保工作许可证中包含中和工艺的程序和安全控制步骤；此外，对进入受限空间的人员进行适当的个人防护装备检查，并确保所有装备都齐全且有效；确保通风系统正常运行，受限空间内的气体浓度和氧气含量处于安全范围内；确认受限空间内的所有设备和管道已关闭并进行了锁定或标记，以防止意外开启或操作；建立有效的通信联络机制，并制订必要的紧急救援计划。

2. 过程阶段

首先，根据工作许可证和安全规程中的要求，开始执行中和工艺，包括使用适当的中和剂、混合和搅拌等操作；同时，严格执行规定的安全程序和操作步骤，确保中和过程中的操作安全进行，防止化学品泄漏或溅出；监测中和过程中的化学物质浓度和环境参数，确保符合规定的标准，避免对操作人员和环境造成危害。

3. 结束阶段

完成中和工艺后，对受限空间内进行彻底检查，确保中和操作已经彻底完成，且无残余化学物质存在；然后，解除设备和管道上的锁定或标记，恢复正常状态。同时，开展必要的确认和验收工作，确保受限空间已经恢复到安全状态，且符合规定的中和标准；记录中和工艺的执行过程和结果，并进行评估，以便后续改进和完善安全控制措施。

(四)吹扫

通过气体吹扫的方式,将受限空间内残留的有害气体或蒸汽排出,以净化空间环境。吹扫通常会使用惰性气体或新鲜空气进行,以确保空间内的化学环境符合安全要求。

在受限空间作业中执行吹扫工艺时,常见的步骤如下:

1. 开始阶段

确认所有进入受限空间的人员已经接受了相关的受训和培训,并持有必要的工作许可和访问许可;确保工作许可证中包含了吹扫工艺的程序和安全控制步骤;对进入受限空间的人员进行适当的个人防护装备检查,确保所有装备都齐全且有效;确保通风系统正常运行,受限空间内的气体浓度和氧气含量处于安全范围内;确认受限空间内的所有设备和管道已关闭并进行了锁定或标记,以防止意外开启或操作;建立有效的通信联络机制,并制订必要的紧急救援计划。

2. 过程阶段

根据工作许可证和安全规程中的要求,展开吹扫工艺,通过通风系统或其他装置,使用气体或空气进行吹扫,并将受限空间内的有害物质排出;严格执行规定的安全程序和操作步骤,确保吹扫过程中的操作安全进行,避免有害物质残留或泄漏;监测吹扫过程中的气体浓度和环境参数,确保符合规定的标准,避免有害物质对操作人员和环境造成危害。

3. 结束阶段

完成吹扫工艺后,对受限空间内进行彻底检查,确保吹扫操作已经彻底完成,且无残余有害物质存在;解除设备和管道上的锁定或标记,恢复正常状态;进行必要的确认和验收工作,确保受限空间已经恢复到安全状态,且符合规定的吹扫标准;记录吹扫工艺的执行过程和结果,并进行评估,以便后续改进和完善安全控制措施。

(五)通风置换

通风置换是保障受限空间作业安全的重要手段,能够有效降低受限空间内危险介质的浓度,保障作业环境氧含量,从而确保作业人员的身体健康。

受限空间通风换气分为局部通风和稀释通风。稀释通风就是将新鲜空气输送到受限空间内,从而降低受限空间内有毒有害气体的浓度,提高氧气的含量;局部通风则是将吸风口尽可能靠近释放源，通过风机将释放出的有毒有害气体抽走达到降低有毒有害气体浓度的目标。因此，在进行通风换气时应调查清楚受限空间内是否有确定的释放源，并据此选择合适的通风换气方式。

通风置换的注意事项：

（1）受限空间通风必须使用新鲜空气，禁止使用纯氧或其他含有有毒有害介质的气体，在纵深型受限空间内作业时，可由底部吹入新鲜空气，使污染物从顶部排出。为确保新风能到达作业点，应使用加长风管或大功率风机，如图3-3所示。

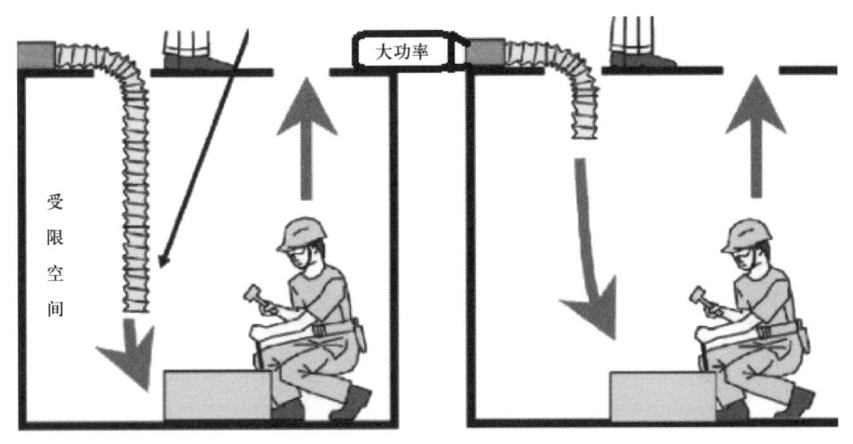

图3-3 通风图示

（2）避免形成通风短路或回路，如图3-4所示。为防止受限空间内发生气流短路，应使用强力鼓风机或长风管将空气吹到空间的底部。为防止废气抽回受限空间内形成回路，应将进气口设置在远离污染源的地方，而且风机应背离出气口。

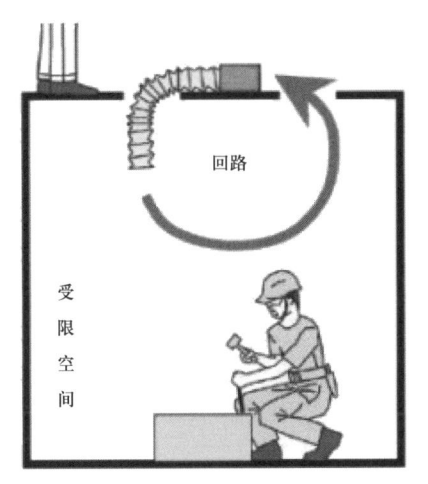

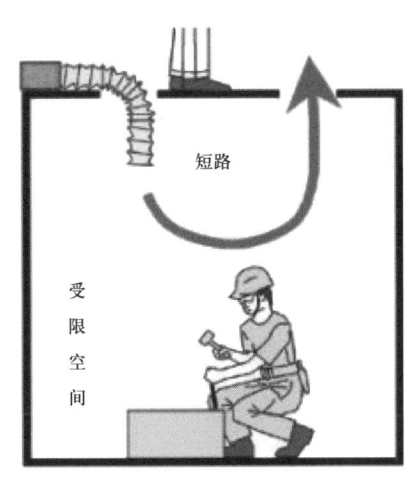

图3-4 回路和短路

（3）去除比空气轻的污染物为排出相对密度小的污染物，需使用风机及风管。一边开口处下部放风机，鼓入新鲜空气。另一边开口处，通风管位于受限空间上部使污染物从顶部排出。去除比空气重的污染物为排出比重大的污染物，需使用风机及风管。一边开口处通风管伸入受限空间下部用于排出沉积在下部的污染物，另一边开口处上部则放风机，鼓入新鲜空气，如图3-5所示。

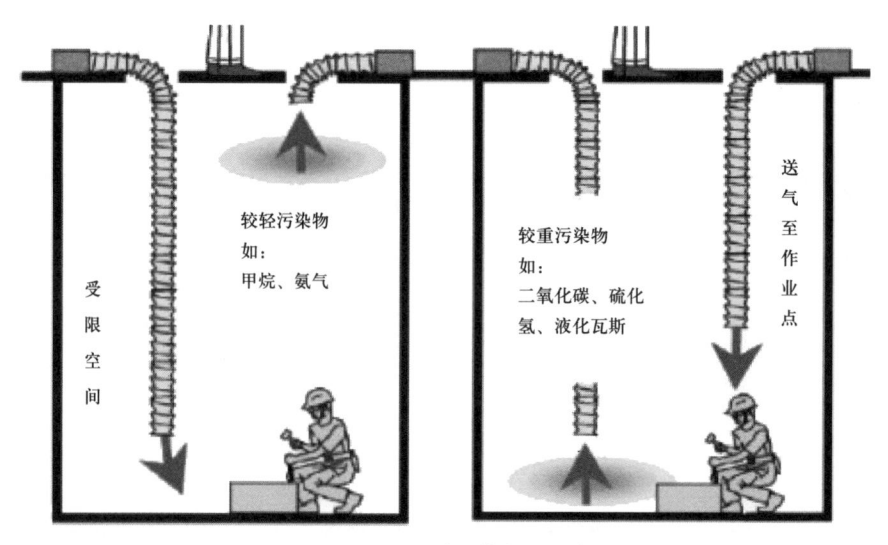

图3-5 不同比重污染物通风方式

（六）清理

清理是指将待作业的受限空间内的物料和障碍物从空间内部转移至安全地点，常见的清理方式包括倒空和排净。其中，倒空的具体技术措施见前文。

排净是指将容器或管线内物料通过低点的导淋或高点排口排放出来的过程，根据物料物理性质不同可以分为液相导淋和气相排空两种。

排净作业时，需要注意气体或液体的排放安全。必须清理导淋区域的杂物，并留意可能溅出的液体或气体是否对人员或周围环境造成危害；在排净作业前，需要准备好合适的容器，以收集排出的液体。最好使用容量充足、密封性良好的容器，以避免液体溅出或外泄，造成人身伤害和环境污染；低点排净作业时，要提前打开高点放空阀门，防止因真空导致介质无法排净，打开设备时造成物料泄漏；排净操作结束后要反复进行操作确认，确保介质已全部排出。

（七）清洗

清洗是指设备清空后为确保受限空间作业环境能够达到安全作业要求，通过多种技术方法，将受限空间内残余物质尽量处理干净。

在受限空间作业中进行清洗工艺涉及的步骤包括：

1. 开始阶段

确认所有进入受限空间的人员都已接受相关的受训和培训，并且具备必要的工作许可和访问许可；确保工作许可证中包含清洗工艺的程序和安全控制步骤；对进入受限空间的人员进行适当的个人防护装备检查，并确保所有装备齐全和有效；确保通风系统正常运作，受限空间内的气体浓度和氧气含量处于安全范围内；确认受限空间内的所有设备和管道已经关闭，并且进行了锁定或标记，以防止意外开启或操作；与受限空间外的监护人员建立有效的通信联络机制，并制订必要的紧急救援计划。

2. 过程阶段

根据作业程序和工作许可证的要求，进行受限空间内的清洗作业，包括使用适当的清洁剂和工具进行设备、管道或容器的清洗；严格执行规定的作业程序，确保清洗作业过程中的安全控制措施得到有效实施；监测清洗过程中的化学品使用、废水排放及废物处理情况，确保符合环境和安全规定。

3. 结束阶段

完成清洗工艺后，对受限空间进行彻底的检查和确认，确保清洗作业已经彻底完成，且无残留物质存在；解除设备和管道上的锁定或标记，恢复正常状态；开展必要的确认和验收工作，确保受限空间已经恢复到安全状态，并符合规定的清洗标准；记录清洗工艺的执行过程和结果，并进行评估，以便后续改进和完善安全控制措施。

下面为大家介绍应用比较广泛的清洗方法。

1. 机械清洗

机械清洗多用于大型储罐受限空间内部清洗作业，储油罐机械清洗主要是利用热源将清洗介质加热后，在一定压力和流量的情况下通过喷射式清洗机喷射到被清洗油罐内，对被清洗油罐内的凝结物和淤渣进行冲击、破碎、溶解，并对其中的烃类组分进行回收的工艺方法。

机械清洗利用同种油或轻质油作为有机溶剂，对被清洗罐内的凝结物和淤渣进行溶解，经冲击、破碎、溶解后形成流动状态，最终被抽吸输送。抽吸出的残油和淤渣的混合物通常储存在与被清洗罐相邻的储油罐内。清洗设备与被清洗罐之间均由管线连接，清洗介质及回收的油渣均在管线内输送，不对环境产生污染。在清洗前和清洗过程中，需向清洗罐内注入足量的惰气，控制油罐内的含氧量在8%以下，满足防火和防爆的要求，保证了清洗作业的安全，如图3-6所示。

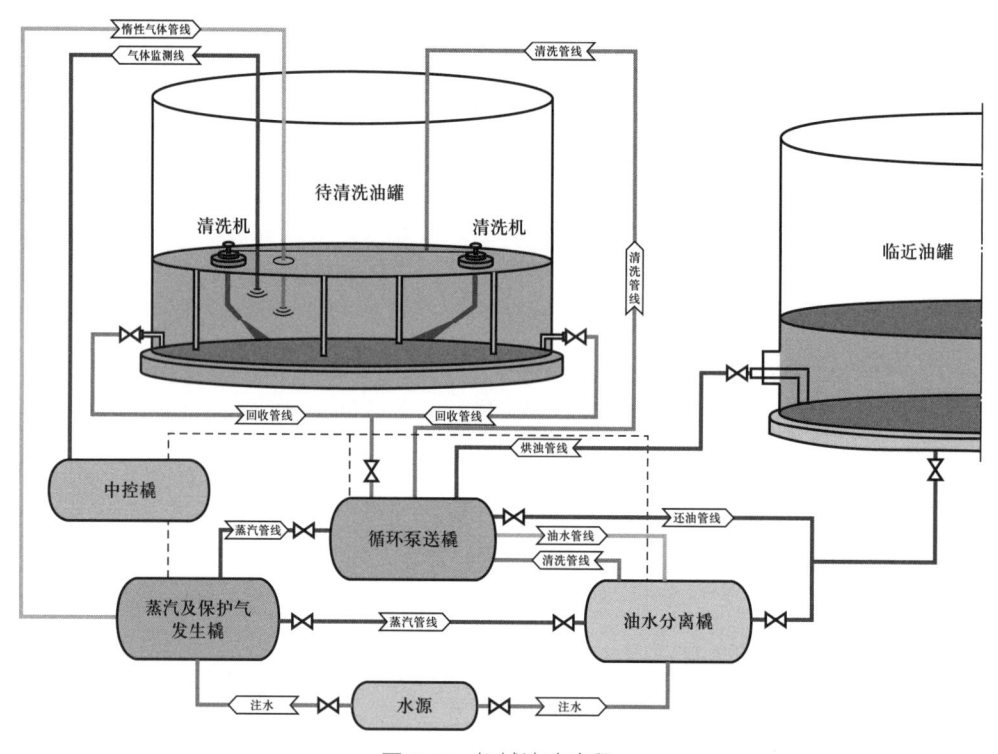

图 3-6　机械清洗流程

机械清洗的步骤如下：

（1）惰气注入：由于储罐中含有油气，为防止清洗机作业时喷嘴和清洗介质摩擦产生静电等导致火灾，清洗前和清洗过程中需向储油罐内注入惰气，主要成分是氮气、二氧化碳，保证施工安全可靠。

（2）同种油清洗：将加热的清洗油进行加压后，通过清洗机喷射进被清洗罐，搅拌、击碎、溶解罐内凝结物和淤渣，使其分散并具有流动性，然后通过抽吸移送，将凝结物和淤渣排出罐外。

（3）温水清洗：同种油清洗后基本清理掉了油罐内的凝结物和淤渣，为进一步清洗油罐，清除掉油罐内壁残留的油渍，利用温水对储油罐内壁进行清洗，利用自动油水分离设备对产生的油水混合物进行油水分离，分离出的水循环使用，分离出的油品移送到指定油罐储存。

（4）罐内清渣：温水清洗结束后，打开储油罐人孔和通风孔，通过强制通风将罐内的可燃气体、惰气等气体进行置换排出，待通风结束后施工人员进入被清洗罐内清除残留的泥沙、铁锈等无机物，清理后存放到指定地点。

相比传统的储罐人工清洗方式，机械清洗技术实现了储油罐全过程封闭清洗，具有清洗时间短、安全、无环境污染、罐底油回收率高等特点。但是需要注意的是由于在进行机械清洗时储罐内需要通入惰性气体进行保护，机械清洗完毕后，要进行充分的通风置换，避免发生窒息事故。

2. 化学清洗

化学清洗是指利用化学方法及化学药剂达到清洗设备目的的方法。在石油石化行业中化学清洗的主要原理是基于溶解、分散、乳化和吸附的原理，在清洗过程中，通过选择合适的清洗剂将污垢、腐蚀产物等转化为可溶解，可分解的物质，进而将其从设备管道中彻底清除，其应用也非常广泛，包括冷却水系统水垢清洗、换热器清洗、锅炉清洗、贮罐清洗、输油管线清洗、蒸汽管线清洗、黏泥剥离清洗、常压系统防腐、空气压缩机清洗、储油罐清洗、柴油贮罐清洗、重油贮罐清洗、贮水罐清洗、物料贮罐清洗以及气体贮罐（球罐）清洗等。

随着炼油装置大型化、装置运行周期不断加长，劣质原油在高温高压的作用下在装置设备及管道内形成大量的胶质、沥青质、硫化亚铁和硫化氢等有害物质，沉积在容器设备和管线内。未能够有效地清除设备设施内的有害物质，确保受限空间作业安全，目前部分企业在大检修或窗口检修期间使用化学清洗的方式取代传统的蒸汽吹扫去除设备油垢。

根据载体的不同，化学清洗技术分为水基清洗和油基清洗。

水基清洗即以水作为溶剂载体的清洗技术，清洗剂溶解在水溶液中，控制温度90～125℃及一定流量条件下使水溶液在设备系统内循环冲洗约24h，并进行新水置换，清洗污水外送至罐区时需破乳，油水分离后才能排放。水基清洗流程不需要进行蒸汽吹扫，解决了大型装置不易吹扫干净问题，但废水产生量大，且不易处理。

油基清洗即以油作为溶剂载体的清洗技术，一般以柴油作为溶剂载体，清洗剂溶解在柴油中，在一定的温度（130℃±10℃）及流量条件下，在设备系统内循环冲洗15h左右后退入污油罐回炼。油基清洗污水产生量少，但清洗后还需进行蒸汽吹扫，装置大型化后吹扫的难题无法解决，增加装置停工周期。

3. 钝化清洗

炼化企业生产装置加工含硫原油或处理其他含硫化学品可导致产生具有自燃活性的硫化亚铁。在设备打开或受限空间作业过程中硫化亚铁遇空气容易自燃。因此，为消除硫化亚铁遇空气自燃的风险，在受限空间作业前必须对系统充分地钝化处理。常用的钝化液成分有磷酸盐、亚硝酸盐、铬酸盐等，环保型钝化液有草酸、柠檬酸、葡萄糖酸等。硫化亚铁钝化根据清洗剂使用载体不同分为液相清洗与气相清洗。

液相钝化清洗采取循环、浸泡、喷涂等方式清洗设备，该方法使清洗液与硫化亚铁反应彻底，适用于清洗硫化亚铁垢较多的设备。液相钝化普遍应用在炼化企业生产装置工艺处理中。

液相钝化步骤和注意事项如下：

使用钝化槽和离心泵连接临时管线向需钝化的设备中加入新鲜水，对设备缓慢降温。后开始替换钝化液，建立清洗流程，以喷淋、循环、浸泡方式进行装置塔器设备钝化。

（1）注水注药液循环过程中检查确定流程与流向无误，临时管线无窜、漏、跑、冒等情况。

（2）钝化方式：塔、容器设备采用充满循环方式或喷淋循环方式进行，小型容器设备不能形成循环的采用浸泡方式。

（3）被钝化设备内载体水的温度在40℃左右时（注入清洗用水即可满足），在钝化槽内计量分批加入钝化剂，配置后用离心泵将钝化液注入设备系统。

（4）钝化时视装置加工介质硫含量和内部结构（如填料、破沫网等）等因素，调整采用浸泡或者加喷淋方式，从而保证钝化的良好效果，并定期检测钝化液pH值、温度和比色等值。

（5）钝化后的废水各项指标经检测合格后，排入装置地池或收集罐，确保送至污水处理装置时不会对正常生产造成冲击。

有研究比较了各种钝化清洗的特点，认为液相循环清洗效率最高。例如储罐的清洗可采用循环/喷淋的方法，罐顶部安装临时喷淋设备喷出清洗液，在喷洒过程中清洗液可吸收硫化氢等可燃气，清洗液被喷洒到罐壁上与硫化亚铁垢反应，并在重力作用下流至罐底，与底部污垢反应，当罐底累积一定液位后，将清洗液抽出，经过滤、除油后接入外接循环泵，再通过循环泵将清洗液送至顶部喷淋设备。在清洗酸性水罐底部油泥及其中硫化亚铁垢时，首先使用清洗液对其底部浸泡，再向底部通入蒸汽搅动清洗液，使得油泥翻动，并利用清洗液有效成分与硫化亚铁垢反应，达到良好清洗效果，其中，搅动油泥可提高清洗液与硫化亚铁的接触效率，缩短整体的清洗时间。

液相循环清洗效率高，但存在液体与设备内构件接触不充分的问题，当一些设备无法使用循环而只能采用浸泡方式清洗时，废水产量较大。

气相钝化清洗以蒸汽为载体，清洗剂随吹扫蒸汽分布至装置各个部位，气相清洗可清洗液相清洗接触不到的部位，通过蒸汽加热使得钝化剂充分汽化，利用吹扫流程，充分、迅速清除硫化氢、硫化亚铁、烃类等，经过气相钝化处理，使活性硫化亚铁自燃反应启动步骤终止，自燃难度增加。气相钝化法具有成本低、钝化均匀、环保等明显优点。与传统的液相钝化相比，该技术大幅降低了钝化废液的产生，缩短了装置停工时间，降低钝化操作的工作量。很多场合可替代液相清洗，是未来的主要发展方向。我国目前清洗工艺仍以液相清洗为主，一方面是因为国内清洗市场已形成了以液相清洗为主的惯性体系，气相清洗发展尚需一定时间；另一方面，与气相清洗配套的有机弱氧化剂清洗剂在国外已成熟，国内气相清洗剂的研究尚处于初期，导致气相清洗的应用效果欠佳；最后，国内炼油厂加工高硫原油比例高于欧美国家，装置内硫化亚铁垢生成量大，客观上导致气相清洗应用受到一定限制。

气相钝化的条件：

（1）钝化系统与所有不涉及钝化的设备及系统边界管线盲板隔离，以防止交叉污染。

（2）气相钝化前较为彻底地退油；并以蒸汽贯通钝化流程，同时提高待钝化设备内部顶部、底部温度。

（3）气相钝化过程中，间断性将蒸汽凝液排出系统，并观察效果。

（4）气相钝化操作结束后，需进行短时间水淋洗后再打开设备人孔。

4. 高压水清洗

高压水清洗是指通过高压水发生装置将水加压至数百个大气压以上，再通过具有细小孔径的喷射装置转换为高速的微细水射流，以高压射流的方式进入待清洗的管道或设备，由于水的压力比较大，使得水的穿透力大幅度增加，并以极高的速度在管道或设备中流动，在强大冲击动能的作用下，完成物体表面的清洗工作。此外，在高压力的作用下，待清洗设备的表面污垢、附着物会与设备表面脱离，从而完成清洗工作。

高压水清洗装置主要由高压泵动力装置、高压管、各种喷枪和喷嘴组成，可以安装在工程车上，便于现场施工作业，高压水清洗技术不仅具有较高的清洗效率，而且不会污染周边环境，清洗成本低，而且也不会对设备表面产生损伤，易于自动化操作，并且可以对复杂结构的化工设备进行清洗，具有良好的适用性。

随着高压水射流技术的不断发展，其正朝着智能化、专业化的方向发展，并且可清洗的化工设备类型不断增加，无论是机械零件，还是化工企业中的容器设备，均可得到有效的清洗。

二、能量隔离

能量隔离是一种将动力设备、机器、电器或管道系统的一部分隔离并标记的程序。对于需要接触被隔离设备的维修人员，必须正确地使用锁定和挂牌程序，并在工作完成后进行适当的确认，确保操作人员进行安全维修和保养操作时，不会因意外启动、运行或释放被障碍物或设备所伤害。

（一）基本概念

1. 危险能量

危险能量为可能造成人员伤害或财产损失的工艺物料或设备设施所含有的能量。主要是指电能、机械能（移动设备、转动设备）、热能（机械或设备、化学反应）、势能（压力、弹簧力、重力）、化学能（毒性、腐蚀性、可燃性）、辐射能及潜在或存储的其他能量。

2. 能量隔离

能量隔离是指将潜在的、可能因失控造成人身伤害、环境损害、设备损坏、财产损失的能量进行有效地控制、隔离和保护，包括机械隔离、工艺隔离、电气隔离、放射源隔离等。

（1）电气隔离，如断开开关，拉开关闸刀等，包括必要的测试及上锁挂签。

（2）工艺隔离，如阀门的开启和关闭及上锁挂签等。

（3）机械隔离，如加装盲板、铲板或拆除部分管道。

（4）仪表隔离，如联锁摘除、切断仪表动力源等。

（5）放射源隔离，如屏蔽或拆离装置、设备设施的相关放射源。

3. 隔离方式

隔离方式是指隔离和控制能量的方式，即在隔离实施过程中通过运用各种隔离设施，达到检修作业所在设备、管道等设施系统能量的有效隔离和控制，常见的有：

（1）移除管线或加盲板。

（2）双切断阀关闭、双阀之间的倒淋常开。

（3）切断电源或对电容器放电。

（4）移除放射源或距离间隔。

（5）锚固、锁闭或阻塞。

（6）切断蒸汽、气源、仪表风等驱动。

（二）隔离选择和原则

1. 隔离选择

受限空间前，需辨识作业所在设备系统所有危险能量的来源，评估危险能量所产生的影响和危害，根据能量源（物料）、工况选择相应的电气隔离、工艺隔离、机械隔离、仪表隔离和放射源隔离措施。隔离的手段的优先顺序电能、化学能、机械能、热能、势能等的优先隔离选择。

2. 受限空间隔离方式

石油石化行业工艺流程错综复杂，设备管线交错。为防止气体、液体、粉料等流体介质发生泄漏、互窜，采取最多的是工艺隔离和机械隔离措施，且通常是多个隔离方式结合运用，才能达到设备系统能量的彻底隔离。

隔离方式的适用范围与危险能量和物料介质的特性有关，必须坚持最优隔离方式的原则。与受限空间连通可能危及作业安全的管道应断开或盲板隔离，不应采用水封或关闭阀门代替盲板作为隔断措施。其他相连管道应采用阀门隔离上锁挂签的方式进行能量隔离。

1）盲板隔离

盲板隔离是指采用关闭设备、设施及装置进出口的隔离阀，同时排空管线中的介质，并加装盲板达到设备隔离的目的，是一种实现绝对隔离的方式，如图3-7所示。适用于易燃易爆、有毒有害介质的隔离，如燃料油、甲醇、液化石油气、烃类等介质的隔离。

图 3-7　加盲板隔离

2）管线拆卸隔离

管线拆卸隔离是指将与动火部位所在的设备系统相连的管线拆除一段短管，与潜在危险源绝对分开，也是一种实现绝对隔离的方式，适用于易燃易爆、有毒有害介质的隔离，如图 3-8 所示。注意，在拆除管线时物理断口应尽可能靠近容器或设备一端，如果可能，将所有管线的开口端用正确规格的盲板法兰封闭，连接设备系统的所有排放口（如果安装有的话）应完全切断，并用盲板法兰封闭开口端。

图 3-8　管线拆离隔离

3）阀门隔离

阀门隔离是指采用关闭设备、设施及装置进出口的双重隔离阀，同时打开两个隔离阀间放空来排放双阀之间介质的一种隔离方法，通常称作"双阀一倒淋"（双切断阀关闭、双阀之间的倒淋常开）的双重隔离，多适用于无毒、非刺激性及低毒的易燃易爆介质的隔离，如图 3-9 所示。注意，采用该方式必须确认双阀的密封性，双阀必须可关严，不得有泄漏，且在动火作业实施前双阀之间的气体分析必须合格。

图 3-9　双阀加倒淋排空的双重隔离

三、气体分析

气体分析是利用各种气体的物理、化学性质不同来测定混合气体组成的分析方法。为保障生产安全和作业安全，气体分析广泛应用于石油石化行业各类作业活动中，受限空间作业前和作业过程中，必须通过对氧含量、可燃气体和有毒有害气体进行检测分析，对环境中气体组成的变化进行定量确认，确保作业安全。受限空间作业根据作业危险程度和作业过程管控要求的不同，气体检测分析的方式也不相同，主要有采样分析和便携仪器检测两种方式。

（一）采样分析

采样分析是指通过人工采集受限空间内气体样品，后采用色谱分析仪或红外分析仪对采集气体中需检测介质进行分析，多用于受限空间作业前或作业中断重新作业时的作业环境安全条件确认。此处只介绍各种方法，具体实施见第四章第一节。

1. 人工采样方法

1）袋装采样法

该种方法对容器有一定的要求，要使用与污染物质无化学反应且不会有吸附和渗透现象的采样袋，一般容量要求为50～1000mL，例如铝复合采样袋、聚氯乙烯采样袋、聚酯采样袋等。这种方法的操作流程是要以采样现场的空气对塑料袋进行反复清洗，利用的工具一般为大型注射器或手动打气筒，持续3至5次后再开始正式使用塑料袋进行采样，采样结束立即密封起来并带回实验室。

2）真空采样法

该种方法的使用工具为容量500～1000mL的耐压玻璃或不锈钢材质真空采气瓶。采用此种方法时，首先要将瓶子内部的空气抽完，保证其内部的压强小于133Pa，在进行这一步时需要将瓶子放入保护袋中以免炸裂。将真空的瓶子拿到现场后要慢慢打开活塞，待瓶子采满后要即刻关闭活塞并带回实验室做分析，为了避免漏气可将真空油脂涂抹在活塞附近。

2. 分析方法

1）气相色谱分析

气相色谱法是一种在有机化学中对易于挥发而不发生分解的化合物进行分离与分析的色谱技术，是当下广泛应用的方法之一。其本质是一种物理的分离方法，分为固体相和流动相，利用样本各组分分配系数在不同相之间的细微差异，当两相作出相对运动时，其中的物质在两相间进行反复多次的分配，从而扩大细微差异产生的效果，最终分离出不同组分，气相色谱法适用于氢气、氧气、氮气、氩气、氦气、一氧化碳、二氧化碳等无机气体，甲烷、乙烷、丙烯及C_3以上的绝大部分有机气体的分析。

与其他气体分析检测技术相比较,气相色谱法的有效性及便捷程度更高,具有较大的优势,而且气相色谱法的检测灵敏度更高,随着信号处理和检测器制作技术的进步,不经过预浓缩可以直接检测 10^{-9} g 级的微量物质,可以达到对混合物质的多种成分进行同步性分析的目的,几十种甚至上百种性质类似的化合物可在同一根色谱柱上得到分离,能解决许多其他分析方法无能为力的复杂样品分析,且检测的响应时间与其他分析检测技术手段相比更短,分析的速度更快。一般而言,气相色谱法完成对一类混合物质的分析所需要的周期大概只需要几分钟到十几分钟,现在的色谱仪器已经可以实现从进样到数据处理的全自动化操作,完全能够满足受限空间采作业"作业前 30min 内,应对受限空间进行气体分析"要求。

2)分光光度法

分光光度法是通过测定被测物质在特定波长处或一定波长范围内光的吸收度,对该物质进行定性和定量分析的方法。它具有灵敏度高、操作简便、快速等优点。许多物质的测定都采用分光光度法。在分光光度计中,将不同波长的光连续地照射到一定浓度的样品溶液时,便可得到与不同波长相对应的吸收强度。其理论基础为光的吸收定律,即郎伯—比尔定律。

该定律指出入射光的被吸收数与样品的介质的厚度有关,因而可以利用这一特质来分辨出有害物质,一般用于有害气体氨气和糠醛的检测。

(二)便携仪器检测

便携仪器检测是指通过使用便携式或移动式气体检测仪对受限空间中气体成分进行现场监测,主要应用于受限空间作业过程中作业环境的监控,确保作业过程中环境发生变化后能及时发现并采取可靠的安全措施。通常情况下从保护人的生命安全角度来考虑选择采样分析最准确,从使用便捷、分析数据迅速的角度来考虑则是选择两台便携式气体检测仪进行对比验证测量,避免环境误差。

气体检测仪是利用传感器将气体本身的物理或者化学性质通过光电技术检测,再转化成间接电信号,电信号经过处理、放大、传输,最后通过数学的方法被转化成"浓度"信号,在仪器上直接读取浓度值。因此传感器被看成一种"相对"的检测技术,传感器的制造技术越来越精致,但由于传感器本身技术原理的局限,便携式气体检测仪还无法达到色谱等分析仪器能够达到的精确分析的性能指标。即使是检测特定气体(如一氧化碳、硫化氢)的检测仪,其检测结果还可能被环境中其他的共存气体组分所干扰、影响,从而得到有误差,甚至是错误的检测结果。这些都是使用现场气体检测仪器时需要关注的问题。根据检测原理，传感器分为半导体式传感器、电化学式传感器、催化燃烧式传感器、光电离式（PID）传感器、红外传感器。不同的待测气体一般用固定种类的传感器。本节只对这些气体检测设备的基本概念和分类进行介绍，气体检测设备的检测原理见本章第三节。

1. 电化学气体检测仪

电化学气体检测仪就是采用电化学传感器的气体检测仪，由于很多气体都有电化学活性，能被电化学氧化或者还原，而这种反应产生的电流和发生反应的气体浓度成一定比例，因此可通过这类反应检测出气体的成分及浓度。这种检测方式精度高，响应快，在多种气体检测仪器中都非常流行，受到人们的广泛关注。用以检测的气体种类可以分为氧气、有机物、氧化物和一氧化碳等，但电化学反应也有不同的分类。

（1）恒定电位电解型。这种方式是目前有毒气体检测仪使用最多的，比如一氧化碳检测仪。它是通过在电解质内安装恒定电位的工作电极，气体在工作电极发生氧化或还原反应，再对电极发生还原或氧化反应，电极的电位发生变化，形成的电流与气体浓度成一定比例，最后得出浓度值。

（2）原电池型。这类原理如同干电池，只不过电池是碳锰电极，而这里是气体电极，气体在阴极被还原，形成的电子再到阳极对铅金属氧化，形成的电流与气体浓度成正比，同样也是通过电流来计算气体的浓度。

（3）浓差电池型。被测气体在电化学电池的两侧，会自主形成浓差电动势，电动势的大小与气体的浓度有关，这类传感器使用最多就是二氧化碳检测仪。

（4）极限电流型。这种方式主要是氧气传感器。

2. 催化燃烧式气体检测仪

催化燃烧式可燃气体报警器是一种利用催化剂将可燃气体氧化反应转化为电信号输出的气体传感器，可用于检测可燃气体浓度，如乙烷、甲烷等。

催化燃烧式可燃气体报警器的催化剂通常为白金、钯、铑等贵金属。当可燃气体进入传感器，会通过催化剂氧化反应，产生热量和水蒸气等产物。该反应会引起传感器表面温度上升，导致表面电阻的变化。变化的电阻会导致电路输出电压的变化，进而转换为电信号输出。当可燃气体浓度超过设定的阈值，催化反应会趋于饱和，传感器电路会输出高于正常值的电信号，从而触发报警器报警。

催化燃烧式可燃气体报警器的优点是响应速度快、功耗低、灵敏度高，适用于各种可燃气体的监测，不受湿度和温度等外界环境影响；缺点是催化剂易中毒、易被污染、使用寿命短。

3. 红外式气体检测仪

红外气体探测器，利用红外原理检测气体浓度，以红外吸收型为主，核心部件为红外传感器，红外传感器利用不同气体对红外波吸收程度不同，通过测量红外吸收波长来检测气体，具有抗中毒性好，反应灵敏，气体针对性强，超长使用寿命，环境适应性强的特点，但结构复杂，多用于检测大气中的碳氢化合物和二氧化碳气体。

（三）受限空间气体分析的一些建议

在进行受限空间气体分析前，有如下一些建议：

（1）用于工业场所、危险地点或其他可能存在易燃易爆气体环境中的仪器必须具有本质安全的认证。作为"本质安全"认证的仪器，已经通过合理的电路设计避免了在危险环境中发生引燃的危险。它通常包括了一个在电源装置中的保护设计，避免火花的发生和温度的增加。设计中还包括防火罩等安全装置。

（2）某些可燃气体探测器是惠斯通桥型，一般使用催化燃烧式传感器。传感器使用的环境会对传感器造成很大的影响。尤其是某些物质可能会对传感器造成中毒或使其性能降低。这种类型的探测器很容易被硅类、含铅化合物（尤其是四乙基铅）、含硫化合物、含磷化合物等污染致中毒或者被硫化氢、卤代烃所抑制，导致灵敏度下降而出现错误的低读数和减少其使用寿命。

（3）进行有毒气体的测试，一般浓度单位为 ppm。需注意，仪器必须选用适用于该受限空间可能存在的有毒气体，不能使用可燃气体检测器进行有毒气体的检测，否则结果可能是致命的。有毒有害气体浓度应符合 GBZ 2.1—2019《工作场所有害因素职业接触限值　第1部分：化学有害因素》的规定，不超过工作场所空气中化学有害因素的职业接触限值。受限空间作业常见有害因素气体职业接触限值见表3-9。

（4）硫化氢是一种在受限空间内可能存在的常见有毒气体。它的最低爆炸下限是4.3%，或43000ppm。而我们对可燃气体进行测试的要求是保证气体环境的可燃气体浓度低于10%的LEL以防止发生爆炸。同时，硫化氢的允许暴露限值是10ppm，瞬时致死浓度为300ppm。因此，如果进行可燃气体测试时，结果为5%的LEL，表明没有爆炸的危险，并不会报警，但此时其浓度已经达到2150ppm，已经超过了允许暴露限值和瞬时致死浓度。

表 3-9 受限空间作业常见有害因素气体职业接触限值

中文名	英文名	RR值浓度类型	临界不良健康效应	职业接触限值（OELs） mg/m³	cwm200
硫化氢	Hydrogen Sulfide	MAC	神经毒性，强烈黏膜刺激	10	7.0
氧化氢	Hydrogen Oxide	MAC	上呼吸道刺激	7.5	4.9
氢氧化物	Hydrogen Fluorid	MAC	呼吸道、皮肤和眼刺激，肺水肿，皮肤灼伤，牙齿酸蚀症	2.0	2.4
磷化氢	Phosphine	MAC	上呼吸道刺激，头痛，胃肠道刺激，中枢神经系统损害	0.3	0.2
氰化氧	Hydrogen Cyanid	MAC	上呼吸道刺激，头痛，恶心，甲状腺效应	1.0	0.8
氢溴化物	Hydrogen Bromid	MAC	上呼吸道刺激	10	2.9
氯气	Chlorin	MAC	上呼吸道和眼刺激	1.0	0.3
甲醛	Formaldehyde	MAC	上呼吸道和眼刺激	0.5	0.4
一氧化碳	Carbon Monoxide	PC-STEL	碳氧血红蛋白血症	30	25
一氧化氮	Nitric Oxide	PC-STEL	呼吸道刺激	10	8.0
二氧化氮	Nitrogen Dioxide	PC-STEI	呼吸道刺激	10	5.2
二氧化碳	Curbon Dioxid	PC-STFL	呼吸中枢、中枢神经系统作用，窒息	1800	9834
二氧化硫	Sulfur Dioxide	PC-STEL	呼吸道刺激	10	3.7
二硫化碳	Carbon Disulfide	PC-STEL	眼及鼻黏膜刺激，周围神经系统损害	10	3.1
甲醇	Methanol	PC-STEI	麻醉作用和眼、上呼吸道刺激，眼损害	50	38
苯	Benzene	PC-STEL	头晕、头痛、意识障碍，全血细胞减少，再障，白血病	10	3.0
甲苯	Toluene	PC-STEL	麻醉作用，皮肤黏膜刺激	100	26
二甲苯	Xylene（allisomers）	PC-STEI	呼吸道和眼刺激，中枢神经系统损害	100	22
苯乙烯	Styrene	PC-STEL	眼、上呼吸道刺激，神经衰弱，周围神经症状	100	23

续表

中文名	英文名	RR值浓度类型	临界不良健康效应	职业接触限值（OELs） mg/m^3	cwm200
氨	Ammonia	PC-STEL	眼和上呼吸道刺激	30	42
乙酸	Acctig acid	PC-STEL	上呼吸道和眼刺激，肺功能损害	20	8.0
乙醛	Acetaldehyde	MAC	眼和上呼吸道刺激	45	25
丙酮	Acetone	PC-STEL	呼吸道和眼刺激，麻醉，中枢神经系统损害	450	186
己二醇	Hexylene glycol	MAC	眼和上呼吸道刺激，麻醉	100	39
尿素	Urea	PC-STEL	皮肤黏膜刺激、麻醉作用，眼刺激，周围神经病，胃肠道影响	10	4.0

（5）某些有毒物质可能对电子管或检测管型的测试仪器反应不灵敏，在这种情况下，需要更专业的测试设备或者进行实验室的分析。

（6）仪器探头的使用寿命有限（如氧气探头的使用寿命一般为一年）。暴露于腐蚀性物质（如酸性气体）可能显著减少探头的寿命，应按照厂家的建议进行更换。

（7）有些时候，错误的低读数可能源于探头吸收了某些物质（如氯、硫化氢、二氧化硫和氨），凝聚于取样管或探头而导致影响精度。

（8）仪器的电池维护也是非常重要的。通常使用的是镍镉电池或碱性电池，因此需要向制造商详细了解其容量、可能提供的检测时间。

此外，有些受限空间对气体检测仪有特殊的要求，如煤矿井下应使用符合国家防爆要求的仪器设备。因此，应根据受限空间的特殊要求，选择合适的检测仪器。

四、视频监控

视频监控是一项重要的风险控制措施。受限空间作业应当推行全过程视频监控，对难以实施视频监控的作业场所，应当在受限空间出入口设置移动视频监控，受限空间作业宜使用智能监控系统，至少具备视频监控、气体监测及报警等功能，特殊受限空间作业应当采集全过程作业影像，且易燃易爆区域作业现场使用的摄录设备应当为防爆型。

视频监控系统中的防爆设备，如防爆摄像机、防爆云台、防爆接线箱等，必须符合国家有关标准和行业标准要求，通过国家指定检验机构审查和检验合格，取得防爆合格证。设备的防爆标志、防护级别等应与安装环境相适应。摄像机等监控设备的安装位置应避免在易燃易爆气体泄漏源附近，且应保证监控范围全面覆盖受限空间，无监控死角。建议线缆采用阻燃型且穿镀锌焊接钢管保护，严禁裸导线明敷和采用PVC管保护。线缆与防爆设备的连接应符合GB 50257—2014《电气装置安装工程 爆炸和火灾危险环境电气装置施工及验收规范》的相关规定。

视频监控系统设备宜由监控室集中供电，并配置稳频、稳压电源装置及不间断电源（UPS），应急时间应不少于0.5h。当监控室与监视区域所在危险性建筑物属于不同防雷区时，视频监控系统的电源线路、控制和信号线缆均应安装适配的电涌保护器（SPD）。室外独立安装的摄像机应设置避雷针并就地安装电源、信号SPD等。

应定期对视频监控系统进行检查和维护，确保设备正常运行，及时发现和处理设备故障、损坏等问题。操作和维护人员应经过专业培训，熟悉防爆设备的使用、维护和应急处理方法，确保在突发情况下能够正确应对。

当前科学技术的飞速发展，为远程视频、过程影像摄录设备的选择和应用提供了技术条件。危险化学品企业应当完善现有的固定视频监控设施，配备满足需要的移动式视频监控设施，有条件的企业可以实现视频监控画面远程传输，实时浏览功能，可利用AI识别技术自动判定是否存在违章行为。从而实现对受限空间作业风险控制措施落实和作业安全行为的全过程智能化监控。

企业现有移动式受限空间作业视频监控系统一般由前端设备、传输网络、后端系统组成。

前端设备主要由一台或多台摄像机、声音采集设备、防护罩和移动三角支架等组成，主要是为了采集画面、声音、报警信息和状态信息，移动三角支架支腿高度可调节，顶部设置快装板连接固定监控设备，垂直和水平方向上均可调整监控角度。视频录制期间可将智能终端固定在三脚架上，并确保作业区域有效监控，如图3-10所示。

传输网络是指利用无线网络等传输、控制指令、状态信息。传输部分根据输送的类型不同，分为数字信号和模拟信号。目前大多数移动视频监控系统采用"全无线"宽带传输，不需要现场布线，确保出入口畅通，远程5G/4G（或5G/4G

图3-10 前端设备

专网）技术，更能够适应超低带宽下的视频传输，画面清晰流畅。

后端系统是指移动视频监控软件开发商提供给业主的客户端软件，可以实现电脑、手机等多种设备登录，业主用户均可安装并登录使用，现场和监控中心监控人员可通过管理系统平台软件、客户端软件、移动端 APP 软件等渠道实时视频查看受限空间内作业人员的作业情况，一旦发现作业有安全隐患，可以及时作出应急处置，也为各级管理人员第一时间掌握现场作业情况提供有力支持，如图 3-11 所示。

图 3-11 后端系统

在受限空间作业中使用视频监控具有以下优势：

（1）事故预防：通过安装视频监控设备，可以实时监控受限空间内的工作情况。操作人员可以在屏幕上得到受限空间的实时信息，以保持对工作进程的控制。如果存在异常情况，比如说有人误入了受限区域或者发现了潜在的危险，操作人员可以及时采取相应的措施，避免潜在的事故发生。

（2）安全应急：在受限空间中，如果发生了事故，如火灾或爆炸等，相应的救援人员可以通过视频监控立即检查受限空间内的情况。这提供了救援队伍在未进入受限空间时的情况确认，并可以安排最优先的救援计划，提高救援效率，同时降低了进入受限区域的风险。

（3）技术监控：在受限空间内，一些复杂的工艺需要正常监控，以保持工作效率和产品质量的稳定性。视频监控可以说明操作人员及时发现异常，对流程进行调整，避免工艺过程中出现质量问题。

（4）数据记录：视频监控可以记录所有在受限空间内工作的人员行为，生成有关人员和物料流动的资料，例如，集团公司要求两小时对气体检测做一次记录。这些资料可以作为重要的管理参考依据,有助于提高生产工艺的效率,并在有需要时说明提供事故的过程记录。

(5)远程监管:受限空间的工作需要事先做好计划,而视频监控可以说明远程管理和监督受限空间的工作进展情况。这种远程监管方式可以节省时间和人力成本,同时确保生产过程中的安全性、及时性,有助于管理工艺。管理人员也可以使用视频监控来了解生产过程中的现场状况,从而指导工作人员做出正确的决策。

总之,视频监控是受限空间中重要的风险控制措施之一,可以有效减少潜在的风险和事故的发生,同时保障在生产过程中的安全性。

第三节 受限空间作业安全防护设备

在石油石化行业中,受限空间作业是一项具有挑战性和存在潜在危险的任务。为了确保作业人员的安全,使用适当的安全防护设备至关重要。这些设备包括但不限于呼吸器、防护服、安全带、气体检测仪等。这些设备不仅能提供必要的呼吸和身体防护,还能及时探测环境中的潜在危险因素。通过使用合适的安全防护设备,可以有效降低受限空间作业的风险,并确保作业人员的健康与安全。

一、气体检测设备

在气体检测中,常用于现场检测的仪器有光离子化检测仪、接触燃烧式检测器、半导体气敏检测器、定电位电解式检测器、红外吸收式检测器及迦伐尼电池式检测器。

(一)光离子化检测仪(PID)

PID(图3-12)的结构原理是当使用足够能量的紫外光照射待测气体时,气体分子的一个电子可获得能量而脱离分子,从而使分子电离,此过程称为光离子化。由于不同气体光离子化所需的能量不同,测定在电场作用下形成的光离子电流便可得知气体含量。其检测位置优先布设在人员呼吸带高度(1.2~1.5m),尤其是存在挥发性有机物(VOCs)泄漏风险的区域(如管线接口、设备法兰处)。若空间内气体密度差异明显,需结合气体

图3-12 光离子化检测仪

性质调整高度（如苯类气体密度大时，适当降低检测点）。

PID可测定以下物质：如苯、甲苯、萘等芳香类，丙酮等酮类和醛类，氨和胺类，卤代烃类，烯烃类，醇类，以及氨、砷、硒、溴、碘等。不能测定以下物质：如放射性类物质，空气（O_2、N_2、CO_2、H_2O），毒气（CO、HCN、SO_2），甲烷、乙烷；HCl、FH、F_2、臭氧。

值得注意的是，由于不同化合物的光离子化响应灵敏度不同，PID法需要对不同化合物使用校正系数CF。并且，PID法不具明显的选择性，区分不同化合物的能力较差。

（二）接触燃烧式检测器

接触燃烧式检测器是用检测元件与固定电阻和调零电位器构成检测桥路。桥路以铂丝为载体催化元件，通电后铂丝温度上升至工作温度，空气以自然扩散方式或其他方式到达元件表面。当空气中无可燃性气体时，桥路输出为零，当空气中含有可燃性气体并扩散到检测元件上时，由于催化作用产生无焰燃烧，使检测元件温度升高，铂丝电阻增大，使桥路失去平衡，从而有一电压信号输出，这个电压的大小与可燃性气体浓度成正比，信号经放大，模数转换，通过液体显示器显示出可燃性气体的浓度。其检测位置布置在可燃气体易积聚的顶部或高位（如甲烷、氢气等轻质气体）。若检测液化石油气（LPG）等重质气体，应靠近底部或地沟。图3-13为甲烷检测仪。

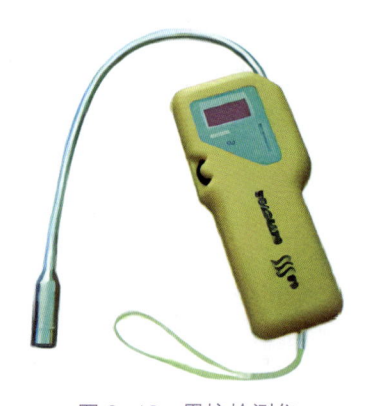

图3-13 甲烷检测仪

（三）半导体气敏检测器

气敏半导体材料一般为非化学配比的金属氧化物制成的P型或N型半导体，当半导体气敏元件与可燃气体接触时，被测气体与半导体之间产生载流子交换而引起电阻变化。该检测器（图3-14）适用于一般可燃气体泄漏的初步筛查，布设在通风不良的角落、设备缝隙处。需多点位分布，避免单一位置漏检。

（四）定电位电解式检测器

该检测器（图3-15）的核心部件是电解池，电解池中有工作电极、对电极和参比电极3个电极，工作电极的电位可设定。待测气体透过隔膜在电解中的工作电极上发生氧化或还原反应，反应产生的电流，即电解电流可反映气体的浓度。定电位电解式电化学气体传感器。其特点是灵敏度高，选择性好，低浓度输出线性好，主要用于对 CO、H_2S、NH_3、SO_x、NO_x、Cl_2 及其他化合物蒸气，如 HCl、HCN 等有毒性气体的检测。针对有毒气体（如 H_2S、CO），布设在受限空间底部或低洼处（重质气体易沉积）。若气体密度接近空气（如 CO），需置于呼吸带高度。

图 3-14　半导体气敏检测器　　　　图 3-15　定电位电解式检测器

（五）红外吸收式检测器

红外吸收式检测器（图 3-16）有两个气室，一个是充以不断流过的被测气体的测量室，另一个是充以无吸收性质的背景气体的参比室。工作时，当测量室内被测气体浓度变化时，吸收的红外线光量发生相应的变化，而基准光束（参比室光束）的光量不发生变化。从二室出来的光量差的大小与被测组分浓度成比例，通过检测透过两个气室的光量差便可反映待测气体的浓度。其检测位置通常布设在气体扩散

(a) 甲烷检测器　　　　(b) 二氧化碳检测器

图 3-16　红外吸收式检测器

路径上（如通风口、出入口附近），或需要连续监测的固定点（如反应釜顶部）。避免强振动、高粉尘区域。

（六）迦伐尼电池式检测器

迦伐尼电池检测器主要用于氧气含量的测定（图 3-17）。迦伐尼电池容器的一面装有对氧气透过性良好的、厚 10～30μm 的聚四氟乙烯透气膜，在其容器内侧紧粘着贵金属（铂、黄金、银等）阴电极，在容器的另一面内侧或容器的空余部分形成阳极（用铅、镉等离子化倾向大的金属）。氧气在通过氢氧化钾电解质时在阴阳极发生氧化还原反应，使阳极金属离子化，释放出电子，电流的大小与氧气的多少成正比。其检测位置优先布设在人员作业活动区域（呼吸带高度），以及空间顶部（氧气可能被置换的区域）。若存在惰性气体吹扫，需在进出口处增设监测点。

图 3-17 氧气检测仪

（七）检测器选用

选用检测器需考虑检测对象、检测器特性、使用环境及检测器型号。其中，主要考虑有毒气体的阈限值及可燃气体的爆炸极限（见附录）。以有毒气体检测为例。表 3-10 是几种有毒气体检测器的适用范围。

表 3-10 几种有毒气体检测器的适用范围

气体种类	定电位电解式	隔膜电极式	红外吸收式	催化燃烧式	半导体式
NO_2、NO	A	/	O	/	O
CO	A	/	C	C	O
CO_2	/	/	A	/	/
SO_2	A	/	O	/	/
H_2	A	/	/	C	A
Cl_2	A	A	/	/	O
H_2S	A	/	O	/	A
NH_3	A	A	O	C	O
HCN	A	O	/	/	/
C_2H_4O、C_3H_3N	/	/	O	C	A
C_6H_6	/	/	O	C	A

表中 A 表示优先选用，O 表示可选，C 表示燃气可选。

二、呼吸防护装备

呼吸防护装备是指防御缺氧空气和空气污染物进入呼吸系统的防护用品，分为过滤式和隔绝式两种，为保证作业者安全，防止意外伤害事故的发生，进入受限空间作业时，隔绝式防护用品是首选。鉴于过滤式呼吸防护装备的局限性和进入受限空间作业的高风险性，作业时不宜使用过滤式呼吸防护装备，若使用必须严格论证，充分考虑受限空间作业环境中有毒有害气体种类和浓度范围，确保所选用的过滤式呼吸防护装备与作业环境中有毒有害气体相匹配，防护能力满足作业安全要求，并在使用过程中加强监护，确保使用人员安全。

（一）过滤式呼吸防护装备

过滤式呼吸防护装备是依据过滤吸收的原理，利用过滤材料的吸附、吸收、催化或过滤等作用，滤除空气中的有毒有害物质，将受污染空气转变为清洁空气供人员呼吸的呼吸防护装备。如防尘口罩、防毒口罩和过滤式防毒面具。在选用过滤式呼吸防护装备时应充分考虑其局限性，主要表现在：

（1）过滤式呼吸防护用品不能在缺氧环境中使用。

（2）现有的过滤材料不能防护全部有毒有害物质。

（3）过滤材料容量有限，防护时间会随有毒有害物质浓度的升高而缩短，有毒有害物质浓度过高时甚至可能瞬时穿透过滤元件。

（4）过滤式防毒面具通过滤毒罐、盒内的滤毒药剂滤除空气中的有毒气体再供人呼吸因此，作业环境中的空气含氧量低于 19.5% 时不能使用。通常只能在确定了毒物种类浓度、气温和一定的作业时间内起防护作用，所以过滤式防毒面具不能用于险情重大现场条件复杂多变和有两种以上毒物的作业。

1. 防尘口罩

防尘口罩主要是以纱布、无纺布、超细纤维材料等为核心过滤材料制作的过滤式呼吸防护用品（图 3-18），用于滤除空气中的颗粒状有毒、有害物质，但对于有毒有害气体和蒸气无防护作用。防尘口罩适用的环境特点是：污染物仅为非发挥性的颗粒状物质，不含有毒、有害气体和蒸气。

不含超细纤维材料的普通防尘口罩只有防护较大颗

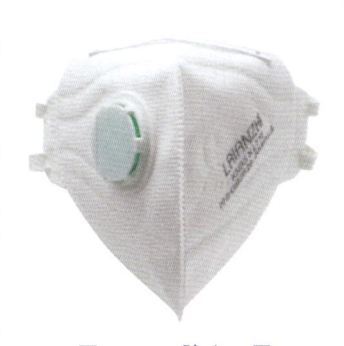

图 3-18 防尘口罩

粒灰尘的作用，一般经清洗消毒后可重复使用；不含超细纤维材料的防尘口罩除可以防护较大颗粒灰尘外，还可以防护粒径更细微的各种有毒、有害气溶胶，防护能力和防护效果均优于普通防尘口罩基于超细纤维材料本身的性质，该类口罩一般不可重复使用，多为一次性产品，或需定期更换滤棉。

2. 防毒口罩

防毒口罩是以超细纤维材料、活性炭和活性纤维等吸附材料为核心过滤材料制作的过滤式呼吸防护用品（图 3-19）。防毒口罩适用的环境特点是：工作或作业场所含有较低浓度的有害蒸气、气体、气溶胶。

超细纤维材料用于滤除空气中的颗粒状物质和有毒有害溶胶，活性炭、活性纤维用于滤除有害蒸气和气体。与防尘口罩相比，防毒口罩既可过滤空气中的大颗粒灰尘、气溶胶，同时对有害气体和蒸气也具有一定的过滤作用。防毒口罩的形式主要为半面式，也有口罩式。

图 3-19　防毒口罩

3. 过滤式防毒面具

过滤式防毒面具是通过滤毒罐、盒内的滤毒药剂滤除空气中的有毒气体再供人呼吸的防护用品（图 3-20），其结构主要由面罩主体和滤毒部件两部分组成。滤毒罐是由活性炭、化学吸收层、棉花层等构成。过滤式防毒面具与防毒口罩具有相近的防护功能，既能防护大颗粒灰尘、气溶胶，又能防护有毒蒸气和气体，只是防护有害气体、蒸气浓度的范围更宽，防护时间更长。同时，过滤式防毒面具还可以保护眼睛及面部皮肤免受有毒有害物质的直接伤害，且密合效果较好。

使用要求与方法：

（1）使用呼吸保护装置的人员应经过培训，且身体条件适合穿戴呼吸保护装置；穿戴呼吸保护装置时，尽量不要使用隐形眼镜，避免发生事故或紧急救助时发生意外。

（2）每次使用前（即穿戴前）和使用后都应检查呼吸保护设备，确保其状态良好。

图 3-20　过滤式防毒面具

（3）使用面具时，由下巴处向上佩戴，再适当调整头带，戴好面具后用手掌堵住滤毒盒进气口用力吸气，面罩与面部紧贴不产生漏气，则表明面具已经佩戴气密。可以进入危险涉毒区域工作。

（4）面具使用完后，应擦尽各部位汗水及脏物，尤其是镜片、呼气活门、吸气活门要保持清洁，必要时可以用水冲洗面罩部位，对滤毒盒部分也要擦干净。

（5）过滤式防毒面罩、滤毒罐必须编号、贴标签，专柜存放；存放环境良好，温度适宜，防晒、防潮、防冻，防止存放在油污环境，使用后对沾染油污及时清洗，擦干。

（6）滤毒盒使用完毕后必须用塑料袋密封防潮，每次使用完毕后有登记使用时间，使用时间累积到后立即报废。

（二）隔离式呼吸防护装备

隔离式呼吸防护装备是依据隔绝的原理，使人员呼吸器官、眼睛和面部与外界受污染空气隔绝，依靠自身携带的气源或靠导气管引入受污染环境以外的洁净空气为气源供气，保障人员正常呼吸。适用于缺氧、毒气成分不明或浓度很高的污染环境。企业常用的隔离式呼吸防护装备为长管呼吸器、正压式呼吸器和紧急逃生呼吸器。长管呼吸器主要用于受限空间等危险环境下的作业活动（时间较长），正压式呼吸器主要用于应急处置、救援和抢险等突发意外情况（时间较短）紧急逃生呼吸器是帮助作业人员自主逃生使用的隔离式呼吸防护装备（时间更短，一般为15min）隔离式呼吸防护装备使用前应确保其完好、可用。各类隔离式呼吸器使用前检查要点见表3-11。

表3-11 呼吸防护用品使用前检查要点

检查要点	连续送风式长管呼吸机	高压送风式长管呼吸机	正压式空气呼吸器
面置气密性是否完好	√	√	√
导气管是否破损，气路是否通畅	√	√	√
送风机是否正常送风	√		
气瓶气压是否不低于25MPa（最低工作压力）		√	√
报警哨是否在（5.5±0.5）MPa时开始报警并持续发出鸣响		√	√
气瓶是否在检验有效期内		√	√

1. 长管呼吸器

长管呼吸器即长管防毒面具，又称供气式呼吸器，是一种利用物理方法将使佩戴者呼吸系统与周围染毒环境隔离，依靠佩戴者的呼吸力或借助机械力，通过密封软管引入新鲜空气的呼吸防护装备。由于不受毒气种类、浓度和使用现场空气中氧含量的限制，而且结构简单，长管防毒面具是进入有毒有害气体、蒸气、有害气溶胶环境中工作，防止中毒的良好首选器材。但不适用于在流动性频繁及流动范围大的作业场合中使用。

根据工作原理，长管呼吸器分为自吸式长管呼吸器、连续送风式长管呼吸器和高压送风式长管呼吸器（表3-12）。导气软管一般为内径30mm的纹形软管，导气软管不宜过长，自吸式长管呼吸器的导气管一般长度不超过10m，以保持正常呼吸时的吸气阻力不致过大。

表3-12 长管呼吸器分类及组成

长管呼吸机种类	主要部件及次序					供气气源
自吸式长管呼吸器	密合型面罩	导气管	低压长管	低阻过滤器		大气
连续送风式长管呼吸器		导气管+流量阀	低压长管	过滤器	风机	大气
					空压机	
高压送风式长管呼吸器	开放型面罩	导气管+供气阀	中压长管	高压减压器	过滤器	高压气源
所处环境	工作现场环境	工作保障环境				

1）自吸式长管呼吸器

自吸式长管呼吸器（图3-21）依靠佩戴者自主呼吸，克服过滤元件阻力，将空气吸进面罩内。自吸式长管呼吸器由全面罩、吸气软管、空气入口（或低阻力过滤器）和支架（或警示板）等组成。这种呼吸器是将导气管的进气口端远离有气体污染的环境，固定于新鲜无污染的场所，另一端则与全面罩相连，依靠佩戴者自身的呼吸力为动力，将洁净的空气通过呼吸软管吸入面罩呼吸区内供人员呼吸，人员呼出的气体通过排气阀排入环境大气中。

自吸式长管呼吸器的缺点：一是吸气阻力大，其吸气阻力随着吸气软管长度的增加而增大；二是眼窗镜片极易被呼出的水汽模糊，造成视线不清，影响操作。这是一种负压式呼吸器,使用时可能存在面罩内气压小于外界气压的情况,外部有毒有害气体会进入面罩内,要求面罩和连接系统有良好的气密性,适用于毒物危害不太大的场所。

图 3-21 自吸式长管呼吸器

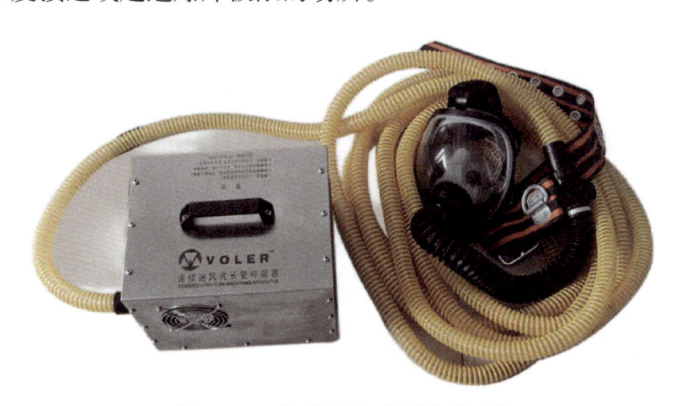

2)连续送风式长管呼吸器

连续送风式长管呼吸器(图 3-22)通过风机或空压机供气为佩戴者输送洁净空气,由面罩、流量调节器、吸气软管、过滤器和送风设备等组成。送风量可根据使用者的要求调节,呼吸阻力很小,在面罩内形成微正压,防止有害气体漏入面罩内,佩戴舒适安全。连续送风式呼吸器的特点是使用时间不受限制,供气量较大,可以同时供 1~5 人使用,送风量依人数和吸气软管的长度而定。电动送风机分防爆型和非防爆型两种,非防爆型电动送风机不能用于含有甲烷气体、液化石油及其他可燃气体浓度接近或超过爆炸极限的场所。

图 3-22 连续送风式长管呼吸器

3)高压送风式长管呼吸器

高压送风式长管呼吸器(图 3-23)通过压缩空气或高压气瓶供气为佩戴者提供洁净空气。它是以压缩空气为气源,经过呼吸软管和流量调节装置连续不断地向佩戴者提供可呼吸空气，分为恒流供气式、按需供气式和复合供气式三种。基本原理是空气压缩机或高压空气瓶经压力调节装置，将高压降为中压后，再把气体通过吸气软管送到面罩内供佩戴者呼吸，富余气体和人员呼出的气体通过排气阀排入环境大气中。使用这种呼吸器时，应对压缩空气进行净化处理，除去其中的油分和水分，保证气源清洁。

在使用该呼吸器时要注意以下几点：

（1）在选择长管呼吸器时，应综合考虑有害化学品的性质、作业场所污染物可能达到的最高浓度、作业场所的氧含量和环境条件等因素。

图 3-23　高压送风式长管呼吸器

使用长管呼吸器时，避免导致供气中断、人员中毒、窒息死亡等问题的出现。

（2）应注意长管进口处应放在上风头，高于地面 30cm，确保输入口新鲜空气的量。防止灰尘吸入，并有人监护。

（3）长管长度不应大于 80m。应注意吸气软管的放置。尽可能要放直，不得弯曲不能绞缠，防止吸气软管被踩压或打死角现象，以利呼吸畅通。

（4）应注意检查吸气软管接头的连接牢固性，防止在使用时接头处因拖曳而脱落应注意使用前要进行气密性检查。

（5）正常工作时，呼吸器应设计成每根长管只能为一个面罩供气。特殊情况下每根长管最多只能为两个面罩供气。

（6）固定带应能将导气管或中压管固定在佩戴者身后或侧面而不影响操作，宽度不应小于 40mm。

（7）风机送风供气装置停止工作时应能切换到备份供气装置或改为自吸工作方式并向现场监护人报警，检查长管是否有破裂、漏气等现象。

（8）长管呼吸器应设置合适的警报器，警报器应在打开气瓶阀时自动启动，当气瓶压力下降到预定值时，可向监护者发出警报。

（9）在任何情况下，警报器和压力表所提供的信息应是互补的。警报器启动后佩戴者应能继续正常使用长管呼吸器。

进入受限空间作业时不宜使用自吸式长管呼吸器，而应选用符合国家相关标准的连续送风式长管呼吸器或高压送风式长管呼吸器。在选用结构较为复杂的长管呼吸器时，为保证安全使用，作业者在佩戴前需要进行一定的专业训练。

2. 正压式呼吸器

正压式呼吸器是使用者自带压缩空气源的一种正压式隔绝式呼吸防护用品。正压式呼吸器使用时间受气瓶气压和使用者呼吸量等因素影响，一般供气时间为 30min 左右，主要用于应急救援或在危险性较高的作业环境内短时间作业使用，但不能在水下使用。正压式呼吸器应符合国家相关标准的规定。

正压式呼吸器配有视野广阔、明亮、气密良好的安全面罩，供气装置配有体积较小重量轻、性能稳定的供气阀；减压阀装置装有残气报警器，在规定气瓶压力范围内可向佩戴者发出声响信号，提醒使用人员及时撤离现场。在有毒有害气体（如硫化氢、一氧化碳等）大量溢出的现场，以及氧气含量低于正常值的作业现场，都应使用正压式呼吸器。

正压式呼吸器在整个呼吸循环过程中，面罩与人员面部之间形成的腔体内压力不低于环境压力，使用者依靠背负的气瓶供气呼吸，气瓶中的高压压缩空气被高压减压阀降为中压 0.7MPa 左右，经过中压管线送至需求阀，然后通过需求阀进入呼吸面罩。吸气时需求阀自动开启，呼气时需求阀关闭，呼气阀打开，保持一个可自由呼吸的压力。无论呼吸速度如何，通过需求阀的空气在面罩内始终保持轻微的正压，阻止外部空气进入。

正压式呼吸器的结构基本相同，RHZK6.8/3 型正压式空气呼吸器参见图 3-24。

图 3-24 正压式空气呼吸器

1）正压式呼吸器各部件及其特点

（1）面罩：为大视野面窗，面窗镜片具有透明度高、耐磨性强、具有防雾功能的特点，网状头罩式佩戴方式，佩戴舒适、方便，胶体采用硅胶，无毒、无味、无刺激，气密性能好。

（2）气瓶：为铝内胆碳纤维全缠绕复合气瓶，工作压力为30MPa，具有重量轻强度高、安全性能好的特点，瓶阀具有高压安全防护装置。

警告：碳纤气瓶的寿命为制造日起15年，必须按气瓶上的规定时间做法定检测，充气压力不得超过气瓶的额定工作压力，不要让充满气的气瓶在阳光下暴晒。

（3）减压器：将瓶中的高压气源减压至中压，通过中压管送到供气阀，经过再次减压后供使用者呼吸。减压器上设有压力报警装置，当气瓶内压力降到5MPa时，会发出不小于90dB（A）的声响报警信号，即使是在高湿度的空气或喷水中，甚至在较低温度下也不会丧失功能。

（4）供气阀：结构简单，功能性强，输出流量大，具有旁路输出，体积小。使用者首次吸气时，黄色按钮就会被弹出，这种状态下处于正常的吸气和呼气；使用完毕后要将系统内的压缩空气排尽时，只需将黄色按钮往里压，供气阀就会将残余气体排出。

（5）肩带：由阻燃聚酯织物制成，背带采用双侧可调结构，使重量落于腰胯部位减轻肩带对胸部的压迫，使呼吸顺畅。并在肩带上设有宽大弹性衬垫。减轻对肩的压迫。

（6）报警器：当气瓶内压力下降至5.5MPa±0.5MPa，或当气瓶中剩余气体至少为200L时，警报器应启动报警。应发出连续声响警报或间歇声响警报，声强应不小于90dB（A）连续声响警报的持续时间应不少于15s，间警报声响应不少于60s。警报器应继续报警，直至气瓶压力降至1MPa为止。

（7）压力表：大表盘，具有夜视功能，配有橡胶保护罩。

（8）气瓶阀：具有高压安全装置，开启力矩小。

（9）背托：由碳纤维复合材料注塑成型，具有阻燃及防静电功能。

同时，使用前要按照以下要求进行检查：

（1）检查面罩：看面罩玻璃是否清晰完好，无划痕、无裂痕或者是模糊不清；系带完好，不缺、不断；戴好面罩，用手掌捂住呼吸道吸气，看是否密封不透气，无"咝咝"的响声。

（2）检查压力：打开气瓶开关，随着管路，减压系统中压力的上升会听到警报器发出短暂的音响，气瓶开关完全打开后，检查空气的贮存压力，工作压力一般应在8~30MPa。

（3）检查气密性：关闭气瓶开关，观察压力表的读数，在5min的时间内压力下降不大于2MPa，表明供气管系统高压气密完好。

（4）检查报警器：高压系统气密完好后，轻轻按动供给阀膜片，观察压力表示值变化，当气瓶压力降至 4~6MPa 时，警报器笛发出音响，同时吹洗一次警报器通气管路。

值得注意的是，当呼吸器不使用时，每月按此方法检查一次。

2）正压式呼吸器的使用方法

（1）背架的调整：佩戴时，先双手抓住背托将呼吸器举过头顶，双手松开背托双手快速上举，背托落在人体背部（气瓶开关在下方），双手扣住身体两侧肩带 D 形环，身体前倾，向后下方拉紧，直到肩带及背架与身体充分贴合；扣紧腰带、拉紧。

（2）面罩佩戴：将面罩长系带戴好，一只手托住面罩将面罩口鼻与脸部完全贴合，另一只手将头带后拉罩住头部，收紧头带，收紧程度以既要保证气密又感觉舒适、无明显的压痛为宜。

（3）检查面罩气密性：用手掌封住供气阀快速接气处吸气，如果感到无法呼吸且面罩充分贴合则说明密封良好。蓄有鬓须、佩戴眼镜、面部形状或刀疤以致无法保证面罩气密性的不得使用呼吸器。

（4）连接供需阀：将气瓶阀开到底，报警哨应有一次短暂的发声。同时看压力表。检查充气压力，将供需阀接口与面罩连接，进行两至三次深呼吸，感觉舒畅，完成以上步骤即可正常呼吸。

（5）进入危险区域：佩戴空气呼吸器进入危险区域时，必须两人以上、相互照应。如有条件，再有一人监护最好。在危险区域内，任何情况下，严禁摘下面罩。

（6）撤离现场：在佩戴不同系列的空气呼吸器时，佩戴者在使用过程中应随机观察压力表的指示数值。当压力下降到 4~6MPa 时，听到报警哨响起后，佩戴者能继续正常使用长管呼吸器，但应撤出危险区域。

（7）脱卸呼吸器：到达安全区域后，松开快速接头，关闭气瓶开关；将面罩系带卡子松开、摘下面罩；先松腰带，再松肩带，从身上卸下呼吸器；按下快速接头上的黄色钮，排空管路空气，压力表指针回零。

（三）紧急逃生呼吸器

隔绝式紧急逃生呼吸器是在出现意外情况时，能够帮助作业人员自主逃生使用的隔绝式呼吸防护用品。紧急逃生呼吸器由压缩空气瓶、减压器、压力表、输气导管、头罩、背包等组成，能提供个人 10min 或 15min 以上的恒流气体，可供处于有毒、有害、烟雾、缺氧危险气体环境中的人员逃生使用。紧急逃生呼吸装置装备一个能遮盖头部、颈部、肩部的防火焰头罩，头罩上有一个清晰、宽阔、明亮的观察视窗。操作简便，打开气瓶阀戴上头罩即可，无其他任何附加动作。

　　隔绝式紧急逃生呼吸器气瓶上装有压力表，始终显示气瓶内压力。头罩或全面罩上装有呼气阀，将使用者呼出的气体排出保护罩外，由于保护罩内的气体压力大于外界环境大气压力，所以环境气体不能进入保护罩，从而达到呼吸保护的目的。

　　该装置体积小，其结构简单，操作简便，使用者在未经培训的情况下，简要阅读使用说明后即可正确操作。可由人员随身携带且不影响人员的正常活动，如图3-25所示。

　　呼吸防护用品使用后应根据产品说明书的指引定期清洗和消毒，不用时应存放于清洁、干燥、无油污、无阳光直射和无腐蚀性气体的地方。

图3-25　隔绝式紧急逃生呼吸器

　　为确保受限空间作业安全，各单位应根据受限空间作业环境和作业内容，配备气体检测设备、呼吸防护用品、坠落防护用品、其他个体防护用品和通风设备、照明设备、通信设备及应急救援装备等。应加强设备设施的管理和维护保养，并指定专人建立设备台账，负责维护、保养和定期检验、检定和校准等工作，确保处于完好状态，发现设备设施影响安全使用时，应及时修复或更换。

（四）呼吸防护用品的维护

　　（1）应按照呼吸防护用品使用说明书中有关内容和要求，由受过培训的人员实施检查和维护，对使用说明书未包括的内容，应向生产者或经销者咨询。应对呼吸防护用品做定期检查和维护。SCSA使用后应立即更换用完的或部分使用的气瓶或呼吸气体发生器，并更换其他过滤部件。

　　（2）更换气瓶时不允许将空气瓶和氧气瓶互换。应按国家有关规定，在具有相应压力容器检测资格的机构定期检测空气瓶或氧气瓶。

　　（3）应使用专用润滑剂润滑高压空气或氧气设备。

　　（4）不允许使用者自行重新装填过滤式呼吸防护用品滤毒罐或滤毒盒内的吸附过滤材料，也不允许采取任何方法自行延长已经失效的过滤元件的使用寿命。

（五）呼吸防护用品的清洗与消毒

　　（1）个人专用的呼吸防护用品应定期清洗和消毒，非个人专用的每次使用后都应清洗和消毒。

（2）不允许清洗过滤元件。对可更换过滤元件的过滤式呼吸防护用品，清洗前应将过滤元件取下。

（3）清洗面罩时，应按使用说明书要求拆卸有关部件，使用软毛刷在温水中清洗，或在温水中加入适中性洗涤剂清洗，清水冲洗干净后在清洁场所蔽日风干。

（4）若需使用广谱消毒剂消毒，在选用消毒剂时，特别是需要预防特殊病菌传播的情形，应先咨询呼吸防护用品生产者和工业卫生专家。应特别注意消毒剂生产者的使用说明，如稀释比例、温度和消毒时间等。

（5）呼吸防护用品的储存：

① 呼吸防护用品应保存在清洁、干燥、无油污、无阳光直射和无腐蚀性气体的地方。

② 若呼吸防护用品不经常使用，建议将呼吸防护用品放入密封袋内储存。储存时应避免面罩变形。

③ 防毒过滤元件不应敞口储存。

④ 所有紧急情况和救援使用的呼吸防护用品应保持待用状态，并置于适宜储存、便于管理、取用方便的地方，不得随意变更存放地点。

三、防坠落设备

由于石油石化行业中受限空间普遍存在体积大、结构复杂等特点，设备人孔的分布位置多为顶部或容器侧面，普遍存在高处坠落风险，给受限空间作业增加了难度，因此防坠落设备也成为部分受限空间作业必备的安全防护设备，如图3-26所示。受限空间作业常用的坠落防护用品主要包括全身式安全带［图3-26（a）］、速差自控器［图3-26（b）］、安全绳［图3-26（c）］及三脚架［图3-26（d）］等。

(a) 全身式安全带 　　(b) 速差自控器 　　(c) 安全绳 　　(d) 三脚架

图 3-26　坠落防护用品

（一）全身式安全带

全身式安全带可在坠落者坠落时保持其正常体位，防止坠落者从安全带内滑脱，还能将冲击力平均分散到整个躯干部分，减少对坠落者的身体伤害。全身式安全带应在制造商规定的期限内使用，一般不超过 5 年，如发生坠落事故或有影响安全性能的损伤，则应立即更换；使用环境特别恶劣或者使用格外频繁的，应适当缩短全身式安全带的使用期限。

（二）速差自控器

速差自控器又称速差器、防坠器等，使用时安装在挂点上，通过装有可伸缩长度的绳（带）串联在系带和挂点之间，在坠落发生时因速度变化引发制动从而对坠落者进行防护。

（三）安全绳

安全绳是在安全带中连接系带与挂点的绳（带），一般与缓冲器配合使用，起到吸收冲击能量的作用。

（四）三脚架

三脚架（图 3-27）作为一种移动式挂点装置广泛用于受限空间作业（垂直方向）中，特别是三脚架与绞盘、速差自控器、安全绳、全身式安全带等配合使用，可用于受限空间作业的坠落防护和事故应急救援。

图 3-27 三脚架救援系统

四、通风设备

在炼化行业中，多数的设备可以采用自然通风，可以通过打开设备人孔等附件形成通风对流，如果受限空间内无法满足作业安全要求，作业过程中伴有有毒可燃介质逸散，应采用风机进行强制通风。通风可以分为送风和排风两种方式。在日常作业过程中通常选用移动式轴流风机进行强制通风，其特点为安装方便、通风量大、风压低，非常适合受限空间局部通风，通风换气效果明显，安全，可以接风筒把风送到指定的区域，如图 3-28 所示。

在易燃易爆区域内应选用防爆型的轴流风机，

图 3-28 轴流风机

电机和金属外壳需要做静电接地，送风时，风筒位置应设置在环境洁净的部位，气源吸入口距地面宜高于 1.5m。排风时，风筒位置应设置在空旷位置，与周边设施保持安全间距，并设置必要的隔离措施，禁止人员靠近。

五、其他安全设备

各企业应根据受限空间作业环境特点，按照 GB 39800《个体防护装备配备规范》为作业人员配备防护服、防护手套、防护眼镜、防护鞋等个体防护用品。在进行受限空间作业时应根据具体的作业环境进行选择和佩戴。

（一）安全帽

安全帽（图 3-29）是防冲击时主要使用的防护用品，主要用来避免或减轻在作业场所发生的高空坠落物、飞溅物体等意外撞击对作业人员头部造成的伤害。安全帽应在产品的有效期内使用，一般安全帽的使用周期为 30 个月，最长不超过 3 年，受到较大冲击后，无论是否发现帽壳有明显的断裂纹或变形，都应停止使用立即更换。使用安全帽时应注意以下几点：

（1）应使用质检部门检验合格的产品。

（2）根据安全帽的性能、尺寸、使用环境等条件，选择适宜的品种。

（3）佩戴前，应检查安全帽各配件有无破损，装配是否牢固，调节部分是否卡紧、插口是否牢靠、绳带是否系紧等。

图 3-29　安全帽

（4）安全帽用冷水清洗，不可放在暖气片上烘烤，不应储存在有酸碱、高温（50℃以上阳光）、潮湿等处，避免重物挤压或尖物碰刺。

（二）防护服

防护服主要用于保护作业者免受环境有害因素的伤害，在易燃易爆等特殊环境中，还要考虑防静电的功能。石油石化行业中受限空间作业常用的防护服有防静电服、防酸碱服、防化服等，如图 3-30 所示。使用防护服时应注意：

（1）必须选用符合国家标准、并具有产品合格证的防护服。

（2）穿戴防护服时应避免接触镜器，防止受到机械损伤。

（3）使用后，严格按照产品使用与维护说明书的要求进行维护，修理后的防护服应满足相关标准的技术性能要求。

图 3-30 防护服

（4）根据防护服的材料特性，清洗后应选择晾干，尽量避免暴晒。

（5）存放时要远离热源，通风干燥。

（三）防护手套

防护手套（图 3-31）是用于保护手的护具，石油石化行业中受限空间作业中常用的防护手套，有普通防护手套、防酸碱手套、防静电手套，使用防护手套的注意事项如下：

（1）防护手套应该给相关操作人员配备防机械伤手套、防寒手套、防毒手套、耐酸碱手套、焊工手套，备用耐火阻燃手套。根据操作对象或环境不同佩戴相应的防护手套。

（2）普通操作应佩戴防机械伤手套，可用帆布、绒布、粗纱手套，以防螺纹、尖锐物体、毛刺、工具咬痕等伤手。

（3）冬季应佩戴防寒棉手套，对导热油、三甘醇等高温部位操作也应使用棉手套。

（4）使用甲醇时必须佩戴防毒乳胶或橡胶手套。

（5）加电解液或打开电瓶盖要使用耐酸碱手套，注意防止电解液藏到衣物上或身体其他裸露部位。

（6）焊割作业应佩戴焊工手套，以防焊渣、熔渣等烧坏衣袖烫伤手臂。

（7）备用耐火阻燃手套，用于救火减灾。

（8）接触设备运转部件禁止佩戴手套。

（9）手套，特别是被凝析油、汽油、柴油等轻质油品浸湿的手套使用完毕应及时清洗油污；禁止戴此类手套抽烟、点火、烤火等，以防点燃手套。

图 3-31 防护手套

（四）防护鞋

防护鞋（图 3-32）用于保护足部免受各种伤害的护具，在易燃易爆等特殊环境中，还要考虑防静电的功能。石油石化行业中受限空间作业中常用的防护鞋有胶面防砸安全靴、电绝缘鞋、防刺穿鞋、耐高温鞋、防酸碱、防静电鞋等。使用防护鞋的注意事项如下：

（1）使用前要检查防护鞋是否完好，自行检查鞋底、鞋帮处有无开裂，出现破损后不得再使用。对于绝缘鞋应检查电绝缘性，不符合规定的不能使用。

（2）对非化学防护鞋，在使用中应避免接触腐蚀性化学物质，一旦接触后应及时清除。

（3）防护鞋应定期进行更换。

（4）防护鞋使用后清洁干净，放置于通风干燥处，避免阳光直射、雨淋及受潮，不得与酸、碱、油及腐蚀性物品存放在一起。

图 3-32　防护鞋

（五）防护眼镜

受限空间内进行冲刷和修补、切割等作业时，沙粒或金属碎屑等异物进入眼内或冲击面部；焊接作业时的焊接弧光，可能引起眼部的伤害；清洗反应釜等作业时，其中的酸碱液体、腐蚀性烟雾进入眼中或冲击到面部皮肤，可能引起角膜或面部皮肤的烧伤。为防止有毒刺激性气体、化学性液体对眼睛的伤害，需佩戴封闭性护目镜（图 3-33）或安全防护面罩。

图 3-33　防护眼镜

（六）照明设备

当受限空间内照度不足时，应使用照明设备。受限空间作业常用的照明设备有头灯、手电等，如图 3-34 所示。使用前应检查照明设备的电池电量，保证作业过程中能够正常使用。受限空间作业照明应使用安全电压不大于 24V 的安全行灯。金属设备内和特别潮湿作业场所作业，其安全灯电压应为 12V 且绝缘性能良好。当受限空间原来盛装爆炸性液体、气体等介质时，应使用防爆电筒或电压不大于 12V 的防爆安全行灯。

图 3-34　照明工具

（七）通信设备

当作业现场无法通过目视、喊话等方式进行沟通时，应使用对讲机等通信设备，如图3-35所示，便于现场作业人员之间的沟通。当受限空间原来盛装爆炸性液体、气体等介质时，作业人员要使用防爆工具、机具。严禁携带手机等非防爆通信工具和其他非防爆器材。

图3-35 对讲机

（八）安全梯

安全梯是用于作业人员上下地下井、坑、管道、容器等的通行器具，也是事故状态下逃生的通行器具。使用安全梯时应注意：

（1）使用前应检查梯子及其部件是否完好，是否有损坏、腐蚀等情况。

（2）使用时，梯子应加以固定，防止滑倒；也可设专人扶挡。

（3）在梯子上作业时，应设专人进行安全监护。梯子上有人作业时不准移动梯子。

（4）梯子上只允许1人在上面作业。

（5）折梯上部的第二踏板为最高安全站立高度，应涂红色标志。梯子上第一踏板不得站立或超越。

六、应急救援设备

应急救援设备的选择至关重要，它们必须能够应对各种紧急情况并确保工作人员的安全。

（一）受限空间救援滑车系统

受限空间救援滑车系统是一种用于在狭窄或危险环境中进行救援的装置，其工作原理基于滑轮原理，通过将绳索或索具穿过滑轮，在施加外力的情况下，能够将救援人员或受困者从受限空间中安全地抽出。

该系统通常由以下几个部分组成：

（1）滑车：包含一个或多个滑轮，用于支撑和引导绳索或索具。

（2）绳索或索具：用于连接救援人员或受困者与滑车系统，通常由高强度材料制成，以确保安全性和可靠性。

（3）外力源：通常是人力或机械力，用于施加在绳索上，推动滑车系统工作。

工作方式如下：首先，需要将滑车系统安装在受限空间的适当位置，确保能够有效地抽出救援人员或受困者。其次，将绳索或索具正确地连接到救援人员或受困者身上，并通过滑轮系统上的支撑点，确保连接稳固。当外力施加在绳索上时，滑车系统开始运作。滑轮的设计使得绳索能够顺畅地通过，减少摩擦力，从而使得救援过程更加顺利。最后，随着外力的施加，滑车系统将绳索缓慢地卷取，将救援人员或受困者从受限空间中抽出，直至安全地到达目的地。

（二）侧边进入系统

侧边进入系统（图3-36）主要适用于带法兰口的罐体侧入防坠救援吊装。该系统主要部件为法兰口基架和绞盘构成。该系统的基架多为分体式，可以自动插接，方便运输，同时安装也较为快捷，基架上的卡箍多为弧形，能够较好地贴合法兰口，安装更为牢固。

（三）便携式吊杆系统

便携式吊杆系统（图3-37）又称为悬杆吊臂，一般可应用于受限空间作业，该系统主要部件为便携式悬杆吊臂和绞盘构成。该系统应用灵活，可以适用于垂直或水平方向的救援，其吊点可相对灵活设置，可利用垂直吊点悬挂，也可用法兰口进行悬挂。

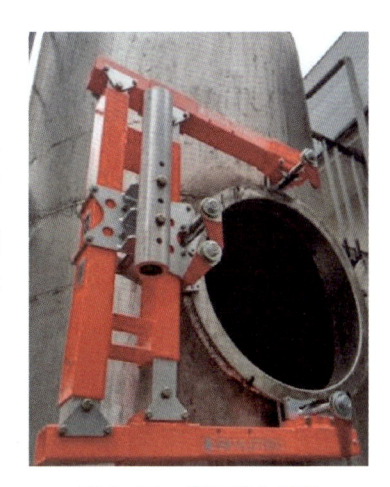

图3-36 侧边进入系统

图3-37 便携式吊杆系统

（四）受限空间救援橇

受限空间救援橇是一种用于在狭窄或危险环境中进行救援的装置，它通过橇的设计和推动力将救援人员或受困者从受限空间中安全地抽出。其工作原理和工作方式如下。

（1）工作原理：受限空间救援橇的设计基于滑行原理和推力原理。它通常包括一个结实的橇，可以在限制空间内平稳地滑行，并提供足够的支撑和保护。橇通常配备有扶手或固定装置，以确保救援人员或受困者的安全。

（2）工作方式：首先，需要将救援橇安装在受限空间的适当位置，确保橇能够顺利地滑行，并且路径通畅。其次，确定救援人员或受困者的位置，并将橇移至最接近的位置。然后，将救援人员或受困者固定在橇上，确保他们牢固地连接在橇上，以防止意外摔落或滑行时的不稳定。救援人员或受困者可以利用自身的力量或外部推力，推动救援橇沿着预定的路径滑行。在需要的情况下，也可以由外部救援人员提供推力。最后，救援橇沿着路径滑行，直至安全地将救援人员或受困者抵达目的地。在抵达目的地时，确保橇的运动平稳，以避免意外伤害。

（五）紧急避难设备

紧急避难设备通常是最后的生命线，用于应对无法快速逃生的紧急情况，例如火灾或爆炸。它们可以是避难舱、安全舱或其他保护性结构。

受限空间的紧急避难设备是专门设计用于应对突发情况，确保工作人员在受限空间内安全撤离或避难的装置。其工作原理和工作方式如下。

（1）工作原理：紧急避难设备的设计基于提供快速、有效的逃生通道或安全避难区，以应对火灾、气体泄漏或其他紧急情况。这些设备通常包括紧急逃生通道、避难舱或防护盾等，旨在提供避难所需的保护和支持。

（2）工作方式：首先，需要将紧急避难设备安装在受限空间内的适当位置，通常是靠近空间出口或容易到达的地方。其次，紧急避难设备通常处于预备状态，随时待命以应对突发情况。这意味着设备应该处于可立即使用的状态，没有被阻碍或阻挡。然后，当发生紧急情况时，工作人员可以通过手动触发机制或自动感知系统激活紧急避难设备。例如，如果空间内检测到危险气体浓度超过安全阈值，自动感知系统可能会触发逃生通道的开启。一旦紧急避难设备被激活，工作人员可以立即利用逃生通道、避难舱或防护盾等设备进行撤离或避难。这些设备通常提供足够的保护和支持，以确保工作人员安全地离开受限空间或在避难区内等待救援。最后，一旦到达安全地点，工作人员应立即与救援人员或紧急服务部门联系，报告情况并请求支援或进一步指示。

（六）远程监控和通信系统

受限空间的远程监控和通信系统是用于监控受限空间内情况并与外界进行通信

的设备，以便实时了解工作环境并进行必要的响应。其工作原理和工作方式如下。

（1）工作原理：远程监控和通信系统基于传感器技术、通信技术和数据处理技术。系统通常包括监控摄像头、传感器、通信设备和数据处理单元等组件。摄像头和传感器用于实时监测受限空间内的情况，如气体浓度、温度、湿度等，而通信设备则负责将监测到的数据传输至外部的数据处理单元。

（2）工作方式：首先，需要将监控摄像头和传感器等设备安装在受限空间内的适当位置，并连接到通信设备和数据处理单元。然后进行系统配置，设置监控参数和通信方式。然后，系统开始实时监控受限空间内的情况，包括气体浓度、温度、湿度、活动等。监控数据会通过通信设备传输至外部的数据处理单元。外部的数据处理单元接收到监控数据后，会进行处理和分析，并根据预设的安全标准和阈值判断是否存在安全风险。如果发现异常情况，系统会触发警报并通知相关人员。其次，远程监控和通信系统还具有双向通信功能，可以与受限空间内的工作人员进行实时通信。这样可以及时传达警报信息、提供指示或进行必要的救援调度。最后，在某些情况下，远程监控和通信系统还可以实现远程操作功能，如远程开启门窗、控制通风设备等，以帮助应对紧急情况。

（七）特殊防护装备

在某些受限空间作业中，可能存在特殊的危险因素，如高温、毒气、放射性物质等。专业的特殊防护装备可以为工作人员提供必要的保护。

受限空间的特殊防护装备是专门设计用于保护工作人员在特定环境中进行作业时的安全装备。其工作原理和工作方式如下。

（1）工作原理：特殊防护装备的设计基于提供对特定危险因素的有效防护，如化学品、高温、高压等。这些装备通常包括防护服、呼吸器、防护眼镜、防护手套等，其原理是通过防护材料的选择和结构设计，防止有害物质或危险条件对工作人员造成伤害。

（2）工作方式：

选择适当装备：根据受限空间内的危险因素和作业要求，工作人员需选择适当的特殊防护装备。例如，如果空间中存在化学品飞溅的风险，则需佩戴化学防护服和防护眼镜。

穿戴装备：工作人员在进入受限空间前，需要正确穿戴特殊防护装备，确保每个部位都得到有效保护，并且装备穿戴正确、紧密贴合。

实施作业：在穿戴好特殊防护装备后，工作人员可以进行作业任务。装备会在作业过程中起到防护作用，防止有害物质或危险条件对工作人员造成伤害。

定期检查和维护：在作业结束后，工作人员需要将特殊防护装备清洁、检查，并进行必要的维护保养。这样可以确保装备的完好和性能，以备下次使用。

参 考 文 献

[1] 王全胜.工作前安全分析在采油厂的应用［J］.石油工业技术监督，2019，35（5）：48-51.

[2] 匡轮，陈丽，郭倩倩，等.LEC 危险性评价法及其应用的再探讨［J］.安全与环境学报，2018，18（5）：1902-1905.

[3] 李少波.能量隔离在炼化企业的应用［J］.石油化工技术与经济，2023，39（2）：42-43.

[4] 宫晓伟，何茂金，喻学孔.储油罐机械清洗技术研究及应用分析［J］.清洗世界，2020（4）：001-003.

[5] 张业涛，魏建军，高美乐，等.常减压蒸馏装置停检化学清洗方案优化［J］.石油石化节能，2022，12（11）：88-92.

[6] 刘新宇，李凌波，李龙，等.炼油装置硫化亚铁垢化学清洗技术进展［J］环境污染与防治，2022（6）：801-810.

[7] 李世兵.高压水射流技术在石化设备清洗、除锈中的应用探讨［J］.清洗世界，2021（3）：006-007.

[8] 叶从发.受限空间作业的通风换气管理［A］.化工世界，2021（17）：101-102.

[9] 中华人民共和国住房和城乡建设部.可燃气体和有毒气体检测报警设计标准：GB/T 50493—2019［s］.北京：中国计划出版社，2019：9.

[10] 应急管理部.有限空间作业安全指导手册［EB］.2020-10-30.

第四章　受限空间作业实施

在石油石化行业内，对于受限空间作业的实施，作业人员必须严格遵循安全操作规程和安全工作方案，这包括在施工前办理作业许可、制订详细的风险评估和计划、制订有效的安全控制措施，并对相关人员进行必要的培训和装备。只有通过科学的、系统化的方法来管理和控制受限空间作业，才能确保作业的顺利进行，同时最大程度地保护人员的安全。

第一节　进入受限空间前的准备

受限空间通常存在着各种潜在的危险和风险，因此作业前的准备至关重要，需采取必要的措施来确保工作人员的安全。国家相关规定要求作业单位开展作业危害分析，对作业人员进行安全措施交底，检查作业所涉及的设备及工器具。该标准从隔离、空气通风及气体环境三个方面对作业前准备做了基本要求。此外，企业应根据该规定并结合自身实际对安全隔离提出具体要求，例如，集团公司补充完善了应急救援及气体监测方面的相关规定，并根据自身特点对应急救援及安全教育提出了具体要求：作业前须制定书面应急预案并进行应急演练，同时要进行现场安全教育和环境交底。此外，若有放射源，需进行前期处理，确保符合国家要求。

总之，在执行相关规定的同时，应不断完善能量隔离、上锁挂牌、应急准备与演练、进入前的气体检测等事前准备措施，避免意外事故的发生。

一、能量隔离

（一）实施能量隔离

为保证受限空间内的安全，避免与这些潜在危险能源直接接触，必须在进入前实施能量隔离。在国家相关规定中明确要对具有能量的设备设施、环境应采取可靠的能量隔离措施；同时，企业应对作业前能量隔离的隔离方案和隔离方式提出具体要求，包括要对具有能量的设备设施、环境应采取可靠的能量隔离措施。能量隔离的主要作用在于消除或限制这些能源对工作人员造成的潜在危害。通过切断电源、关闭阀门、排空管道等措施，确保受限空间内的设备、管道、容器等不再带有能量或危险介质。如果没有进行能量隔离，工作人员可能直接接触到带电设备，导致触电事故；易燃易爆的介质可能引发火灾或爆炸，对人员和设备造成巨大伤害；此外，有毒介质还可能造成人员中毒甚至死亡。这些后果都是不可承受的，因此，在进入受限空间前进行能量隔离是确保工作人员安全的必要措施。

能量隔离实施的基本流程步骤包括危害识别、风险评估和隔离选择、隔离措施实施、测试隔离有效性和解除隔离措施。能量隔离实施时，必须确保每一个流程步骤准确执行、落实到位。能量隔离实施流程如图4-1所示。

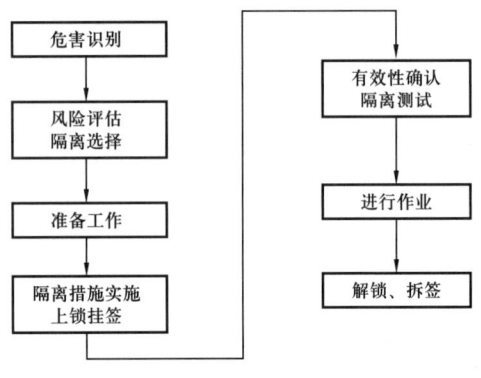

```
危害识别
   ↓
风险评估
隔离选择
   ↓
准备工作
   ↓
隔离措施实施      有效性确认
上锁挂签    →    隔离测试
                  ↓
                进行作业
                  ↓
                解锁、拆签
```

图 4-1　能量隔离实施流程

1. 辨识与选择

能量隔离实施前，作业所在单位应辨识动火作业过程中所有危险能量的来源及类型。危害辨识时可结合运用工作前安全分析（JSA）、危险与可操作性分析（HAZOP）等危害因素辨识工具，确保能量源识别全面。根据识别出的能量性质及隔离方式选择相匹配的隔离措施，并填写"能量隔离清单"，必要时编制能量隔离专项方案。

2. 隔离实施

能量隔离实施应根据现场实际情况和涉及的风险作业开具作业许可证或执行操作卡、动作卡等，并按"能量隔离清单"逐项完成隔离措施。隔离措施必须执行到位，隔离状态必须得到确认。隔离时严格落实风险控制措施，确保隔离实施过程安全。

1）工艺隔离

对涉及工艺阀门关闭、开启及上锁挂签等工艺隔离的实施，由动火作业所在单位熟悉现场工艺流程的工艺人员到现场完成，且需按流程位置图操作，确保阀门位置正确，阀门开启、关闭要到位，防止阀门关闭切断不到位造成介质互窜，倒淋、排空阀的开启，需验证是否存在堵塞、不通的情况。

2）机械隔离

对抽堵盲板或拆除部分管道等机械隔离的实施，必须开具管线打开（盲板抽堵）作业许可证。作业前需确认设备、管道物料已倒空，系统无压力，核验隔离点流程上下游阀门已进行有效隔离并上锁挂签。必须按位置图作业，并对每个盲板进行标识，标牌编号与盲板位置图上的盲板编号一致，逐一确认并做好记录。盲板应加在有物料来源阀门的另一侧，盲板两侧均需安装合格垫片，所有螺栓必须紧固到位。

管线打开（盲板抽堵）时，人员应当在上风向作业，不应正对被打开管线的介质或者能量释放部位。通风不良的作业场所应采取强制通风措施，防止可燃气体、有毒气体积聚。必要时在受管线打开影响的区域设置路障或警戒线，防止无关人员进入。

在火灾爆炸危险场所实施抽堵盲板或拆除部分管道等隔离措施时，应使用防爆工具。依据作业现场及被打开管线介质的危险特性等，穿戴防静电工作服、工作鞋，采取防酸碱化学灼伤、防烫及防冻伤等个人防护措施；在涉及硫化氢、氯气、氨气、一氧化碳及氰化物等毒性气体的管线、设备上作业时，除满足上述要求外，还应佩戴移动式或者便携式气体检测仪，必要时佩戴正压式空气呼吸器。

3）电气隔离

电气隔离是在配电源头，即系统的主配电箱对所要输送的电气系统线路进行切断，同时为防止隔离点被意外移动而导致隔离失败，应对隔离点挂锁并悬挂禁止送电的标识牌。设备在进行断电隔离前，由动火作业所在单位作业负责人提出申请，电气专业人员核对设备位号，确认无误后在配电室对该设备实施断电操作，应使电源至设备线路有一个明显的断开点，并检查开关实际位置是否到位。

实际电隔离实施中，在完成电隔离操作后，现场必须有一个"验电"的程序，例如机泵检修作业，作业前必须对机泵电机进行断电，当所有隔离措施完成后（包括电气隔离），应在现场将机泵启动按钮打到"ON"的位置，看机泵是否运转。

通过切断仪表动力源实现仪表及控制信号隔离，本质上属于电气隔离的特殊形式，类似的还有远程探测、感应及驱动等信号源的隔离及旁通也要准确落实隔离。

注意：电气隔离操作本身存在人员触电的风险，电气隔离作业过程必须满足国家相关电力作业规程，落实相应风险控制措施，如使用防触电绝缘工具、绝缘垫、穿戴绝缘鞋、绝缘手套，操作过程实行唱票复诵制，确保电气隔离操作准确无误。

4）放射源隔离

为确保作业环境安全，应当将作业所在设备和系统的放射源通过断电或移除，达到放射源的隔离。如聚乙烯装置料仓安装有铯-137料位计，在该环境下实施动火作业时，作业前应由专业人员将射源关进铅屏蔽装置，并切断放射源投用的动力源，可靠实现放射源隔离。在进行放射源隔离时，必须佩戴个人防护用品、个人计量计及报警式计量计等。

3. 上锁挂签

上锁是指从物理上对机器或设备控制装置加锁，挂签是指在锁定装置上挂贴信息标签，标明该设备所处状态和上锁人信息。应选择合适的并满足现场安全要求的锁具，填写"危险！禁止操作"标签，如图4-2所示。对所有隔离点上锁、挂标签。锁具与钥匙应当一一对应标明编号，备用钥匙应设专人管理，且只能在非正常解锁时使用。

图4-2 能量隔离标签

1）基本要求

为避免设备设施或系统区域内蓄积能量或危险物料的意外释放，对所有能量和危险物料的隔离设施均应上锁挂牌。作业前，参与作业的每一个人员都应确认隔离已到位并已上锁挂牌，并及时与相关人员进行沟通，且在整个作业期间应始终保持上锁挂签。必须保证安全锁和标签置于正确的位置上，动火作业所在单位与作业单位人员都应对隔离点执行上锁。

当一个隔离点同时涉及多个作业项目时，每个作业项目方都要对此隔离点上锁挂签，以确保各作业方人员的人身安全。任何作业人员对隔离、上锁的有效性有怀疑时，都可要求对所有的隔离点再做一次测试。上锁时应当按照"先电气，后工艺"和"先高压，后低压"的顺序进行，正确使用上锁挂签，以防止误操作的发生，应建立程序明确规定安全锁钥匙的管理，上锁同时应挂签，标签上应有上锁者姓名、日期和单位的简短说明。

2）单个隔离点上锁

单个隔离点上锁有单人单个隔离点上锁和多人单个隔离点的上锁两种情形。单人单个隔离点上锁时，作业区域所属单位操作人员和作业人员用各自个人锁（图4-3）对隔离点进行上锁挂签；多人共同作业对单个隔离点的上锁：所有作业人员和作业区域所属单位操作人员将个人锁具锁在隔离点上，或者使用集体锁对隔离点上锁，集体锁钥匙放置于锁具箱内，所有作业人员和作业所属单位操作人员用个人锁对锁具箱上锁。

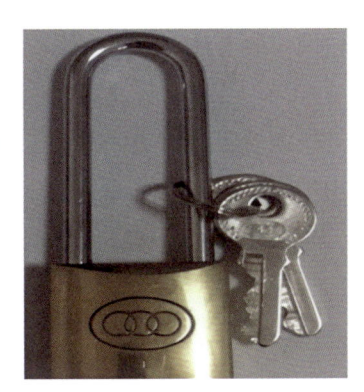

图4-3 个人锁

3）多个隔离点上锁

使用集体锁对所有隔离点进行上锁挂签，集体锁钥匙放置于锁箱内，所有作业人员和作业区域所属单位操作人员用个人锁对锁具箱进行上锁，如图4-4所示。

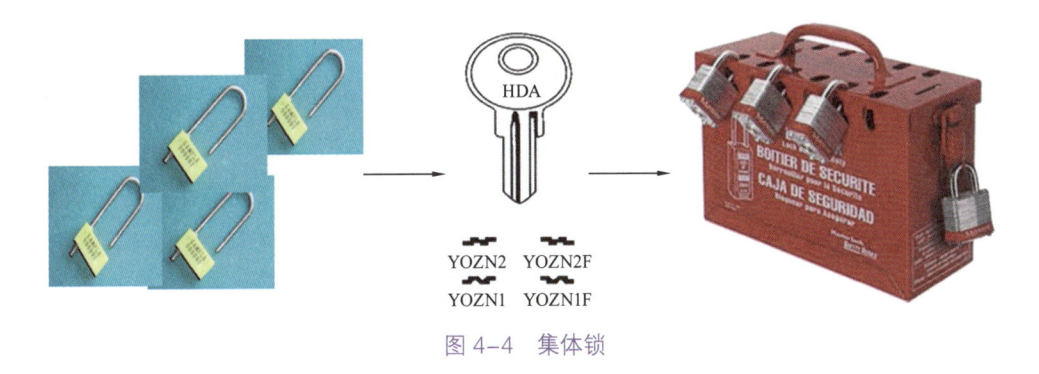

图4-4 集体锁

4）电气隔离上锁

电气隔离因其危险性，应确认所有涉及电源得到控制，上锁人员应有能力进行电气危害评估和处理，对可能进行的带电作业或在带电设备附近作业，上锁时要采取附加的安全措施，电气专业人员在隔离电源点上锁挂签及测试后，将钥匙放入集体锁箱，作业人员在确认隔离点上锁挂牌后，对集体锁具箱上锁。

电气上锁，还应注意以下方面：

（1）主电源开关是电气驱动设备主要上锁点，附属的控制设备，如现场启动/停止开关不可作为上锁点。

（2）若电压低于220V，拔掉电源插头可视为有效隔离，若插头不在作业人员视线范围内，应对插头上锁挂牌，以防止他人误插。

（3）采用保险丝、继电器控制盘供电方式的回路，无法上锁时，应装上无保险丝的熔断器并加警示标牌。

（4）若必须在裸露的电气导线或组件上工作时，上一级电气开关应由电气专业人员断开或目视确认开关已断开，若无法目视开关状态时，可以将保险丝拿掉或测电压或拆线来替代。

（5）具有远程控制功能的用电设备，不能仅依靠现场的启动按钮来测试确认电源是否断开，远程控制端必须置于"就地"或"断开"状态，并上锁挂签。

4. 确认和测试

在正式作业前或作业中隔离改变时，双方作业负责人应对作业相关隔离措施的完整性和有效性共同进行检查和验证，以确保隔离措施按要求落实到位，能量处于受控状态。

1）隔离确认

能量隔离的状态确认按照"谁主管""谁负责"的原则进行。当隔离措施、上锁挂签实施后，动火作业所在单位应与作业单位共同确认能量已隔离或去除，当有一方对上锁、隔离的充分性、完整性有任何疑虑时，均可要求对所有的隔离再做一次检查。能量隔离可采用以下方式进行隔离确认：

（1）在释放或隔离能量前，应先观察压力表或液面计等仪表处于完好工作状态。通过观察压力表、视镜、液面计、低点导淋、高点放空等多种方式，综合确认贮存的能量已被彻底去除或已有效地隔离。

（2）目视确认连接件已断开、设备已停止转动。

（3）电气隔离，应有明显的断开点，并经测试无电压存在。

2）隔离测试

测试是对能量隔离状态和有效性的进一步确认，有条件进行测试时，动火作业所在单位应在作业单位在场的情况下对设备系统进行测试，常见的如电气隔离测试，按下启动按钮或开关，确认设备不再运转。

注意：测试时应排除联锁装置或其他会妨碍验证有效性的因素。

如果测试隔离无效，应由动火作业所在单位采取相应措施确保作业安全。当作业期间临时启动设备的操作（如试运行、试验、试送电等），恢复作业前，动火作业所在单位测试人员需要再次对能量隔离进行确认、测试，重新填写"能量隔离清单"。如果作业单位人员提出再测试确认要求时，须经动火作业所在单位相关负责人确认、批准后实施再测试。

3）隔离变更

能量隔离实施必须坚持最优隔离方式的原则。实际隔离实施中，隔离方式的变更常常意味着隔离的可靠度下降，必须谨慎实施。如果必须进行能量隔离方式的变更，应开展充分的评估，制定专项应对方案并经审批后实施，确保能量隔离全程受控。

5. 解锁、拆签

动火作业结束后，经所在单位确认设备、系统符合运行要求后，按照"能量隔离清单"进行现场解锁、拆签工作，解锁、拆签工作按照先解锁、后拆标签的原则进行。解锁、拆签是上锁、挂签的反向工作。一般要求动火作业所在单位在确认所有作业单位解锁后，再解除其隔离锁。涉及电气隔离解锁时，由电气专业人员进行解锁，解锁应确保人员和设施的安全，并应通知上锁、挂标签的相关人员。当多个作业涉及某个共同隔离点时，按照作业完成顺序依次解除对应隔离锁具。只有当所有相关作业都完成并解除所有锁具后才允许改变隔离点状态。

（二）上锁挂牌管理

受限空间作业中的上锁挂牌管理是指在作业过程中，对危险能量和物料的隔离设施进行上锁和挂牌。上锁挂牌是防止意外伤害和保护设备不受损坏的重要措施，上锁挂牌管理可以防止未经授权的人员意外接近设备或机器，从而保护人员和设备。同时，醒目的上锁挂牌标识可以提醒其他工作人员设备或机器正在进行操作和维修，以防止意外接近和操作。

除此之外，上锁挂牌和能量隔离还应包含：

（1）要对作业设备上的电器电源，应采取可靠的断电措施，电源开关处应上锁并加挂警示牌。

（2）接入受限空间的电线、电缆、通气管应在进口处进行保护或加强绝缘，应避免与人员出入使用同一出入口。

（3）受限空间作业应使用安全电压和安全行灯：

① 照明电压不应超过 36V，并满足安全用电要求。

② 在潮湿容器、狭小容器内作业电压不应超过 12V。

③ 潮湿环境作业时，作业人员应站在绝缘板上，同时保证金属容器接地可靠。

④ 需使用电动工具或照明电压大于 12V 时，应按规定安装漏电保护器，其接线箱（板）严禁带入容器内使用。

⑤ 在盛装过易燃易爆气体、液体等介质的容器内作业，应使用防爆电筒或电压不大于 12V 的防爆安全行灯，行灯变压器不得放在容器内或容器上。

⑥ 现场照明应满足受限空间作业区域安全作业亮度、防爆、防水等要求。

二、倒空、蒸煮、中和、吹扫、通风置换、清理和清洗

在受限空间作业中，清理、清洗及蒸煮等工艺处理措施常用于管理和处理受限空间内可能存在的危险物质或环境，其目的都是为了确保作业安全、预防事故发生。在国家相关规定中明确要对设备、管线内介质有安全要求的特殊作业和在忌氧条件下的作业，应采用清洗、置换等方式进行处理，确保氧含量、有毒气体和可燃气体浓度在安全范围内，以保障作业人员的生命安全。企业要根据自身特点，制定相应的安全规程，例如，集团公司明确规定了未进行工艺处理的受限空间禁止进入作业，并对盛装过产生自聚物的设备容器，提出了进行聚合物加热等试验的要求。

（1）倒空：通过旋转装置或系统的压力差，把材料从受限空间中转移到目的系统。

（2）蒸煮：使用高温蒸汽或煮沸的液体对受限空间进行蒸煮，以消毒、去除有机物或处理其他有害物质，提高空间的安全性和洁净度。

（3）中和：使用化学中和剂将受限空间中的危险物质中和为无害或安全的物质。中和处理可以降低有害物质的化学活性或毒性，以减少对人身安全的风险。

（4）吹扫：通过气体吹扫的方式，将受限空间内残留的有害气体或蒸汽排出，以净化空间环境。吹扫通常会使用惰性气体或新鲜空气进行，以确保空间内的化学环境符合安全要求。

（5）通风置换：通过引入新鲜空气、排除有害气体或通过机械通风系统改善受限空间中的气体环境。通风可有效地降低气体浓度，提供人员安全工作的空气质量。

（6）清理：对受限空间进行清理，以去除残留物、沉积物或其他污染物。清理过程包括机械清扫、水洗、喷射清洗等。

（7）清洗：使用适当的清洗剂或溶剂，对受限空间进行清洗，以去除化学物质、污染物或其他有害物质。清洗液和溶剂的选择应适合具体的工艺和受限空间的需求，同时符合相关安全标准。

三、个体防护措施

在受限空间作业中，个体防护措施能够保护作业人员的安全，降低作业人员受到的伤害。作业人员在进入受限空间前还应根据作业环境选择并佩戴符合要求的个体防护用品与安全防护设备，主要有安全帽、全身式安全带、安全绳、呼吸防护用品、便携式气体检测报警仪、照明灯和对讲机等。

受限空间作业的个体防护主要在以下几个方面：

（1）呼吸防护：由于受限空间可能存在有害气体、粉尘或蒸汽等，使用适当的呼吸防护装备至关重要。呼吸防护装备包括呼吸面罩、过滤式呼吸器、供气式呼吸器等。这些装备能够过滤或提供新鲜的空气，保护呼吸系统免受有害物质的侵害。

（2）防护服装：受限空间作业可能会接触化学品、物理性危害或其他有害物质。适当的防护服装，如防护服、防护手套、防护靴等，可以保护身体免受伤害和污染。

（3）头部保护：头部是身体重要的部位，需提供适当的头部保护。例如，佩戴安全帽可以保护头部免受物体打击、撞击或坠落的伤害。

（4）视觉保护：在受限空间中工作时，眼睛容易受到颗粒、化学品、辐射或其他危害物质的伤害。使用适当的个人防护眼镜、防护面罩等可以保护视力免受伤害。

（5）听力保护：在某些受限空间中，可能存在噪声或振动等危害因素，这会对听力造成损害。适当的耳塞、耳罩等装备可以减少噪声对听力的影响。

在每次作业前，必须仔细检查个人防护装备用品及呼吸装备、安全带（绳）等，发现异常应立即更换，严禁勉强使用。

四、进入前的气体检测

在受限空间作业中，进入前的气体检测是非常重要的安全步骤。气体检测员必须依据国家相关规定及相关行业标准，采用专业、可靠的气体检测方法对空间内可能存在的危险气体进行全面、准确的检测，及时反馈结果给相关人员，并根据检测结果提出改进措施，确保受限空间作业环境的安全。

（一）取样分析

（1）凡是有可能存在缺氧、富氧、有毒有害气体、易燃易爆气体、粉尘等受限空间，作业前应进行气体检测，注明检测时间和结果，合格后方可进入。作业前30min内，应对受限空间进行气体分析，分析合格后方可进入，超过30min仍未开始作业的，应当重新进行检测；作业中断时间一般不宜超过30min，若超过，再进入之前应当重新进行检测；受限空间作业时应连续检测，2h记录1次，并检查便携式气体检测仪是否完好；严禁将便携式气体检测仪放入衣服口袋内使用或关机；气体浓度超限报警时，应立即停止作业、撤离人员、对现场进行处理，重新检测合格后方可恢复作业。

（2）取样和检测应由培训合格的人员进行；必须使用国家现行有效的分析方法及检测仪器；检测仪器应在校验有效期内，每次使用前后应检查。如果采用色谱分析、化学分析等方法进行气体检测，分析结果报出后，样品至少保留4h。

（3）由工艺技术人员安排当班人员带领采样分析人员到现场按确定的采样点进行取样。取样应有代表性，应特别注意作业人员可能工作的区域，容积较大的受限空间，应对上、中、下（左、中、右）各部位进行检测分析；取样时应停止任何气体吹扫。测试次序应是氧含量、可燃气体、有毒有害气体。

（4）取样长杆插入深度原则上应符合在一般容器取样插入深度为1m以上；在较大容器中取样插入深度3m以上；在各种气柜、储油罐、球罐中取样插入深度4m以上。

（5）色谱分析必须用球胆取样，并多次置换干净后送化验室做分析。样品必须保留到作业结束为止，以便复查。

（6）做安全分析或塔内罐内取样时，第一个样必须用铜制的长杆取，取样时人必须站在取样点的侧面和上风口，头不能伸进人孔内，要与人孔处保持一定安全距离。

（7）当取样人员在受限空间外无法完成足够取样，需进入空间内进行初始取样时，应制定特别的控制措施经属地负责人审核批准后，携带便携式的多气体报警器，存在硫化氢的受限空间，必须携带便携式的硫化氢报警器。

（8）对于盛装（过）易燃易爆或有毒有害物质的受限空间，首次分析必须采取色谱法进行分析，并由安全管理人员确认分析结果合格。受限空间作业可使用色谱法或两台便携式气体检测报警仪进行对比检测。气体环境可能发生变化时，应重新进行气体取样分析。

（二）检测标准

（1）受限空间内外的氧浓度应一致。若不一致，在进入受限空间之前，应确定偏差的原因，氧气含量为19.5%~21%（体积分数），在富氧环境下不应大于23.5%（体积分数）。

（2）不论是否有焊接、敲击等，受限空间内易燃易爆气体或液体挥发物的浓度都应满足以下条件：

① 当爆炸下限≥4%时，浓度<0.5%（体积分数）。

② 当爆炸下限<4%时，浓度<0.2%（体积分数）。

③ 同时还应考虑作业的设备是否带有易燃易爆气体（如氢气）或挥发性气体。

④ 受限空间内有毒、有害物质浓度应符合GBZ 2.1—2019《工作场所有害因素职业接触限值　第1部分：化学有害因素》的规定。

（三）检测顺序

测试次序应是氧含量、可燃气体、有毒有害气体。

先检测氧气是因为人体正常呼吸和行动本来就是依靠于正常的空气环境，所以当一个空间内缺氧或过于富氧，首先影响的就是该空间的作业人群能否继续正常作业。

最后检测有毒气体是因为空气中有任何一种有毒气体的浓度超过OSHA中允许暴露极限（PEL）都是有害的。有毒气体的危害性并不是突发性的，所以可以放在最后检测。

值得注意的是，作业现场应配置便携式或移动式气体检测报警仪，连续监测受限空间内氧气、可燃气体、蒸气和有毒气体浓度，发现气体浓度超限报警，应立即停止作业、撤离人员、对现场进行处理，并分析合格后方可恢复作业。

五、人员能力要求

受限空间作业具有一定的危险性，相关人员需具备相应的专业知识和技能，能正确应对各种紧急情况。企业应当每年至少组织一次受限空间作业专题安全培训，对作业审批人、监护人员、作业人员和应急救援人员培训受限空间作业安全知识和技能，并如实记录。受限空间作业人员要求具体如下：

（1）经过安全知识和技能培训。作业人员需要接受受限空间作业安全知识和技能的培训。培训内容包括受限空间作业的安全管理制度、作业审批、防护用品和应急处置等方面的知识。培训完成后，应能够熟练掌握有限空间作业的安全操作技能。

（2）具备基本的身体素质和健康状况。受限空间作业需要具备一定的身体素质和健康状况，如良好的听力、视力和反应能力，以及能够承受一定的心理压力和身体负担。

（3）具备一定的紧急处理能力和自救能力。受限空间作业中可能会出现突发情况，要求作业人员具备一定的紧急处理能力和自救能力，能够在紧急情况下保护自己和他人的安全。

受限空间作业过程中有涉及电工作业、焊接与热切割作业、登高架设作业、高处安装、维护、拆除作业等作业内容的作业人员应取得相应的资格证书，如图4-5所示。国家相关规定的职业禁忌证者不应参与相应作业。

(a) 高压电工证

(b) 低压电工证

(c) 焊工证

(d) 高处证

图 4-5　特种作业资格证书

六、目视化管理

在受限空间作业中，目视化管理可以将潜在的大多数异常显示化，变成谁都能看明白的事实。目视化管理（VCS）是一种看得见的管理，是一目了然的管理，是用眼睛来管理的方法，目的就是要用简单快捷的方法传递、接收信息。人员目视化主要是通过安全帽、工作服、袖标、胸牌等，对不同身份、岗位、类别人员进行辨识区别，通过人员目视化管理能达到控制人员进入站场和现场管理的目的。此外，它以明确工具和工艺装备的使用状态及生产作业场所的危险状态为目的，把潜在的危险状态用形象直观的各种视觉感知信息表现出来，如在受限空间的入口和出口处放置足够数量的标志和警告标志，还可以使用视频监控等技术手段来实时监控受限空间内的情况。

（一）人员身份识别

1. 员工劳保着装

承包商员工和外来员工进入生产作业场所，着装应符合生产作业场所的安全要求。企业内部员工应按照规定着装，如图 4-6 所示，穿着企业统一配备的劳保服。承包商员工与企业员工着装颜色应有所区别，用于区分承包商员工与企业内部员工。

2. 承包商教育证

所有外来承包商人员进入厂区都应经过安全培训，培训考核合格后方可发予"承包商教育证"，并将个人信息录入到安全管控系统，可以凭证入厂。承包商教育证可包括：单位、姓名、岗位（工种）、编号、本人照片及各属地的安全教育信息，如图 4-7 所示。

图 4-6　员工劳保着装　　　　图 4-7　承包商教育证

3. 不同颜色安全帽

所有进入生产厂区的人员，包括内部员工、承包商员工进入生产作业场所时必须佩戴安全帽。所有员工按规定佩戴统一着色的安全帽，且安全帽的颜色根据人员性质的不同应有所区别，如图 4-8 所示，如：

——企业管理人员佩戴白色安全帽。
——安全监管人员佩戴黄色安全帽。
——现场操作人员佩戴红色安全帽。
——承包商作业人员佩戴蓝色安全帽。

图 4-8　不同颜色的安全帽

（二）关键岗位标识

从事特种作业的人员应具有有效的国家法定的特种作业资格，并经过项目区域所在单位岗位安全培训合格，佩戴特种作业资格合格的目视标签，该标签可包括姓名、工种、特种作业资格证有效期等信息。标签应简单、易懂，不影响正常作业，标签应粘贴于安全帽一侧帽檐上方，如一人同时具备两种或多种资质，标签须粘贴于安全帽的同一侧。

用不同颜色和形状代表不同特种作业以便识别，特种作业人员目视标签式样参考标签制作的尺寸和效果可参见图 4-9。

作业单位作业监护人员和属地单位现场监督两种人员由于其特殊性，在动火作业过程中担负监护人员安全和监督作业安全的重要职责，在着装和标识更应醒目，易于辨识。可选用配反光带的马甲背心或袖标，标有"安全监护"和"安全检查"等文字信息，如图 4-10 所示。

（三）作业现场目视化管理

为提升施工现场标准化管理，实现施工机具和作业现场安全可视，使施工单位、属地单位人员能一目了然地知晓机具可靠性和作业环境安全性，受限空间作业现场要施行目视化管理。

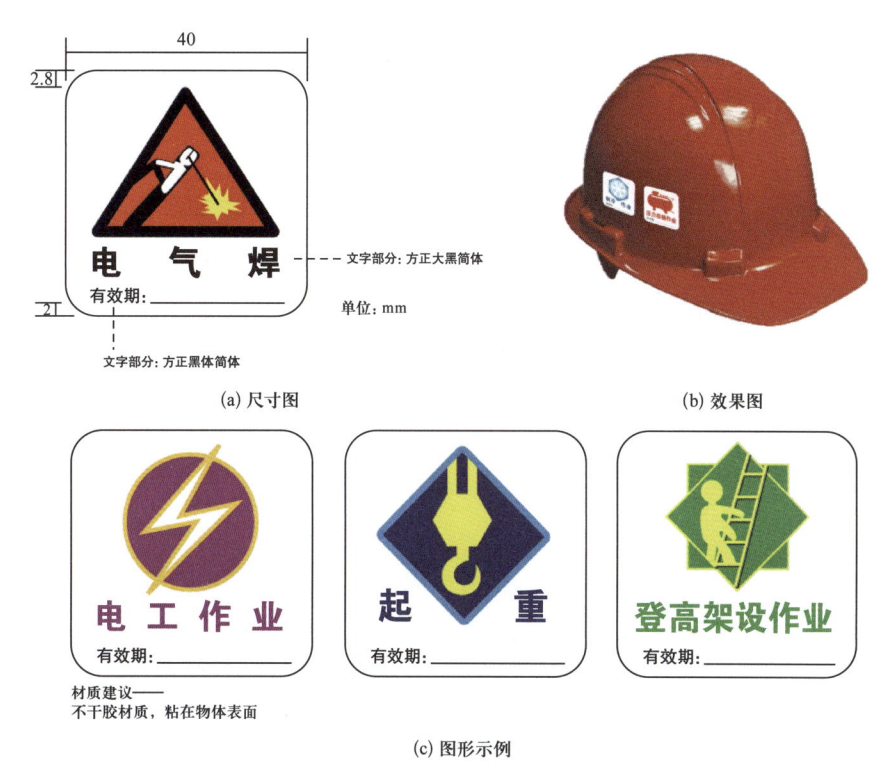

图 4-9 特种作业标签尺寸图与效果图

图 4-10 安全监督和作业监护马甲样

1. 工器具目视化

（1）工器具合格目视化。为保障施工作业工器具安全可靠，防止作业过程中造成人身伤害，工器具入厂前要由业务主管部门组织属地部门进行检查，对合格工具发放检查合格证，并按要求季度更换颜色，如图 4-11 所示。

（2）器具材料定置摆放。为防止作业现场乱摆乱放，增加人员摔伤和物体打击风险，在受限空间作业现场要执行器具材料定置摆放，如图 4-12 所示。

图 4-11 检查合格证

图 4-12 器具材料定置摆放

2. 施工现场警示隔离

施工作业现场警戒柱标准高度为 1.2m，底座直径为 0.4m，涂刷黄黑相间的警示色，施工作业区域必须采用警戒带设置警示隔离区域，禁止无关人员进入施工区域，如图 4-13 所示。

对于孔洞、基坑等容易造成人员坠落的受限空间作业，应采用硬隔离围挡将作业区域隔离，如图 4-14 所示。

容器人孔打开后，在作业前后必须悬挂"受限空间未经允许禁止入内"的三角警示牌。其他受限空间作业也要按要求在作业区域隔离围挡处设置安全警示标志牌，如图 4-15 所示。

图 4-13 警戒带隔离

图 4-14 硬隔离围挡

图 4-15 安全警示标志牌

占道的或生产装置内的挖掘等受限空间作业,夜间作业时,区域周边显著位置应设置警示灯,作业人员也应穿着高可视警示服,如图 4-16 所示。

- 153 -

图 4-16　夜间警示装备

目视化管理简化和规范了操作，加强了现场安全管理，确保了安全生产。同时，目视化管理还为工作人员提供了全方位的视觉引导，方便识别，将主体设备本身的危险性和功能进一步诠释清晰，起到预防隐患、规避风险的作用。

第二节　受限空间作业实施过程管理

受限空间作业的实施过程管理至关重要，它涉及多个关键环节。首先，界面交接是必不可少的，各个部门和团队需要充分了解和协调彼此的工作，确保无障碍地进行受限空间作业。其次，技术交底是为了确保作业人员了解工作流程、操作要求和关键步骤，并具备必要的技能和知识。作业安全措施是必需的，涵盖了个人防护装备的佩戴、气体检测的常规、通风设备的使用等，以最大程度地确保作业人员的安全。最后，在作业完成后，必须进行作业完工的检查和清理，包括设备的归位、碎片的清理、检查工作质量是否符合要求等。通过规范的受限空间作业实施过程管理，可以保证任务高效完成，并最大限度地减少潜在的安全风险。

一、界面交接

在受限空间作业实施过程中，界面交接是指在作业人员进入或离开受限空间时，进行信息、任务和责任的传递和交接的过程。它是确保受限空间作业连续性和作业人员安全的重要环节。

界面交接的含义是将相关的信息和指示传达给接替或接手的作业人员，确保作业人员清楚了解当前任务的状态、要求和风险，并明确其责任和权限。同时，还包括将作业进行中的问题、变化和需要特别注意的事项进行沟通和交流，以确保良好的协作和作业顺利进行。

（一）界面交接的常见方式

（1）书面交接：交接人员可编写详细的交接报告或记录，记录当前作业的状态、进展、问题和需要关注的事项。交接报告可以包括工作进度、安全措施、特殊要求、仪器设备状况等方面的信息。

（2）口头交接：交接人员可以通过会议、讨论或实地交流的方式，直接口头传达相关信息。这包括作业任务的描述、风险评估的结果、安全操作程序、应急响应计划等内容。

（3）实地演示交接：交接人员可以引导接替或接手的作业人员实地演示关键步骤和程序，确保他们理解并能正确执行作业。这可能涉及设备操作、紧急撤离程序、应对紧急情况等方面的实际操作。

（4）设备和文档交接：交接人员可以介绍和指导接替或接手的作业人员使用相关的设备和文档，包括操作手册、安全标志、探测器、通信设备等。确保他们了解设备的使用方法、故障排除和维护保养要点。

（二）界面交接的重点

（1）确保交接过程详细、准确且充分。传递的信息应包括作业计划、风险评估、安全措施、工作进度、技术要求等。

（2）双方要留出充足的时间进行交接，并互相提问和确认，以确保共同理解和避免误解。

（3）界面交接应包含必要的文件、记录和证明，以提供证据和便于追溯。

（4）作业人员之间要保持有效的沟通和有效的信息传递渠道，以便在需要时进行交流和协助。

界面交接的目的是确保在作业进行期间或作业人员更替时，信息的传递和理解的有效性，以避免误解和错误，降低风险并保障作业的持续进行。同时，作业人员也应密切配合，提供必要的解释和明确的回答，以确保安全作业的顺利进行。

二、技术交底

在受限空间作业实施过程管理中，技术交底是指向作业人员提供与受限空间作业相关的技术知识和操作要点的过程。它旨在确保作业人员具备必要的技能和知识，能够安全有效地执行受限空间作业。

技术交底的含义是向作业人员传授与受限空间作业相关的技术信息和操作方

法。这包括对受限空间的特殊环境、设备操作、作业程序、安全措施、紧急响应等方面的知识的详细说明。通过技术交底，作业人员能够了解作业的要求、特点和风险，并具备合理应对的能力。安全技术交底内容主要包括：

（1）企业有关特殊作业的安全规章制度及需要遵守的其他规章制度要求。

（2）受限空间作业方式、作业内容、作业条件、技术措施。

（3）作业现场和作业过程中可能存在的危险有害因素及所采取的有效安全措施与应急措施。

（4）组织作业人员到作业现场，了解和熟悉现场环境，进一步核实安全措施的可靠性、应急疏散通道、应急救援器材的位置及分布。

（5）作业过程中所需要的人员防护用品的使用方法与注意事项。

（6）应急救援和初期处置的基本内容。

（一）技术交底的常见方式

（1）课程培训：组织专门的培训课程，将作业人员集中起来进行系统的技术培训。这些培训可以包括理论课程、案例分析、模拟演练等，以提高作业人员的知识和技能。

（2）操作指导：由经验丰富的人员向作业人员进行一对一或小组操作指导。这包括详细说明设备的使用方法、操作步骤、注意事项和技巧，以确保作业人员能够正确、安全地操作设备。

（3）现场示范：在实际的受限空间作业现场，由资深人员进行实际操作演示，并向作业人员展示作业步骤、注意事项和安全要求。作业人员可以观察和学习正确的操作技巧和安全措施。

（4）文件和图纸：准备清晰、详细的操作手册、作业指南、图纸等，向作业人员提供要点和说明。这些文件和图纸可以包括受限空间的平面图、剖面图、设备示意图、流程图等，便于作业人员理解作业流程和相关设备。

（5）讨论和问答：组织小组讨论、问答环节，鼓励作业人员互相交流和提问。这样可以促进知识的交流和学习，澄清疑惑，并解决作业中的问题。

（二）技术交底的重点

（1）交底内容应准确、全面，并与具体作业相符合，包括作业目标、作业程序、设备的使用方法、注意事项、风险防控等方面的知识。

（2）交底应理论与实践相结合，使作业人员能够理解和应用知识。交底要求作业人员积极参与和提问，并保持交流和沟通的畅通。鼓励他们分享经验和观察，并提供反馈意见。

（3）交底的效果应进行评估和监督，确保作业人员掌握了必要的技术知识和技能，并能正确应用在实际作业中。

通过充分的技术交底，作业人员能够更好地理解和掌握受限空间作业的要求和措施，提高作业质量和安全性。同时，作业人员也要积极参与学习和交流，在实际作业中不断增强自身的技术水平和安全意识。

三、作业实施

在涉及受限空间的作业过程中，采取恰当和严格的安全措施至关重要。这些措施旨在保护作业人员免受潜在的危险因素影响，确保他们在执行任务时的安全与健康。从穿戴适当的个人防护装备到对作业环境进行彻底检查，每一项措施都是为了减少事故发生的可能性并保障人员的生命安全。只有当所有相关的安全措施得到妥善实施时，才能保证作业的顺利进行，同时最大限度地降低工作场所的风险。因此，对于任何需要进入受限区域的作业，了解并遵循这些基本的安全指南是每位员工的责任，也是企业应尽之责。

（一）预作业准备

在受限空间作业中，预作业准备的目的是确保作业过程的安全、顺利和有效进行。以下是预作业准备的方式：

（1）制订详细的作业计划并进行风险评估。确定作业的目标、范围、所需资源和计划时间。

（2）确定作业的许可程序，并获得相应的作业许可。

（3）选择适当的作业人员，并确保其具备必要的培训、技能和经验。

（4）安排必要的物资、设备和工具，并确保其状态良好、可靠，并提供有效的防护措施。

（二）现场准备

现场准备是确保在实际进行作业时能够有效地应对各种挑战和情况，保障作业的顺利进行及参与人员的安全。以下是现场准备的方式：

（1）对作业现场进行彻底的检查，评估受限空间的特性、周围环境和潜在风险。

（2）清理和清洁作业区域，确保没有杂物、垃圾或其他危险物质。

（3）安装必要的警示标志和安全栏杆，标识受限空间和作业区域。

（4）检查和测试必要的设备、工具和防护装备，确保其正常工作和适当使用。

（三）作业执行

采取切实有效的措施去执行作业，才能保证在受限空间内的操作能够顺利进行，从而确保预期达到的效果和既定目标得以实现。这需要作业团队具有高度的专业知识和严格的操作规程，以及对环境条件的深入了解，以便在可能遇到的各种情况下都能做出正确的应对。

1. 人员

（1）作业人员使用踏步、安全梯进入有限空间的，作业前应检查其牢固性和安全性，确保进出安全。

（2）作业人员应严格执行作业方案，正确使用安全防护设备和个体防护用品，作业过程中与监护人员保持有效的信息沟通。

（3）传递物料时应稳妥、可靠，防止滑脱；起吊物料所用绳索、吊桶等必须牢固、可靠，避免吊物时突然损坏、物料掉落。

（4）应通过轮换作业等方式合理安排工作时间，避免人员长时间在有限空间工作。

2. 环境

作业过程中，应采取适当的方式对有限空间作业面进行实时监测。监测方式有两种：一种是监护人员在有限空间外使用泵吸式气体检测报警仪对作业面进行监护检测，另一种是作业人员自行佩戴便携式气体检测报警仪对作业面进行个体检测。图4-17为作业过程中实时监测气体浓度。

3. 作业监护

监护人员应在有限空间外全程持续监护，不得擅离职守，主要做好两方面工作：

（1）跟踪作业人员的作业过程，与其保持信息沟通，发现有限空间气体环境发生不良变化、安全防护措施失效和其他异常情况时，应立即向作业人员发出撤离警报，并采取措施协助作业人员撤离。

（2）防止未经许可的人员进入作业区域。

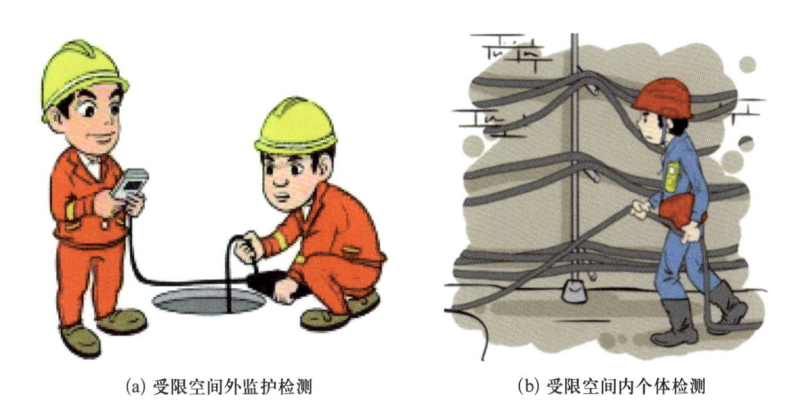

(a) 受限空间外监护检测 (b) 受限空间内个体检测

图 4-17 作业过程中实时监测气体浓度

4. 紧急情况

作业期间发生下列情况之一时，作业人员应立即中断作业，撤离有限空间：

（1）作业人员出现身体不适。
（2）安全防护设备或个体防护用品失效。
（3）气体检测报警仪报警。
（4）监护人员或作业现场负责人下达撤离命令。
（5）其他可能危及安全的情况。

（四）紧急响应

在受限空间作业中，紧急响应的意义非常重大。首先，作业人员必须明确掌握应急响应计划，包括如何处理紧急情况、报警方式和求救程序。其次，作业单位需安排并测试紧急救援设备和通信设备，如紧急呼叫装置、应急照明、紧急避难通道等。此外，若发生紧急情况，作业人员应立即停止作业，并迅速执行紧急撤离和救援程序。

（五）作业结束和清理

作业结束和清理在受限空间作业中具有重要的意义，不仅关乎安全和环境保护，也与资源利用、法律遵从及作业效率密切相关。这一过程的有效实施有助于保障作业顺利进行，同时也体现了对社会和环境的责任和尊重。

在作业完成后，作业人员必须按照规定的程序安全退出受限空间。同时，作业区域必须进行清理和整理，将设备、工具和材料妥善存放，并清除工作区域的垃圾和污垢。此外，要进行必要的设备和工具的检查、维护和储存，以确保其在下次作业前可靠、完好。

四、作业完工管理

在受限空间作业中，作业完工管理非常重要，它可以确保作业的顺利进行和作业人员的安全。以下是一些作业完工管理的措施：

（1）派遣监管人员：在受限空间作业期间，应派遣专门的监管人员负责监督和管理作业。监管人员应具备相关的专业知识和经验，能够确保作业按照规定进行，并能迅速应对任何突发情况。

（2）完工申报：作业人员在完成受限空间作业后，必须向监管人员进行完工申报。完工申报应包括作业的具体内容、时间、地点、作业人员名单等信息，以便监管人员核实和记录。

（3）现场检查：监管人员应进行现场检查，确保作业区域没有遗留的危险物品、工具或设备，并检查作业人员是否遵守了安全规定和标准操作程序。

（4）解除受限空间：在确保受限空间内不存在危险情况后，监管人员可以批准解除受限空间，并记录解除时间和相关信息。

（5）完工报告和总结：监管人员应撰写完工报告，记录作业过程中的关键信息、发现的问题、采取的措施等。此外，还应进行总结和评估，以提供改进作业管理的建议。

受限空间作业结束后，作业现场要做到"工完、料尽、场地清"，作业单位要组织作业人员对现场进行清理，清理要遵循以下要求：

（1）清理工作要自上而下进行，由内而外。

（2）清理物品不准由高处向下抛掷，必要时须设专人监护。

（3）设备内部清理要干净，不能留任何杂物。

（4）清洗设备所用酸、碱、抗蚀剂和其他溶剂药品不得倾倒在地面上，清洗液、废酸、碱水要经中和处理和稀释达到相应指标后才能排入污水处理装置。

（5）报废、清除、拆卸下来及停检施工所需的材料、设备、机件要按照有关规定同类存放，拆卸物和工业垃圾要及时清理，送出施工现场，特殊情况确需暂时在现场存放的物件材料等须定置统一摆放，在四周设安全警示围挡，不能堵、占消防通道，保持施工现场道路畅通。

受限空间作业完成后，监护人必须清点作业人数和材料器具，确保作业人员和工器具材料全部撤出受限空间后，方可停用受限空间作业采取的通风供气等安全措施。检修结束，作业单位交回属地单位的设备设施，应具备安全生产的条件。属地项目负责人和监护人现场验收合格后，需与作业单位负责人共同在作业许可上签字关闭，作业人员方可撤离现场。

第三节 监督检查

受限空间作业实施过程中的监督检查是确保安全和质量的关键环节。监督检查方式包括现场审查、文档审查、交流沟通和数据记录等。重点检查包括现场人员的个人防护装备是否合规、通风系统是否正常运行、气体检测结果是否合格等。违章分析结果运用是监督检查的重要环节，用人单位可通过分析违章行为的原因和影响，采取合适的纠正措施来防范类似问题的再次发生。此外，监管部门还会积累和分享监督检查经验，进一步提高监督检查的效果和水平，以确保受限空间作业的安全可靠。

一、监督检查方式

监督检查可以通过现场巡视、抽样检查和设备监测等方式进行。现场巡视是指监管人员在受限空间作业现场进行目视检查，确保作业人员遵守安全规定和操作程序。抽样检查是指从作业人员中随机选取一部分进行检查，以确保作业质量和合规性。设备监测是指使用监测仪器对受限空间内的气体浓度、温度、湿度等参数进行实时监测。

监督检查可以采用以下方式进行：

（1）现场观察：监管人员直接到受限空间作业现场进行检查，观察作业人员的行为和作业环境。

（2）文档审查：检查作业计划、许可证、培训记录等文件，以确保作业程序的合规性。

（3）交流沟通：与作业人员进行讨论和询问，了解作业过程中的情况和问题。

（4）数据记录：监测并记录受限空间内的温度、气体浓度、通风情况等数据，以评估作业环境的安全性。

各部门在进行受限空间监督检查前，应提前针对以下几项内容编制安全检查表（表4-1），据此开展监督检查。

表 4-1 受限空间作业的安全检查表

序号	检查项目	检查内容
1	作业许可	1. 按照规范要求办理有效的受限空间作业许可证，审批符合要求
		2. 特殊受限空间作业必须经过专项风险评估，编制作业计划书或专项方案，并经相关部门审核
		3. 危害因素辨识到位，作业人员掌握作业内容和作业风险
		4. 受限空间作业许可证内容填写齐全、完整。涉及动火、临时用电、起重吊装、高处作业等同时应执行相关管理规定
		5. 受限空间作业许可证应在现场和控制室公示
2	人员资质要求	1. 特种作业人员取得相应资质
		2. 施工作业前施工人员进行三级安全培训并考试合格
		3. 指定专人进行监护，监护人不得离开现场，不得干与监护无关的事情
		4. 施工现场甲、乙双方监护人都需取得作业监护人资格，持证监护
		5. 监护人与作业人员明确联络方式，并保证受限空间内外联络信息正常
		6. 监护人作业前检查确认，确保动火作业相关许可手续齐全
		7. 双方监护人需全面了解票证及作业计划书中的安全要求。掌握急救方法，熟悉应急预案，熟练使用消防器材和其他救护器具
3	工艺处置	1. 受限空间作业前，应对设施系统内易燃易爆、有毒有害物料介质进行工艺处理。采取物料倒空、吹扫、置换、蒸汽蒸煮、钝化等形式，保障受限空间内工艺处置合格
		2. 与受限空间连通可能危及作业安全的管道应断开或盲板隔离，不应采用水封或关闭阀门代替盲板作为隔断措施。其他相连管道应采用阀门隔离上锁挂签的方式进行能量隔离
4	施工工器具	1. 工器具检查合格并粘贴检验合格标签
		2. 进入受限空间作业，应有足够的照明。照明灯具应符合防爆要求。使用手持电动工具应有漏电保护装置
		3. 当受限空间原来盛装爆炸性液体、气体等介质时，应使用防爆电筒或电压不大于12V的防爆安全行灯，行灯变压器不应放在容器内或容器上。作业人员应穿戴防静电服装，使用防爆工具、机具。严禁携带手机等非防爆通信工具和其他非防爆器材
		4. 进入受限空间作业照明应使用安全电压不大于36V的安全行灯。金属设备内和特别潮湿作业场所作业，其安全灯电压应为12V且绝缘性能良好
5	作业环境	1. 作业前打开人孔、手孔、料孔、风门、烟门等与大气相通的设施进行自然通风。必要时应采取强制通风；涂刷具有挥发性溶剂的涂料时，应采取强制通风措施；严禁向受限空间通纯氧或富氧空气。进入期间的通风不能代替进入之前的吹扫工作

续表

序号	检查项目	检查内容
5	作业环境	2.受限空间作业前应进行气体分析，分析的取样点要有代表性： （1）在较大的受限空间内，应采取上、中、下部位取样。 （2）取样时应停止任何气体吹扫。测试次序应是氧含量、可燃气体、有毒有害气体。 （3）取样长杆插入深度原则上应符合在一般容器取样插入深度为1m以上，在较大容器中取样插入深度3m以上，在各种气柜、储油罐、球罐中取样插入深度4m以上
		3.作业前30min内，应对受限空间进行气体分析，分析合格后方可进入，超过30min仍未开始作业的，应重新进行检测；作业中断时间超过60min时，应当重新进行检测；受限空间作业时应连续检测，并2h记录1次。气体浓度超限报警时，应立即停止作业、撤离人员、对现场进行处理，重新检测合格后方可恢复作业
		4.对于盛装（过）易燃易爆或有毒有害物质的受限空间，首次分析必须采取色谱法进行分析
		5.使用便携式用于检测气体的检测仪必须在校验有效期内，并在每次使用前与其他同类型检测仪进行比对检查，以确定其处于正常工作状态
		6.气体检测合格判定： （1）受限空间内外的氧浓度应一致。若不一致，在进入受限空间之前，应确定偏差的原因，氧气含量为19.5%～21%（体积分数），在富氧环境下不应大于23.5%（体积分数）。 （2）不论是否有焊接、敲击等，受限空间内易燃易爆气体或液体挥发物的浓度都应满足以下条件： ① 当爆炸下限≥4%时，浓度<0.5%（体积分数）； ② 当爆炸下限<4%时，浓度<0.2%（体积分数）； ③ 同时还应考虑作业的设备是否带有易燃易爆气体（如氢气）或挥发性气体。 （3）受限空间内有毒、有害物质浓度应符合GBZ 2.1—2019《工作场所有害因素职业接触限值 第1部分：化学有害因素》的规定
		7.在受限空间作业期间，严禁同时进行各类与该受限空间相关的试车、试压或试验等工作
		8.受限空间内的温度应控制在不对人员产生危害的安全范围内
6	安全措施	1.电气隔离、仪表隔离和放射源隔离到位，并上锁挂签
		2.根据作业中存在的风险种类和风险程度，依据相关防护标准，配备个人防护装备并确保正确穿戴
		3.在特殊情况下，作业人员应佩戴正压式空气呼吸器或长管呼吸器。配戴长管呼吸器时，应仔细检查气密性并防止通气长管被挤压，吸气口应置于新鲜空气的上风口并有专人监护，若长管呼吸器采用机械供风系统应配置两路独立回路的供电系统，保证两台压缩机正常供电，两台压缩机间用管线连接，实现相互供气功能

续表

序号	检查项目	检查内容
6	安全措施	4. 受限空间内可能会出现坠落或滑跌，应特别注意受限空间中的工作面（包括残留物、工作物料或设备）和到达工作面的路径，并制订预防坠落或滑跌的安全措施
		5. 进入狭小空间时，作业人员应系挂可靠的安全绳
		6. 进入受限空间作业的人员及其携入的工具、材料要登记，作业结束后作业单位监护人对照清单清点人员、工具和材料，确认无遗留后，做好记录；属地单位监护人核查签字
		7. 为防止静电危害，应对受限空间内或其周围的设备接地，并进行检测
		8. 接入受限空间的电线、电缆、通气管应在进口处进行保护或者加强绝缘，应当避免与人员出入使用同一出入口。气体分析合格前、作业中断或者停止期间，应当在受限空间入口处增设警示标志，并采取防止人员误入的措施
		9. 受限空间作业一般不得使用卷扬机、吊车等设备运送作业人员，特殊情况需经安全部门批准
		10. 受限空间作业应当推行全过程视频监控，对难以实施视频监控的作业场所，应当在受限空间出入口设置视频监控。受限空间作业宜使用智能监控系统，至少具备视频监控、气体监测及报警等功能
		11. 作业人员不应携带与作业无关的物品进入受限空间；作业中不应抛掷材料、工器具等物品；在有毒、缺氧环境下不应摘下防护面具；作业过程中适当安排人员轮换
		12. 人员生命体征监控也是关键一环，通过为作业人员配备生命体征监测设备，实时监测作业人员的身体状况，并在发现异常时立即发出告警提示，提醒安全管理人员及时采取措施
		13. 气路联锁切换及气体监测同样重要，作业前及作业过程中应进行详细的气体检测，并根据气体浓度采取相应的通风、个体防护等措施，确保作业环境安全。同时，在易燃易爆的受限空间内进行作业时，务必确保使用的设备、电气线路等符合防爆要求
7	应急准备	1. 进入受限空间作业前，应制订应急措施或应急预案，并开展应急演练，所有相关人员都应熟悉应急措施或应急预案
		2. 作业人员进入受限空间前，应首先拟定逃生方法
		3. 受限空间作业时，出入口应保持畅通，并设置明显的安全警示标志；对受限空间内阻碍人员移动、对作业人员造成危害，影响救援的设备（如搅拌器），应采取固定措施，必要时应移出受限空间
		4. 空气呼吸器、防毒面具、急救箱等应急物资和救援设备应当配备到位，盛有腐蚀性介质的容器作业现场应当配备应急用冲洗水等

二、监督检查的要点

监督检查应针对受限空间作业的关键环节和风险点，包括但不限于：作业人员是否佩戴适当的个人防护装备，通风系统是否正常运行，作业区域是否有危险物品或无关人员，作业人员是否按照规定进行作业等。此外，还应检查作业人员的培训记录和证书，确保其具备相关的安全知识和技能。

监督检查应重点关注以下几个要点：

（1）作业人员的人身安全：检查作业人员是否佩戴个人防护装备，例如安全帽、护目镜、防护服等。

（2）作业程序的执行情况：确认作业人员是否按照规定的程序和步骤进行作业，例如进入和离开受限空间的步骤、通风系统的操作等。

（3）作业环境的条件：检查受限空间内的气体浓度、温度、湿度等参数，并确保它们在安全范围内。

（4）作业工具和设备的状态：检查作业人员使用的工具和设备是否符合规定，是否维护良好并能正常使用。

三、违章分析结果运用

在监督检查中，若发现作业人员存在违章行为或操作不当的情况，应及时采取措施进行纠正，并进行违章分析。违章分析是对违章行为的原因和影响进行分析和评估。运用违章分析结果可以及时发现和纠正问题，预防事故再次发生，并提供改进作业管理的依据。

违章分析结果可以采取以下措施运用：

（1）纠正行为：立即纠正作业人员违章行为或不当操作，以避免潜在的危险。

（2）分析原因：通过违章分析，找出导致作业人员违章行为的根本原因，例如缺乏培训、沟通不畅等。

（3）制订改进措施：基于违章分析结果，用人单位制订相应的改进措施和培训计划，以提高作业的安全性和质量。

四、监管经验介绍

监管人员应具备丰富的受限空间作业经验，并熟悉相关法规和标准。他们应定期参加培训和学习，了解最新的安全技术和管理方法。监管人员的经验和专业知识对于指导作业人员和保障作业安全至关重要。监管人员可以分享自己的经验和教训，提供实用的建议和指导，以提高作业质量和安全水平。

（一）高危作业区长制

为有效预防和遏制生产安全事故，集团公司制定了《高危作业安全生产挂牌制实施办法》，各地区公司都先后制定了高危作业区长挂牌管理的相关制度。对受限空间作业等高危作业施行区长挂牌制管理，由属地单位组织研判作业风险，明确高危作业区长，并在作业现场挂牌公示，公示卡（图 4-18）中标明区域范围、“区长”姓名、职务和联系方式，“区长”应逐项确认安全措施落实后签字。

高危作业“区长”信息公示卡 JCZL/LYSH06——007/A

作业名称： 年 月 日

<table>
<tr><td colspan="4">属地单位：</td><td colspan="4">施工单位：</td></tr>
<tr><td rowspan="3">区 长</td><td>姓 名</td><td>职 务</td><td>联系电话</td><td rowspan="3">区 长</td><td>姓 名</td><td>职 务</td><td>联系电话</td></tr>
<tr><td></td><td></td><td></td><td></td><td></td><td></td></tr>
<tr><td></td><td></td><td></td><td></td><td></td><td></td></tr>
<tr><td rowspan="5">现 场
监护人</td><td>姓 名</td><td colspan="2">联系电话</td><td rowspan="5">现 场
监护人</td><td>姓 名</td><td colspan="2">联系电话</td></tr>
<tr><td></td><td colspan="2"></td><td></td><td colspan="2"></td></tr>
<tr><td></td><td colspan="2"></td><td></td><td colspan="2"></td></tr>
<tr><td></td><td colspan="2"></td><td></td><td colspan="2"></td></tr>
<tr><td></td><td colspan="2"></td><td></td><td colspan="2"></td></tr>
</table>

注：1. 此卡由本人亲自签字，随作业票一同放置在现场并留存。
2. 作业过程中人员发生变化的及时变更信息。
3. 同一区域存在不同等级的风险作业时，只需在最高等级风险作业处填写一张公示卡。

图 4-18 区长信息公示卡

1.“区长”设置范围及原则

（1）特殊受限空间作业、Ⅳ级高处和特级动火作业等高危作业所在作业区域由厂级副总师以上领导担任“区长”。

（2）一般受限空间作业等所在作业区域由属地单位生产技术、设备负责人或属地单位负责人担任“区长”。

（3）周末（周六、周日）、节假日、夜晚（当日 19：00 至次日 7：00）、异常天气、突发情况等特殊时段和敏感时期的其他临时作业所在高危作业区域由属地单位生产技术、设备负责人或属地单位负责人担任“区长”。

（4）同一区域存在不同风险等级的危险作业时，按风险等级高的作业设置“区长”；同一人只能担任一个高危作业区域的“区长”。

（5）承担公司检维修和项目建设的公司内部承包商（含公司内部单位），也应配备"区长",实行高危作业区域安全生产双"区长"制,建立并推进安全生产"联防、联管、联责"的工作机制。

2."区长"职责

高危作业区域设置的"区长"对本作业区域内的危险作业安全全面负责,"区长"的安全生产职责不代替属地、直线和领导的安全生产责任。其主要职责如下:

(1)组织开展安全风险识别,掌握作业区域内相关设备设施、场所环境、作业队伍、人员资质、安全工作方案,以及作业过程的风险状况。

(2)组织现场作业安全分析,开展作业区域隐患排查,及时消除事故隐患。

(3)组织开展作业许可票证查验,检查危险作业安全措施落实情况,开展作业过程监督监护情况检查。

(4)及时协调并处置作业区域内影响安全的问题。

(5)及时、如实报告发生的事故事件和险情。

(二)安全网格化监管

安全网格化监管方法是一种整合作业现场安全管理人力资源,实现全覆盖、无盲区作业前安全条件确认放行的预防性监管措施。该方法是在作业现场巡回监督管理的基础上,将作业现场全覆盖划分为若干个的网格责任管理片区,并为每个网格责任片区配置"片区长",对进入网格责任片区的作业人员及作业活动实施全过程安全监管。工程建设项目和装置停工大检修等大型施工现场,受限空间等各类风险作业点多面广,安全监管压力大、难度大。为进一步落实停产大检修施工作业等安全管控,压实属地单位安全风险监督管理和施工单位安全风险过程管控主体安全责任,部分地区公司施行了大检修的安全网格化管理。

1.网格责任片区划分原则

停产大检修现场网格责任片区原则上,由基层各属地单位划分。网格责任片区划分应科学、合理,考虑主要因素如下:

(1)大检修数量、作业量大小,以及大检修期间工程主管部门、属地管理人员数量多少,避免均匀划分网格,导致工作量集中的片区安全风险管控不到位。

(2)来自施工队伍的片区长总人数,确保网格责任片区数量与满足片区长能力的人员数量相匹配。

(3)作业活动在片区长的有效管控能力范围内,满足全方位、全过程的协调与监督要求。

（4）网格责任片区划分大小可根据片区内安全风险管控效果，结合片区内作业量变动和"片区长"能力等进行调整。

2. 网格监管力量配置原则

停产大检修现场（包括工程项目）每个网格责任片区配置片区长2名，1名来自基层属地单位、1名来自施工单位。

原则上，按装置单元、罐组、装卸栈台及公用管排危险作业周围30m以内的区域不超过一个Ⅰ类高风险作业、总作业数量不超过20项或施工总人数不超过50人等为一个网格责任片区，如超过，属地及施工单位则应增设片区长。

属地单位片区长通常是由对工艺、设备、安全等业务经验比较丰富人员担任，相关人员一般在基层单位工作五年以上，具备一定的安全管理知识，熟悉掌握责任片区内生产工艺；承包商片区长通常是施工技术人员或安全管理人员，并在基层从事本岗位工作一年以上，取得安全员C证或注册安全工程师任职资格，熟悉施工风险和掌握安全管控要求。

3. 片区长职责

属地单位的片区长应注重工艺措施落实监管、人员资格确认和综合协调，职责包括：

（1）作业许可票证办理合规性、齐全性确认，作业许可票证上风险识别及防范措施与现场的符合性确认。

（2）盲板隔离、物料清理、放空、通风、泄压、能量隔离等工艺措施落实情况确认。

（3）有毒有害介质检测分析确认，工艺风险交底。

（4）消防、应急设施、个人防护用品配置确认。

（5）协调配置属地监护人员，负责施工人员及监护人员资格能力确认。

（6）组织关闭作业许可，消除现场风险隐患。

（7）发现或收到险情，组织片区内作业人员及时避险；出现事故，及时报警并组织初期应急救援处置。

承包商片区长应注重施工方案和施工环节中风险控制措施落实监管。职责包括：

（1）指导和确认作业许可办理过程中施工作业部分风险识别及防控措施制订与

落实。

（2）安全技术交底内容、接受交底人员、效果等符合性指导和确认。

（3）监督确认施工方案及风险防控措施的落实。

（4）施工设备设施和工机具使用前检查。

（5）协调、安排作业场地使用，规范材料堆放，保证消防和应急通道畅通。

（6）确认交叉作业风险防控措施的落实，协调确定交叉作业施工先后时间分配，避免交叉作业风险。

（7）落实"工完、料净、场地清"的管理要求，消除遗留隐患。

（8）发现或收到险情，立即向属地汇报，组织片区内作业人员及时避险；出现事故时及时报警并负责组织初期应急救援处置。

4. 网格化实施

为保障安全网格化监管方法的有效实施，职能部门应提前编制大检修安全网格化监管实施方案。

（1）划分片区。各属地和承包商单位要按照方案要求，科学划分网格责任片区，明确网格的名称、数量、位置、边界、片区长的联系方式等信息；明确片区长在岗时间（宜与施工人员进出施工现场时间一致）和防护装备配戴要求；明确工作汇报、参加会议等沟通方式。

（2）片区长选拔与任命。具体实施单位应联合施工承包商依据片区长任职条件和评估要求，共同做好片区长选拔，对选拔培训合格的片区长，发布正式任命或授权文件。

（3）片区长信息公示与标识。网格责任片区信息应在施工作业现场进行公开公示（大检修网格化公示表），方便进入责任片区人员获知。公示信息包括网格责任片区范围、片区长职责、权力和联系方式；片区长上岗必须佩戴统一标识，所有进入网格片区内的人员都要服从片区长的管理。

（4）管理效果评估和调整。具体实施单位宜安排专人负责大检修期间安全网格化监管方法实施管理，根据检修现场作业实际、检修阶段变化，适时调整网格责任片区的划分和相关片区长。

（三）受限空间作业安全生产挂牌制

受限空间作业安全生产挂牌制是指企业在安全生产方面制定了一系列的规章制度和管理办法，并将其公布在企业内部，以挂牌的形式显示在显著位置，使所有员工都能够清晰地了解和遵守。挂牌制度对于促进员工遵守安全规章制度、加强安全生产管理、预防和控制事故具有重要作用。

在挂牌制中，企业会将规章制度和安全生产管理方法进行公布。这些规章制度和安全生产管理方法涵盖了各个方面的安全生产要求，例如设备安全、职业健康、应急救援等。通过将这些规章制度和安全生产管理方法公开化、透明化，员工可以更加清晰地了解和遵守相关规定，从而减少事故的发生，提高生产的安全性。挂牌制度的优点主要体现在以下几个方面：

（1）防范风险：挂牌制度可以使管理人员和从业人员对受限空间作业的风险有一个清晰的认识，从而提高预防和应对风险的能力。

（2）规范操作：挂牌制度可以明确受限空间作业的操作规范和程序保障作业的安全性和高效性。

（3）职责明确：挂牌制度明确了相关部门和人员的责任和义务使其能够有针对性地进行管理和监督。

（4）办事高效：挂牌制度可以改进受限空间作业的组织和协调综合能力，减少时间和资源的浪费。

受限空间作业安全生产挂牌制度的建立和实施，对于提高作业的安全性和减少事故的发生具有重要意义。只有做好风险防控和规范操作，才能保障生产安全。

参 考 文 献

[1] 李少波.能量隔离在炼化企业的应用［J］.石油化工技术与经济，2023，39（2）：42-43.

[2] 朱伟炜.石化工程受限空间作业事故案例及预防措施探究［J］.石油化工建设，2022，44（5）：29-32.

[3] 朱以刚.进入受限空间作业的安全技术和安全管理对策［J］.广东化工，2020，47（12）：95-99.

[4] 白战鹏，陈志浩.石化装置检维修受限空间作业安全管理探究［J］.石油化工安全环保技术，2020，36（2）：12-14，41.

[5] 黄晓环.浅谈石化装置受限空间作业风险管控措施［J］.橡塑资源利用，2018（2）：15-19.

[6] 张贤贵.化工检修中受限空间作业安全管控要点［J］.现代职业安全，2019（4）：71-73.

[7] 张苓苓.进入受限空间作业的安全技术和安全管理对策［J］.中国设备工程，2022（5）：254-255.

[8] 齐晓光，张磊，范红威，等.受限空间作业危险源辨识及安全防护措施［J］.安全，2011，32（9）：29-31.

第五章　特殊情况下的受限空间作业

在石油石化行业受限空间作业过程中，特殊情况下的作业需要更加谨慎和细致的管理。从以往受限空间作业事故案例中可以看出，多数事故的发生都是因为作业环境中易燃易爆气体或有毒气体超标，从而导致火灾、爆炸和中毒窒息等亡人事故。在日常的检维修或抢险处置过程中，由于各种条件限制，部分受限空间不能够完全满足安全作业要求，但为了企业平稳生产和安全运行，不得不选择在特殊情况下开展作业，这种情况大大增加了受限空间作业的安全风险和管控难度。日常工作中常见的特殊受限空间作业包括无氧作业、易燃易爆环境和有毒环境中的检维修作业。针对这些特殊受限空间作业，需采取更为可靠的安全措施，制定更为严格的管理程序，确保作业人员的安全和作业质量。

第一节　反应器无氧卸剂作业

石油石化行业普遍存在易燃易爆和有毒有害的危害特性，尤其在抢修作业或特殊设备的检修过程中，由于无法进行有效工艺处理，无法控制作业活动中可燃介质和有毒介质的浓度，导致施工作业难度增大，安全生产事故频发，而无氧作业的出现有效解决了企业面临的生产难题。无氧作业是指在特定受限空间环境作业期间，当作业场所中同时存在或可能产生其他有害气体，为防止发生氧化、燃烧需充氮气保护的受限空间作业。本节将重点介绍石油石化行业常见的无氧受限空间作业——反应器无氧卸剂作业，总结无氧受限空间作业的管控要求和管理经验，希望能为同类作业的安全管控提供参考。

一、反应器无氧卸剂作业方式

炼油化工加氢装置反应器一般为立式圆柱形容器，容器高度约 10~30m，在每个运行周期结束后，要更换反应器内的催化剂。催化剂卸剂作业中，反应器因床层板结等原因需人员进入受限空间作业，作业过程中反应器内催化剂中的硫化亚铁遇氧气易氧化放热，存在自燃风险，并产生二氧化硫等有毒气体，因此该类作业需在高浓度氮气保护下开展，其作业环境为常压无氧有毒环境（$N_2 \geq 90\%$、$O_2 \leq 5\%$、$CH \leq 0.5\%$、$H_2S \leq 10ppm$），作业温度随环境中氧含量发生变化，作业人员需佩戴高压送风式长管呼吸器进入反应器内，采用风镐、锤头等工器具对板结催化剂床层进行破拆，然后用抽吸机将催化剂从反应器内卸出。卸剂过程主要施工步骤如下：

（1）吊出反应器头盖，并在法兰口垫好橡胶垫或钢垫、螺栓用布裹好，以防损伤法兰口及螺栓，同时对所拆后弯头装好盲板，保证密封，确保反应器隔离。

（2）吊出入口扩散器，拆除入口分配盘，对构件进行编号，同时注意不损伤内构件及器壁，按照反应器编号填好设备交接清单。

（3）器内作业人员必须穿戴好防护服后方可进入器内作业。

（4）反应器有结焦现象，采用风镐破碎后撇头的方式进行卸剂，将撇出的催化剂装入袋内，吊出器外并集中处理，风镐作业过程中需注意避免损坏器壁及柔性的热电偶，作业时需根据图纸确认柔性热电偶的位置，用风镐时避让开柔性热电偶。直至催化剂全部卸完。

（5）如果催化剂严重结焦，在停工过程中无法带走催化剂中的热量，器内温度会很高，施工时注意高温防护，同时请甲方提供足够的氮气和干冰，在卸剂作业中根据甲方要求及时做好试验试块的保护工作。在此情况下为了提高撇头速度，保证工程进度，可在器内增加作业人员，利用大功率风镐进行破碎。

（6）如果器内催化剂没有结焦，但有板结情况，则采用破碎后再抽吸的方法进行卸剂。

（7）作业人员轮流进入器内将催化剂撇头或抽吸，直至催化剂全部卸完。

（8）如需要催化剂自卸，在催化剂自卸过程中，如果催化剂有架桥现象，则用人工破坏架桥。破坏架桥时要特别做好人身安全的防护措施。若架桥人工不能破坏时，还需进行撇剂。

（9）催化剂卸剂完成后，进行器内残留催化剂清扫。

由于石油石化工业的复杂性和多样性，具体的反应器无氧卸剂作业方式可能因情况而异。因此，在实际操作中，应严格遵守相关法规、标准和公司内部作业安全规定，并确保与有关专业人员进行合作和咨询，以确保作业安全和合规性。

二、无氧卸剂作业主要风险

在石油石化行业中，进行无氧卸剂作业存在一些主要的安全风险，以下是一些常见的无氧卸剂作业主要风险，包括但不限于：

（1）氮气窒息。催化剂卸剂作业是在氮气条件下进行的无氧作业，一旦个人防护失效或供气系统使用不当存在氮气窒息风险。主要涉及受限空间作业人员、反应器进出口处的监护。

（2）瓦斯爆炸。工艺处理不合格，反应器内烃含量过高，氮气浓度过低时，遇点火源（人体静电或非防爆工器具或临时用电等）易发生闪爆。主要涉及反应器内作业人员。

（3）物理爆炸。因催化剂床层板结，形成球状腔体，底部充入氮气后形成压力空间，在使用风镐等工器具破拆作业过程中，发生能量意外释放。主要涉及反应器内作业人员。

（4）硫化物自燃。由于催化剂板结造成钝化效果不佳，氮气通入量不足，造成在卸剂作业中发生硫化物自燃。主要涉及反应器内作业人员。

（5）高处坠落。作业人员在进出反应器及在器内攀爬竖梯时，人员在反应器入口监护过程中，均存在高处坠落风险。主要涉及进入受限空间作业人员、反应器进出口处的监护。

（6）物体打击。工器具（风镐、锤头）使用不正确或交叉作业过程中存在物体打击风险。主要涉及作业人员和现场监护及管理人员。

（7）坍塌掩埋。反应器内局部如出现催化剂板结点和作业程序不当时，造成床层作业面坡度过大，易发生催化剂床层坍塌掩埋风险。主要涉及反应器内作业人员。

（8）灼烫。反应器内硫化亚铁遇空气氧化放热，造成床层温度升高产生热点，易造成人员烫伤，长时间作业还会引起高温中暑。主要涉及进入受限空间作业人员。

（9）触电。作业过程中使用临时用电设施，存在触电风险。主要涉及作业人员和现场监护。

（10）中毒风险。卸剂过程中产生硫化氢、一氧化碳、二氧化硫和羰基镍等有害物质，个人防护不当易造成人员中毒。主要涉及受限空间作业人员、反应器进出口处的监护及管理人员。

三、无氧作业管控措施

（一）工艺处置

反应器停车降温、降压，床层温度 CAT 降至 50℃以下，反应器与其他系统隔离，作业前，器内通氮，$N_2 \geq 98\%$、$O_2 \leq 0.5\%$、碳氢化合物（CH）$\leq 0.5\%$，N_2 量保持微正压状态。

（二）呼吸供气系统管控

供气呼吸系统主要由螺杆压缩机、过滤系统、报警系统、储气罐和空气分配器组成，其主要作用就是为无氧作业人员提供呼吸空气。

（1）现场选址要考虑与周边设施的安全间距、风向，并保持供气环境洁净，气源吸入口距地面宜高于1.5m。

（2）配置两路独立回路的供电系统，保证两台压缩机正常供电，两台压缩机间用管线连接，实现相互供气功能；现场应配备一名专职电工，做好用电设备、用电工具、电源线的检查防护工作。

（3）现场配备1个可以同时工作的储气罐，储气罐容积应至少满足最大作业人员数量15min的呼吸要求，且直接与呼吸供气系统并联使用。

（4）供气系统应设置气压低压联锁，气压低于联锁设定值时压缩机应自动启动，报警系统的电源应独立设置。

（5）呼吸供气系统必须设置专业技术人员进行监盘、监控。

（6）作业结束后，必须安排专人清点人数并与监护人对接确认器内无作业人员方可停用呼吸供气系统。

（三）呼吸防护用品管控

1. 呼吸器长管

长管式呼吸器应采用耐高压且内含两层钢网的气管，每次使用前应有专业技术人员进行全部调试检查，所有气管的连接口必须接牢；长管式呼吸器穿戴时，必须做好自检与他检，在反应器进出口等金属棱角处的胶管应增加衬垫保护措施，要用安全警示色区分长管颜色，明确不同颜色对应的作业人员，确保能第一时间确认故障进行救援。

2. 面罩

现场室外必须放置两副面罩应急备用，严禁作业过程中进行供气系统在线调整及维修。施工作业前必须对作业人员使用的呼吸面具进行严格的检查。

（1）检查面具的供气管，应无破损、漏气。

（2）检查面具的接头，应灵活、可靠。

（3）面具的塑料视镜应用抗静电布擦拭。

（4）面具的密封气囊应完好无损。

（5）调整好面具的五级带状收紧装置，以便在使用时佩戴安全、迅速地与头面部固定。

（四）作业监护

1. 监护人配置

器外设置专用视频监控系统和专职监控人员，通过观察器内作业人员呼吸频率、心率等监测参数及作业人员作业情况，随时做好应急准备；器外监护人员必须穿戴好长管式呼吸器、安全绳、安全带等，随时具备进入器内的救护条件；现场可以根据中毒窒息的风险大小，选择配备心、肺、脑复苏器材，医务人员和便携式高压氧舱。监护人员在监护时，视线不得离开监护对象或做与监护无关的事。应对器内作业人员使用的管线分别确认，严禁拉错作业人员呼吸管线；在当班工作结束后应将面具、管线等作业器材工具进行清点、整理。

2. 联络方式

器内外作业人员应配备完好的通信设备，设定专用手语，随时保持联络；施工作业时作业人员应每隔5min向外通话一次，说明情况，如通信故障，作业人员与监护人通过拉动安全绳的方式进行提示，立即停止作业，待通信设施修复后方可继续作业。

（五）作业人员管控

器内作业实行轮换制，监护人应对进出容器的人员、工器具和进出时间等信息进行详细登记，每台反应器内进入卸剂作业人员2～3名，每人进器作业时间不得超过2h，并在现场公示板上进行公示。

（六）过程监测

（1）作业过程中应保证氮气系统压力和置换量，从反应器顶部和底部连续向器内充氮，保持器内氮气微正压，底部氮气线设置压力表，防止床层板憋压，氮气管线应独立设置，氮气阀门应上锁挂签。

（2）卸剂时反应器内作业平面温度宜<50℃（热点除外），0～40℃作业时间不超过60min。40～50℃作业时间不超过30min。对可燃气体、氧气、毒物进行监测 [N_2≥90%、O_2≤5%、碳氢化合物（CH）≤0.5%，毒物≤MAC]；器内气体每4h用色谱分析一次，间隔期间至少每2h使用四合一气体检测仪器进行一次检测并记

录，作业人员随身携带便携式可燃气体报警仪，可燃气体浓度超过规定限值时，应立即停止作业，并采取充氮或使用抽吸机进行抽吸置换措施，待气相分析合格后方可重新作业。

（3）反应器温度应设置专人进行监控，发现器内温升曲线大于5℃/h，且持续变化，超过50℃用干冰降温，超过70℃高温应及时通知停止作业，采用加大氮气置换量方式或投掷干冰进行降温，方可重新进行作业。

（七）临时用电

使用手持电动工具作业时，配备漏电保护器并确保临时用电有保护接地，在潮湿容器中，作业人员应站在绝缘板上，同时保证金属容器接地可靠。工作间歇，电动工具应放在或悬挂在干燥绝缘处，器内照明电压≤12V。

（八）防坠落管控

1. 三脚架与钢直梯

反应器入口设置金属三脚架，并采用金属铁丝捆扎固定于反应器器口，用于悬挂防坠器，反应器内应使用钢直梯作为攀爬工具，做好固定措施，防止攀爬过程中晃动摇摆，不应使用软梯。

2. 安全带

作业人员应穿戴好安全带，系挂好防坠器和安全绳，在监护人保护下进入受限空间作业。安全带的佩戴要求如下：

（1）进入设备的人员每人必须系好一条安全带。

（2）安全带必须具有腰带、胸带、肩带，以便急救时迅速而有效。

（3）进入设备的人员每人必须系好一根安全绳，安全绳系在安全带上。

（4）器外监护人要随时注意安全绳的状态，防止安全绳缠绕、打结。

（5）进入反应器时，防坠器要与安全绳一起使用。

第二节 内浮顶储罐检修作业

内浮顶储罐是在固定顶储罐内部增设浮顶而成，罐内增设浮顶可减少储存介质的挥发损耗，外部的拱顶又可以防止雨水、积雪及灰尘等进入罐内，保证罐内介质清洁。但是，内浮顶储罐较固定顶储罐和外浮顶储罐检修难度大、风险高，需要规范检修安全管理。对于内浮顶储罐检修作业，作业单位等应制定应急预案，检修单位及人员应持相关证件等，且穿戴好安全防护装备，在检查完危险项确认可以进入后再进行作业，并且作业过程中要符合安全规定。检修前要设定内浮顶储罐检修方案，其次进行作业危害分析，并且在作业前还要组织现场安全交底和能量隔离，然后在进行清罐作业后再开始检修。检修作业包括本体、附属设施及内浮顶。在检修完成后，应安排专业人员进行储罐检修验收及检查。

一、内浮顶罐检修作业方式

内浮顶罐主要由罐体、内浮顶、密封装置、导向和防转装置、静电导出设施、通气孔、液位报警等部件组成，内浮盘浮于液面上，使得液相没有蒸发空间，可以减少蒸发损失达 85%～90%；此外，通过浮盘阻隔了空气与储液，在减少空气污染的同时减少了火灾危险发生的程度，常应用于汽油，航空煤油等低闪点轻质油品。但由于其结构较为复杂，日常的检维修作业也存在较大的安全风险。

在进行内浮顶罐检修作业时，需要严谨细致地执行每一项步骤，以确保安全和效率。内浮顶罐检修主要分为两个方面：一是本体及附属设施检修作业，二是内浮顶检修作业。通过关键步骤，从而确保在检修过程中能达到预期的结果，并最大程度地减少潜在的风险和不确定性。

（一）本体及附属设施检修作业

检修作业分为本体和附属设施的检修。在进行内浮顶储罐的本体检修时，工作内容涵盖了多个方面。首先，需要检修内浮顶储罐本体的各种缺陷，如变形、泄漏及板材严重减薄等问题。其次检查和修复内浮顶储罐本体及各接管连接焊缝的裂纹、气孔等缺陷，确保其结构完整性。然后对浮顶系统、密封系统及升降导向系统进行检修，以保证其正常运行。当然，防腐工作和无损检测相关的作业也需要进行，以确保储罐的安全可靠。

除了本体的检修外，内浮顶储罐的附属设施也需要进行检修工作。内部附属设施包括如搅拌器、加热器、采样器、喷嘴等的检查及检修，其次是对仪表设施进行检查及检修。同时，还需要检测和处理内浮顶储罐基础的缺陷，以及维护与检修本体内外部其他部件、零件，确保设施的完整性和可靠性。内浮顶罐主要由罐体、内浮顶、密封装置、导向和防转装置、静电导出设施、通气孔、液位报警等部件组成，内浮盘浮于液面上，使得液相没有蒸发空间，可以减少蒸发损失达 85%～90%；

此外，通过浮盘阻隔了空气与储液，在减少空气污染的同时减少了火灾危险发生的程度，常应用于汽油、航空煤油等低闪点轻质油品。但由于其结构较为复杂，日常的检维修作业也存在较大的安全风险。

（二）内浮顶检修作业

内浮顶检修作业是一项包括检查、拆除和安装等内容的复杂任务。在进行此类作业时，必须全面辨识并有效管控各种潜在风险。这些风险可能源自作业环境本身的特性，也可能是作业过程中出现的意外情况。因此，在进行内浮顶检修作业时，必须严格按照规定程序和安全标准执行，以确保作业人员和环境的安全。

1. 内浮顶拆除基本检修

内浮顶拆除检修具备一系列基本要求，确保作业的顺利进行和安全性。首先，检查时必须清理内浮顶外表面残留物料，确保作业环境清洁。其次，作业前需评估内浮顶结构稳定性，并采取防止浮顶失稳的措施，如与制造商协商评估。拆除顺序应先后拆除密封带和内浮顶，采用保护性和破坏性拆除方式，最终拆除静电导触线。在作业过程中，需设置固定支撑，特别是存在坍塌风险的情况下，应采取额外的固定支撑措施以确保安全。对于无法按常规步骤拆除的内浮顶，应进行风险评估并制定专项拆除方案。此外，在构件拆除转移过程中，需注意防止摩擦产生火花，并确保相关部件存放在固定区域，不影响罐内外作业及救援通道。这些要求综合考虑了作业流程中的安全性和操作规范，确保了内浮顶拆除检修作业的顺利进行。

2. 密封带拆除要求

密封带的拆除过程需要严格按照规定要求进行，以确保作业的安全性和有效性。首先，在拆除前应进行内浮顶上部及罐内壁的喷水，保持内浮顶密封湿润，为后续作业做好准备。其次，在使用目视法、托举法检查密封胶圈时，需对存有积液或破损部位进行标记，根据情况选择保护性或破坏性拆除方式。对于保护性拆除，应从内浮顶上部由人孔远端开始向人孔附近方向拆卸，依次将各部件拆除，并使用防爆工具进行操作，确保安全。在拆除密封带海绵时，需防止海绵吸附的污油污染罐底，并做好接油措施，保持作业环境清洁。对于上部刺穿方式，应在标记的存有积液的密封胶圈下方放置接油盒，并使用防爆工具从上向下刺穿含油密封，然后进行强制通风或按照方案蒸煮、冲洗等处理，确保安全合格。对于下部划破方式，同样需要在密封带下方放置接油盒，并采用无火花刀具进行划破，然后进行相应处理。在拆除完成后，密封带应及时搬运至罐外指定位置，并采取通风、防雨、防渗、防晒等措施，保证作业环境的整洁和安全。

3. 浮筒式内浮顶拆除要求

浮筒式内浮顶的拆除过程需要按照严格的要求进行，以确保作业的安全和有效性。首先，在进行拆除时，作业人员应从罐底边缘板连接处开始，并按照先拆除周围后拆除中间的顺序逐步拆卸浮筒。紧固件的拆除应使用防爆工具进行，无法拆除的紧固件可采取手工锯断或破除的方法，但需用水冷却以防止摩擦发热。拆下的浮筒应轻拿轻放，避免碰撞，并及时搬运至罐外指定位置，采取必要的通风、防雨、防晒等措施。其次，在浮筒试漏及维修方面，应检查浮筒内部是否存有积液，如有积液则需使用工具开孔将积液排净，并进行清洗、蒸汽处理等，之后浮筒需进行气体检测合格后方可外送维修。

针对蒙皮、主梁、次梁、支腿和附件的拆除，作业人员应站在主梁骨架上，使用防爆工具沿着次梁骨线将蒙皮分割成小块拆除，随后将拆除的部件运出罐外。在拆除梁及支腿时，应依次拆除连接螺栓，注意观察剩余支腿和梁的稳固性，并搭设支撑架以防止倒塌事故的发生。拆除完成后，应进一步拆除罐内支撑架，确保整个作业过程安全有序。

4. 单、双盘内浮顶拆除要求

单、双盘内浮顶的拆除过程需遵循一系列严格要求，以确保作业的安全和有效性。首先，在拆除前需对浮舱进行检查，如发现漏点、密封不严或支腿处有存油，必须进行注水漂洗、抽取残油，并进行人工清理，确保作业环境清洁。其次，在拆除浮舱时，应按照上盖板、边缘板、隔板、下盖板及浮舱支腿的先后顺序进行施工，保证操作有序进行。最后，在拆除单、双盘内浮顶时，应按照同一方向进行切割，确保拆除过程规范、高效。这些要求综合考虑了作业流程中的安全性和操作规范，为拆除作业提供了清晰的指导。

5. 装配式有梁结构全接液内浮顶（包括浮箱式内浮顶、金属蜂巢式内浮顶等）拆除要求

装配式有梁结构全接液内浮顶的拆除需要按照严格的要求进行，以确保作业的安全性和有效性。对于浮力元件可单独拆除的情况，应先拆除浮力元件，再拆除框架梁，按照从边缘到中心逐步拆除的顺序进行操作。而对于浮力元件不可单独拆除

的情况，需要同步拆除浮箱和梁，搭建支撑架，并同样按照从边缘到中心逐步拆除的顺序进行操作。在浮箱的拆除过程中，可采用拆除螺栓、浸水扎孔或直接扎孔三种方式，优先选择罐内非扎孔方式，如需选择扎孔方式，应制订风险消减措施并严格执行，以确保操作的安全性和有效性。这些步骤综合考虑了内浮顶结构的特点和作业环境的实际情况，为拆除作业提供了清晰的指导。

6.装配式无梁结构全接液内浮顶（包括整体加强模块式内浮顶、玻璃钢内浮顶等）拆除要求

装配式无梁结构全接液内浮顶的拆除需要按照一系列严格的要求进行，以确保作业的安全和有效性。首先，在制定拆除方案时，根据故障状况需搭设支撑架固定内浮顶，以保持其稳定。接着，应使用防爆工具从边缘到中心逐步拆除浮力元件，确保操作有序进行。对于整体加强模块式内浮顶，应采用防爆扳手拆除螺栓的方式进行拆除。而对于玻璃钢内浮顶，需组织评估和制定拆除方案，拆除方式应符合相关要求。拆除完成后，方可拆除支撑架，确保整个拆除过程安全有序。这些步骤综合考虑了内浮顶结构的特点和作业环境的实际情况，为拆除作业提供了清晰的指导。

二、内浮顶罐检修作业主要风险

（一）中毒、窒息

罐内浮盘、密封圈等部件内残留有毒有害气体；通风不彻底；作业人员未按要求佩戴个人防护器具；未进行气体分析或气体分析不合格进行作业，存在中毒、窒息风险，主要涉及作业人员。

（二）火灾、爆炸

浮箱（浮舱、浮筒），密封囊带、采样管、切水器等处可能存在残留物料，泄漏后挥发形成爆炸性气体；现场作业人员未使用防爆工器具；能量隔离措施不到位；未对受限空间内进行气体分析或气体分析不合格进行作业；作业人员工作服、工作鞋不符合防静电要求等。主要涉及作业人员、现场监护及采样人员。

（三）机械伤害、物体打击

作业人员未按要求佩戴个人防护器具，抛掷工具、杂物，交叉作业等。主要涉及作业人员、现场监护及管理人员。

（四）触电

用电设备、设施不完好，电工未按用电规程作业等。主要涉及作业人员、现场监护及管理人员。

（五）高处坠落

搭拆脚手架或拆装浮顶部件过程中存在高处坠落风险。主要涉及作业人员。

（六）硫化亚铁自燃

储存硫含量较高的油品的储罐会发生硫腐蚀，产生硫化亚铁，在人孔打开或内部清淤等过程中存在硫化亚铁自燃风险。主要涉及作业人员。

（七）坍塌

内浮顶结构不稳固可能造成坍塌。主要涉及作业人员。

三、内浮顶罐检修作业管控措施

在进行本体及附件检修时，安全要求包括多个方面。检修前必须确认能量隔离，确保工作环境安全。其次，在储罐顶板、底板、壁板的拆除、预制组装、附件拆除安装等作业过程中，必须确保结构稳固，工序正确，并执行相关的安全标准和要求，如 AQ 3053—2015《立式圆筒形钢制焊接储罐安全技术规范》、SY/T 5921—2024《立式圆筒形钢制焊接油罐井运行维护修理规范》。而且防腐作业应优先选用水性涂料或无溶剂涂料，喷枪应进行等电位连接，且防腐作业应单独实施，不与其他作业交叉进行，执行 GB/T 50393—2017《钢质石油储罐防腐蚀工程技术标准》要求。在搭设和拆除作业现场脚手架时，应执行 GB 55023—2022《施工脚手架通用规范》要求。射线作业应在现场划定警戒区域，并设专人警戒，同时设置警告标志，确保工作安全进行。

对于作业过程中的人员管控，储罐经过置换且气体检测合格后方可进入储罐作业，作业过程中应使用便携式气体检测报警仪或移动式气体检测报警仪进行连续检测，当检测仪报警时，应立即停止作业并撤出储罐，当确认储罐内气体含量超标导致检测仪报警时，应重新对罐内进行通风置换或蒸煮，气体检测合格后，方可再次进罐作业。进入储罐前，作业人员应使用静电消除器等方式消除人体静电。其次要严格控制储罐内作业人数，在进行拆除密封带、浮顶扎孔、涂装等有可能释放易燃、易爆、有毒、有害介质的内作业时，作业人员不应超过 3 人，其他情况下不应超过 9 人。储罐内作业人员应定时进行轮换，进出储罐时应做好人员，设备及工器具的登记、清点和核对工作。高温天气或高温环境下应采取防暑降温措施，而在极端天气条件下，不应进行动火、受限空间、高处、吊装等危险作业。作业现场应避免垂直交叉作业，并且同一位置的浮顶上、下层不应同时作业。内浮顶罐具体管控措施如下：

（一）工艺处置

各企业应在作业前编制工艺处理方案，对计划检维修的内浮顶储罐及附属管线进行工艺处理和能量隔离，确保满足作业安全要求。

（1）与储罐连接的所有工艺管线应采用加盲板或拆除一段管道并在介质侧加装盲法兰的方式隔离。

（2）半固定消防泡沫系统应与储罐保持连通，紧急情况时确保储罐消防设施及时投用。

（3）与储罐连接的固定泡沫系统应采取可靠措施，防止消防泡沫系统发生可燃介质互窜。

（4）储罐油品转空后，应将储罐附属设施断电隔离。附属设施主要包括传感器、联锁保护系统、外加电源阴极保护系统等。

（5）储罐液位降到低液位报警值时，应将搅拌器等电气设备断电隔离，并上锁挂签。

（6）气体检测执行第三章规定内容。

（二）清罐

1. 清罐作业方式

（1）储罐清理应优先选择机械清罐方式，不具备条件的采用人工清罐方式。

（2）罐底表面、罐内各管线管口、附件管口内介质应清理干净。

2. 机械清罐安全要求

机械清罐的安全要求如下：

（1）在罐内物料移送的过程中，当内浮顶和液面间出现气层时，应暂时停止移送，开始注入惰性气体保护。

（2）惰性气体应连续注入，氧气浓度达到 8% 且处于上升倾向时，应增加注入量，氧气浓度处于下降倾向时，应减少注入量，氧气浓度应保持在 8% 以下。

（3）清洗设备应配备在线检测仪，能够连续动态监测罐内氧气浓度和可燃气体浓度。

（4）清洗设备、电气设备、临时设置管线的连接部位应安装铜质接地线，其端部应连接在储罐接地线上，每个法兰连接口应采用铜质导线进行跨接。

3. 人工清罐安全要求

人工清罐的安全要求如下：

清罐应采用水漂洗蒸汽蒸煮进行清洗；通过切水管道或人孔向罐内注入清水，水流应保持缓慢、不应呈喷射状态；水漂洗应至罐底水面没有浮油为止；采用蒸汽蒸煮时，应使用低压蒸汽，并应防止储罐冷却造成负压损坏设备；内浮顶部件为橡胶纤维织物等不耐热材质时，不应长时间蒸煮，蒸煮温度不应高于80℃，且不应超过储罐设计的最高工作温度。

（三）现场施工人员管控

（1）进入作业现场的施工人员要正确穿戴个体防护用品，满足 GB 39800.1—2020《个体防护装备配备规范》的要求；内浮顶储罐在清理、拆除过程中，存有易燃易爆、有毒有害介质泄漏风险时，要根据实际选用可靠适用的个体防护装备。

（2）未经清理的罐内作业人数宜控制在 3 人以内。

（3）罐内作业人员应定期轮换，进出时做好人员和工机具登记，连续作业 1h 需出罐休息 15～20min。

（4）现场避免交叉作业，无作业监护人不得进行作业，必要时安排专职消防人员现场值守。

（5）高温天气应采取防暑降温措施，大风、雷雨等恶劣天气，禁止储罐检修作业。

（四）设备、工器具、照明及通信

（1）作业前应对设备、工器具进行检查，验收合格方可使用。

（2）有易燃易爆介质存在的作业现场，应采用防爆的工器具、照明和通信器材，进入储罐作业的防爆照明电压不应超过 12V。

（3）电气设备应满足作业现场防爆等级要求，临时用电线路及设备应有良好的绝缘及防磨损保护措施，临时用电设施应安装符合规范要求的漏电保护器。

（五）防静电

（1）作业人员应穿防静电工作服和防静电工作鞋，严禁穿化纤服装（含内衣），严禁使用化纤抹布、绳索等。

（2）施工人员进罐前应触摸静电消除器，消除自身静电。

（3）施工人员严禁携带个人物品（防爆工具除外），进罐后禁止穿脱衣服、鞋靴、安全帽，禁止梳头。

（4）引入储罐的临时管线应使用导出静电的材质，管线喷嘴是金属材质的应与作业储罐等电位连接，严禁使用绝缘管。

（5）严禁使用汽油、苯类等易燃溶剂对设备、器具进行清洗（储罐在机械清洗中，同种油品清洗搅拌除外）。

（6）储罐内严禁使用塑料桶等绝缘容器。

（六）防硫铁化合物自燃

（1）涉及硫铁化合物自燃风险的储罐在清洗前应采用钝化法、隔离法、清洗法等方法进行防控，首选钝化法。

（2）涉及硫铁化合物自燃风险的储罐人孔打开后，应保持罐内湿润状态。

（3）清罐残渣和拆除的含油部件应保持水润湿，立即转运并无害化集中处置，禁止在罐内集中堆放，防止自燃。

（七）通风

（1）采用防爆轴流风机（或气动抽风机）。

（2）应根据实际在罐顶透光孔、内浮顶上、下罐壁人孔安装防爆轴流风机，采用上抽下进方式，形成内浮顶上、下空气对流。

（3）通风置换时间不小于24h，作业期间应连续通风。

（4）储罐通风量可参照SY/T 5921—2024《立式圆筒形钢制焊接油罐井运行维护修理规范》的要求，应尽可能选用大风量防爆轴流风机。

（八）气体分析

气体检测在第四章已详细介绍，此处不做解释。

第三节　其他特殊情况下的受限空间作业

除了反应器无氧卸剂、内浮顶储罐检修作业之外，以下几种也是特殊情况下的受限空间作业。

一、高压石油储罐内部检修

高压石油储罐内部检修是一个需要高度警惕和谨慎的作业，其需要工作人员进入高压石油储罐内部进行检修、清洁或修复工作，如在一个炼油厂中，工作人员需要进入高压石油储罐内部，进行检查和维修工作，确保储罐的安全运行，这可能涉及使用特殊的安全装备和程序。而在实际情况中，工作人员会在进入储罐之前接受全面的安全培训，并且必须穿戴适当的个人防护装备，如防爆服、安全带和呼吸器等。在进入储罐前，通常会对其进行彻底的检查，确保没有任何潜在的危险或安全隐患。作业过程中，工作人员可能需要使用特殊的工具和设备，如气体检测仪器、防爆工具等，以确保作业环境的安全性和稳定性。此外，工作人员之间的密切合作和沟通也是确保作业成功和安全完成的关键因素之一。

二、化工装置内部清洁作业

化工装置内部清洁作业是一项需要谨慎和细致的任务，要求工作人员进入化工装置内部清洁残留物或化学品，确保装置的安全运行，可能会面临有毒气体、高温等各种危险。在实际情况中，工作人员通常会接受全面的安全培训，并且必须穿戴适当的个人防护装备，如防毒面具、防爆服等。在进入装置前，通常会进行彻底的安全检查，并确保装置内部的通风系统正常运行。作业过程中，工作人员可能需要使用特殊的清洁剂和工具，以确保彻底清洁装置内部的残留物。此外，密切的沟通和协作也是确保作业安全和有效的关键因素之一。

这些作业都需要在特殊环境下进行，如高压石油储罐内部检修、油井深处维修和化工装置内部清洁作业等。因此，作业人员在进行这些作业之前，需要充分了解作业要求和安全措施，确保安全作业，避免事故发生。同时，相关单位和人员也应该注重管理和监督，提升作业人员的培训水平和应急能力，确保安全作业的常态化。

第六章 应急处置

第一节 受限空间事故应急预案与应急演练

受限空间作业环境复杂、危险因素多样,一旦发生事故,往往后果严重,甚至可能造成群死群伤。血的教训警示我们,科学有效的应急预案和常态化的应急演练是保障作业人员生命安全的关键防线。

本节将重点探讨受限空间事故应急预案编制及演练的组织与实施。通过系统化的预案设计和实战化的演练,能够显著提升作业人员的风险意识、自救互救能力及团队的协同救援效率。希望通过本节内容的阐述,帮助企业和从业人员深刻认识到预案与演练的重要性,切实将"预防为主、防救结合"的理念落到实处,为受限空间作业筑起一道坚实的安全屏障。

一、受限空间应急救援预案编制

受限空间应急预案是一种针对受限空间作业中可能出现的危险情况的应对方案,其作用是限制紧急事件的范围,尽可能消除事件或尽量减少事件造成的人、财产和环境的损失。紧急事件是指可能对人员、财产或环境等造成重大损害的事件。

由于受限空间作业危害性大,事故发展快,因此更需要编制完善的应急救援预案,而制定应急救援预案是为了发生事故时能以最快的速度发挥最大的效能,有组织、有秩序地实施救援行动,尽快控制事态的发展,降低事故造成的危害,减少事故损失。

受限空间应急预案在不同单位应该属于专项应急预案或者现场处置方案两种,下面分别对其进行介绍。

(一)专项应急预案的编制与实施

专项应急预案是针对具体的事故类别(如火灾、中毒和窒息等事故)、危险源和应急保障而拟定的计划或方案。专项应急预案应制定明确的救援程序和具体的应急救援措施。

专项应急预案是针对具体的事故类别（如火灾、中毒和窒息等事故）、危险源和应急保障而拟定的计划或方案。专项应急预案应制订明确的救援程序和具体的应急救援措施。

1. 事故风险分析

针对受限空间中可能发生的事故风险，分析事故发生的可能性及严重程度、影响范围等。重点识别可能对个人造成直接伤害的事故类型，包括但不限于：

（1）中毒和窒息：受限空间通风不良，有毒有害气体积聚或氧气不足，作业人员进入后易发生中毒和窒息。其严重程度取决于有毒有害气体的种类、浓度及作业人员的防护措施。一旦发生，可能导致人员伤亡。

（2）火灾和爆炸：受限空间内存在可燃物质且通风不畅，遇到点火源或静电火花时易引发火灾或爆炸。可能导致重大人员伤亡和财产损失。

（3）机械伤害：作业设备故障或操作失误引发的挤压、切割等伤害。

（4）其他事故：高温、低温、潮湿等环境条件引发的事故可能性较低，严重程度因具体环境条件而异。

2. 应急指挥机构及职责

应急组织机构应明确组织形式、构成单位或人员，并尽可能以结构图的形式表示出来。同时，指挥机构应根据事故类型，明确应急救援指挥机构总指挥及各成员单位或人员的具体职责。应急救援指挥机构可以设置相应的应急救援工作小组明确各小组的工作任务及主要负责人职责。应建立社会联动机制，明确与外部救援单位（如消防、医疗、环保部门）的协作流程，包括信息通报、资源调配和联合行动方案，确保事故发生时能够快速启动跨部门协同响应。

3. 处置程序

明确事故及事故险情信息报告程序和内容、报告方式和责任等。根据事故响应级别，具体描述事故接警报告和记录、应急指挥机构启动、应急指挥、资源调配、应急救援、扩大应急等应急响应程序。在处置程序中需纳入岗位应急处置要求：

（1）一线作业人员：立即停止作业，启动紧急报警装置，在确保自身安全的前提下实施初步救援（如通风、断电）。

（2）监护人员：核实事故信息并上报，组织现场人员疏散，设置警戒区域。

（3）救援小组：按预案携带专用装备进入受限空间，实施专业救援并实时监测环境风险。

在受限空间应急预案中,分级响应机制设计至关重要。当事故超出岗位处置能力或影响范围扩大时,响应从岗位级升至企业级;若事故扩散至企业外部或威胁公共安全,则响应升至地方级。信息传递遵循自下而上原则,岗位→企业安全部门→地方政府应急管理局,重大事故需 1h 内直报;同时,企业与地方环保、消防部门需实时共享监测数据。指挥权限移交方面,企业级响应时,地方政府派员进驻企业指挥部协同指挥;地方级响应时,政府指挥部接管企业指挥权,企业转为执行层。

4. 处置措施

针对可能发生的事故风险、事故危害程度和影响范围,制订相应的应急处置措施,明确处置原则和具体要求。具体应急处置应包括以下内容:

(1) 中毒与窒息:立即启动强制通风系统,使用正压式空气呼吸器救援受困人员,转移至通风处进行心肺复苏。

(2) 火灾与爆炸:切断电源和可燃物源,使用防爆型灭火器材扑救初期火情,避免盲目进入火场。

(3) 机械伤害:紧急制动设备,采用液压破拆工具解救被困人员,避免二次伤害。

(4) 社会联动支援:根据事故等级请求外部专业救援力量介入,协调医疗机构开通绿色通道,配合政府部门开展环境监测与舆情管理。

(二) 现场处置方案的具体编制与实施

现场处置方案是针对具体装置、场所或设施、岗位所制订应急处置措施。现场处置方案应具体、简单、针对性强。现场处置方案应根据风险评估及危险性控制措施逐一编制,做到事故相关人员应知应会,熟练掌握,并通过应急演练,做到迅速反应,正确处置。

1. 事故风险分析

简述事故风险评估的结果,准确地辨识空间的危害,比如空间内的有毒有害气体、内部结构等。

2. 应急工作职责

根据现场工作岗位、组织形式及人员构成,明确各岗位人员的应急工作分工和职责。应急自救组织形式及人员构成情况,救援人员的选择至关重要,应选择合格的救援人员，包括救援人员对救援方法、急救技能的掌握等均须经过评估。

3. 应急处置

应急处置主要包括以下内容：

（1）事故应急处置程序。根据可能发生的事故及现场情况，明确事故报警、各项应急措施启动、应急救护人员的引导、事故扩大及同应急预案的衔接程序。包括生产安全事故应急救援预案、消防预案、环境突发事件应急预案、供电预案、特种设备应急预案等。

（2）现场应急处置措施。从人员救护、工艺操作、事故控制、消防、现场恢复等方面制订明确的应急处置措施，尽可能详细简明扼要、可操作性强，写明报警方式和详细的信息沟通途径，包括监护人使用什么沟通工具，或最近的报警按钮。

（3）明确报警负责人及报警电话，与上级管理部门、相关应急救援单位联络方式和联系人员，事故报告基本要求和内容。

（4）注意事项。主要包括个人防护器具的佩戴、抢险救援器材的使用、救援对策或措施的采取、现场自救和互救、现场应急处置能力确认和人员安全防护及其他需要特别警示方面的事项。

（三）受限空间应急准备工作

在进行受限空间作业前，应急准备是确保作业安全顺利进行的关键环节。由于受限空间作业环境复杂，存在诸多未知和潜在的危险因素，一旦发生事故，后果往往十分严重。因此，为了保障作业人员的生命安全，降低事故风险，石油石化生产经营单位必须高度重视应急准备工作。

1. 日常应急准备工作

（1）风险辨识。生产经营单位按照有关法规标准要求，对本单位受限空间作业风险进行辨识，确定受限空间数量、位置及危险有害因素等，对辨识出的受限空间，设置明显的安全警示标志和警示说明，警示说明包括辨识结果、个体防护要求、应急处置流程等内容。

（2）预案编制。根据风险辨识结果，生产经营单位组织编制本单位受限空间作业事故应急预案或现场处置方案（应急处置卡），或将受限空间作业事故专项应急预案并入本单位综合应急预案，明确人员职责，确定事故应急处置流程，落实救援装备和相关内外部应急资源。应急预案与相关部门和单位应急预案衔接，并按照有关法规标准要求通过评审或论证。

（3）应急演练。生产经营单位将受限空间作业事故应急演练纳入本单位应急演练计划，组织开展桌面推演、现场实操等形式的演练，提高受限空间作业事故应急救援能力。应急演练结束后，对演练效果进行评估，撰写评估报告，分析存在的问题，提出改进措施，修订完善应急预案或现场处置方案（应急处置卡）。

（4）装备配备。生产经营单位针对本单位受限空间危险有害因素及作业风险，配备符合国家法规制度和标准规范要求的应急救援装备，如便携式气体检测报警仪、正压式空气呼吸器、安全带、安全绳和医疗急救器材等，建立管理制度加强维护管理，确保装备处于完好可靠状态。

（5）教育培训。生产经营单位将受限空间作业事故安全施救知识技能培训纳入本单位安全生产教育培训计划，定期开展有针对性的受限空间作业风险、安全施救知识、应急救援装备使用和应急救援技能等教育培训，确保受限空间作业现场负责人、监护人员、作业人员和救援人员了解和掌握受限空间作业危险有害因素和安全防范措施、应急救援装备使用、应急处置措施等。

2. 作业前应急准备工作

（1）明确应急处置措施。生产经营单位对作业环境进行评估，检测和分析存在的危险有害因素，明确本次受限空间作业应急处置措施并纳入作业方案，确保作业现场负责人、监护人员、作业人员、救援人员了解本次受限空间作业的危险有害因素及应急处置措施。

（2）确定联络信号。作业现场负责人会同监护人员、作业人员、救援人员根据受限空间作业环境，明确声音、光、手势等一种或多种作为安全、报警、撤离、支援的联络信号。有条件的可以使用符合当前作业安全要求的即时通信设备，如防爆对讲机等。

（3）检查装备。结合受限空间辨识情况，作业前，救援人员正确选用应急救援装备，并检查确保处于完好可用状态，发现存在问题的应急救援装备，立即修复或更换。

二、受限空间应急演练

受限空间应急演练主要是为了应对在受限空间环境中可能出现的危险情况，按照应急救援预案而组织实施的预警、应急响应、指挥与协调、现场处置与救援、评估总结等活动。应急演练工作应符合以下要求：

（1）应急演练工作必须遵守国家相关法律法规、标准的有关规定，应纳入本单位应急管理工作的整体规划、按照规划组织实施。

（2）应急演练应结合本单位受限空间中的危险源、危险、有害因素和易发事故的特点，根据应急救援预案或特定应急程序组织实施。

（3）根据需要合理确定应急演练类型和规模，制定应急演练过程中的安全保障方案和措施。

（4）应急演练应周密安排、结合实际、从难从严、注重过程、实事求是、科学评估，不得影响和妨碍生产系统的正常运转及安全。

（一）受限空间应急演练的分类及目的

对于受限空间预案，企业应每年至少进行一次应急演练，辨识并且改正在程序、装备、培训或资源方面存在的不足，应确保参加此次进入受限空间作业的救援人员都进行过应急演练。针对特殊受限空间作业应在作业前针对特殊受限空间作业预案进行一次针对性演练。演练可采用现场演练和桌面演练的形式，外部救援人员若参与企业救援活动，应具有相应的资质。企业可考虑举行外部救援人员的演练。

1. 现场演练

现场演练则更加接近于真实的应急响应行动，通常是在符合安全规定的条件下，组织所有或部分应急力量进行的实地操练，具有真实感和实效性，可以检验应急救援人员的实际操作能力和应急物资和装备的可靠性，并按照应急预案组织实施预警、应急响应、指挥与协调、现场处置与救援等应急行动和应对措施的演练活动。

现场演练的目的是检验应急预案规定的预警、应急响应、处置与救援、应急保障等应急行动或应对措施的针对性、时效性、协调性、可靠性，提高应急人员应对突发事件的实战能力。

2. 桌面演练

桌面演练则是在室内会议桌面（图纸、沙盘、计算机系统）上，通过讨论、模拟和角色扮演等方式，对受限空间可能出现的紧急情况进行推理和应对，以检验应急预案的可行性和完善性。按照应急预案模拟实施预警、应急响应、指挥与协调、现场处置与救援等应急行动和应对措施的演练活动。

桌面演练的目的是检验和提高应急预案规定应急机制的协调性、应急程序的合理性、应对措施的可靠性。

（二）应急演练的实施

应急演练的实施是受限空间应急演练中至关重要的一环。以下是受限空间应急演练实施的具体步骤。

1. 现场应急演练的实施

（1）熟悉演练方案。应急演练领导小组正、副组长或成员召开会议，重点介绍有关应急演练的计划安排，了解应急预案和演练方案，做好各项准备工作。

（2）安全措施检查。确认演练所需的工具、设备、设施及参演人员到位。对应急演练安全保障方案及设备、设施进行检查确认，确保安全保障方案的可行性，安全设备、设施的完好性。

（3）组织协调。应在控制人员中指派必要数量的组织协调员，对应急演练过程进行必要的引导，以防出现发生意外事故。组织协调员的工作位置和任务应在应急演练方案中作出明确的规定。

（4）紧张有序开展应急演练。应急演练总指挥下达演练开始指令后，参演人员针对情景事件，根据应急预案的规定，紧张有序地实施必要的应急行动和应急措施，直至完成全部演练工作。

（5）注意事项：

① 应急演练过程要力求紧凑、连贯，尽量反映真实事件下采取预警、应急处置与救援的过程。

② 应急演练应遵照应急预案有序进行，同时要具有必要的灵活性。

③ 应急演练应重视评估环节，准确记录发现的问题和不足，并实施后续改进。

④ 应急演练实施过程应做必要的评估记录，包括文字、图片和声像记录等，以便对演练进行总结和评估。

2. 桌面应急演练的实施

桌面应急演练的实施可以参考现场应急演练实施的程序，但是由于桌面应急演练的组织形式、开展方式与现场应急演练不同，其演练内容主要是模拟实施预警、应急响应、指挥与协调、现场处置与救援等应急行动和应对措施，因此需要注意以下问题：

（1）桌面应急演练一般设一名主持人，可以由应急演练的副总指挥担任，负责引导应急演练按照规定的程序进行。

（2）桌面应急演练可以在实施过程中加入讨论的内容，以便于验证应急预案的可操作性、实用性，做出正确的决策。

（3）桌面应急演练在实施过程中可以引入视频，对情景事件进行渲染，引导情景事件的发展，推动桌面应急演练顺利进行。

（三）应急演练的评估和总结

1. 应急演练讲评

应急演练的讲评必须在应急演练结束后立即进行。应急演练组织者、控制人员和评估人员以及主要演练人员应参加讲评会。

评估人员对应急演练目标的实现情况、参演队伍及人员的表现、应急演练中暴露的主要问题等进行讲评，并出具评估报告。对于规模较小的应急演练，评估也可以采用口头点评的方式。

2. 应急演练总结

应急演练结束后，评估组汇总评估人员的评估总结，撰写评估总结报告，重点对应急演练组织实施中发现的问题和应急演练效果进行评估总结，也可对应急演练准备、策划等工作进行简要总结分析。

应急演练评估总结报告通常包括以下内容：

（1）本次应急演练的背景信息。

（2）对应急演练准备的评估。

（3）对应急演练策划与应急演练方案的评估。

（4）对应急演练组织、预警、应急响应、决策与指挥、处置与救援、应急演练效果的评估。

（5）对应急预案的改进建议。

（6）对应急救援技术、装备方面的改进建议。

（7）对应急管理人员、应急救援人员培训方面的建议。

（四）应急演练的修改完善与改进

根据应急演练评估报告对应急预案的改进建议，由应急预案编制部门按程序对预案进行修改完善。

应急演练结束后，组织应急演练的部门（单位）应根据应急演练评估报告、总结报告提出的问题和建议，督促相关部门和人员，制订整改计划，明确整改目标，制订整改措施，落实整改资金，并跟踪督查整改情况。

第二节 救援行动的要素

受限空间事故关键在于预防，要尽量避免发生紧急意外而进行救援。据调查，在受限空间作业事故中，救援不当导致伤亡人数增多的情况占比近80%，而救援人员占事故致死人数的比例更是超过50%，因此开展有效的救援行动对减少事故损失具有重要的意义。

一、救援行动的要素

为防范因施救不当或盲目施救导致事故伤亡扩大现象发生，切实提高事故救援效率，保障救援人员的安全与健康，救援人员要掌握受限空间作业救援的关键要素，确保救援行动快速有效地开展。

（一）判断事故类型

受限空间作业监护人员、应急救援人员应结合作业现场气体检测结果，判断事故危害类型为中毒窒息类或其他类型，了解受困人员状态。

（1）中毒窒息事故救援。当事故危害类型判断为中毒窒息事故或进入受限空间实施救援行动过程中存在中毒窒息风险时，救援人员必须正确携带便携式气体检测设备、隔绝式正压呼吸器、通信设备、安全绳索等装备后，方可进入受限空间实施救援。

（2）非中毒窒息事故救援。当事故危害类型判断为触电、高处坠落等非中毒窒息事故且进入受限空间实施救援行动过程中不存在中毒窒息风险时，救援人员必须正确携带相应侦检设备、通信设备、安全绳索等装备后，方可进入受限空间实施救援。

（二）持续通风

打开受限空间人孔、手孔、料孔、风门、烟门等与外部相连通的部件进行自然通风，必要时使用机械通风设备向受限空间内输送清洁空气，直至事故救援行动结束。当受限空间内含有易燃易爆气体或粉尘时，应使用防爆型通风设备。

（三）气体检测

采用气体检测设备设施，对受限空间内气体进行实时检测，掌握受限空间内气体组成及其浓度变化情况。

（四）保持联络

救援人员进入受限空间实施救援行动过程中，应按照事先明确的联络信号，与受限空间外部人员进行有效联络，保持通信畅通。同时，及时疏散事故现场围观人员和有可能影响事故救援行动的车辆等，根据救援行动实际需要设置事故警戒区域，防止无关人员和车辆进入事故现场。

（五）撤离危险区域

救援人员应时刻注意隔绝式正压呼吸器压力变化情况，根据撤出受限空间所需时间及时撤离危险区域。当隔绝式正压呼吸器发出报警时，应立即撤离危险区域。

（六）轮换救援

救援需持续时间较长时，为确保救援任务顺利完成，应科学分配救援人员，组织梯次轮换救援，保持救援人员体力充足、呼吸器压力足够，能够持续开展救援行动。

（七）医疗救护

将受困人员救出后，移至通风良好处，及时送医治疗，防止发生二次伤害。在条件允许的情况下，具有医疗救护资质或具备急救技能的人员，应对救出人员及时采取正确的救护措施。

（八）后续处置

救援行动结束后，应及时清理事故现场残留的有毒有害物质，检查被污染的设备、工具等，清点核实现场人员，对参与救援行动的人员进行健康检查。

二、救援要求与要领

事故发生后，应按照以下优先顺序采取应急救援行动：第一，受困人员保持清醒和冷静，充分利用所携带的个体防护装备和周边设备设施开展自救互救；第二，救援人员在受限空间外部通过施放绳索等方式，对受困人员进行施救；第三，救援人员在正确佩戴个体防护装备，确保自身安全的前提下，进入或接近受限空间对受困人员进行施救。

（一）第一时间自救

作业人员在作业中如发现情况异常或感到不适和呼吸困难时，应立即向作业监护人发出信号，迅速撤离现场，严禁在有毒、窒息环境中摘下防护面罩。

当作业过程中出现异常情况时，作业人员在还具有自主意识的情况下，应采取积极主动的自救措施。作业人员可使用隔绝式紧急逃生呼吸器等救援逃生设备，提高自救成功效率［图6-1（a）］。

如果作业人员自救逃生失败，若现场具备自主救援条件，应根据实际情况采取非进入式救援或进入式救援方式。若现场不具备自主救援条件，应及时拨打119和120，依靠专业救援力量开展救援工作，绝不允许强行施救。及时疏散事故现场围观人员和有可能影响事故救援行动的车辆等，根据救援行动实际需要设置事故警戒区域，防止无关人员和车辆进入事故现场。

（二）非进入式救援

非进入式救援［图6-1（b）］是指救援人员在受限空间外，借助相关设备与器材，安全快速地将受限空间内受困人员移出受限空间的一种救援方式。非进入式救援是一种相对安全的应急救援方式，但需至少同时满足以下两个条件：

（1）受限空间内受困人员佩戴了全身式安全带，且通过安全绳与受限空间外的挂点可靠连接。

（2）受限空间内受困人员所处位置与受限空间进出口之间通畅、无障碍物阻挡。

（三）进入式救援

当受困人员未佩戴全身式安全带，也无安全绳与受限空间外部挂点连接，或因受困人员所处位置无法实施非进入式救援时，就需要救援人员进入受限空间内实施救援。进入式救援［图6-1（c）］是一种风险很大的救援方式，一旦救援人员防护不当，极易出现伤亡扩大。

实施进入式救援，要求救援人员必须采取科学的防护措施，确保自身防护安全、有效。同时，救援人员应经过专门的受限空间救援培训和演练，能够熟练使用防护用品和救援设备设施，并确保能在自身安全的前提下成功施救。若救援人员未得到足够防护，不能保障自身安全，则不得进入受限空间实施救援。

进入式救援要满足以下救援要求：

（1）保持联络。救援人员进入受限空间实施救援行动过程中，应按照事先明确的联络信号，与受限空间外部人员进行有效联络，保持通信畅通。

（2）撤离准备。救援人员应时刻注意隔绝式正压呼吸器压力变化情况，根据撤出受限空间所需时间及时撤离危险区域。当隔绝式正压呼吸器发出报警时，应立即撤离危险区域。

（3）轮换救援。救援需持续时间较长时，为确保救援任务顺利完成，应科学分配救援人员，组织梯次轮换救援，保持救援人员体力充足、呼吸器压力足够，能够持续开展救援行动。

若现场不具备自主救援条件，应及时拨打消防和医疗急救电话，借助专业救援力量开展救援工作，绝不允许强行施救。

受困人员脱离受限空间后，应迅速将其转移至安全、空气新鲜处，进行正确、有效的现场救护，以挽救人员生命，减轻伤害。

(a) 自救　　(b) 非进入式救援　　(c) 进入式救援

图 6-1　受限空间事故应急救援

在空间允许的条件下，应尽可能由两人同时进入并应配安全带和救生索。应明确监护人员与救援人员的联络方法，且至少有一人在受限空间外部负责看护、联络，并应配备救生和急救设备。受困人员脱离受限空间后，应迅速被转移至安全、空气新鲜处，进行正确、有效的现场救护，以挽救人员生命，减轻伤害。

第三节　人员救护

本节聚焦于受限空间内常见伤病的急救原则与实操方法，旨在为从业者、安全管理人员及应急救援人员提供科学、系统的应急指导。内容涵盖窒息与缺氧、中毒、外伤、高温高湿环境伤害等典型场景的识别与处置，通过掌握本节技能，读者将提升对突发事件的响应效率,在保障自身安全的前提下,最大限度挽救生命、降低伤残风险,为专业救援争取黄金时间。

一、创伤急救

创伤(Trauma)是外界因素引起人体组织或器官的破坏。在受限空间作业过程中通常会因高处坠落,机械伤害及物体打击等危害因素导致创伤。

(一)创伤分类

根据是否与外界相通而划分,可分为两种:闭合性创伤和开放性创伤。

1. 闭合性创伤

表现为受伤局部疼痛、肿胀、淤血及血肿。疼痛剧烈时可引起晕厥或休克;若受伤部位深组织或器官同时有破坏,可有内出血而出现一系列休克的症状,如四肢湿冷、呼吸急促而浅、意识障碍、脉搏快、血压低、尿量减少等。若有骨折或脱位,则受伤部位出现畸形及功能障碍。

2. 开放性创伤

局部的伤口是最突出的临床表现,伤口内有不同程度的外出血;若开放伤口深及脏器或深部血管,可有内出血。休克常是严重开放性创伤的主要临床表现。

(二)创伤急救方法

创伤急救原则上是先抢救,后固定,再搬运,并注意采取措施,防止伤情加重或污染。需要送医院救治的,应立即做好保护伤员措施后送医院救治。抢救前先使伤员安静躺平,判断全身情况和受伤程度,如有无出血、骨折和休克等。外部出血立即采取止血措施,防止失血过多而休克。外观无伤,但呈休克状态,神志不清,或昏迷者,要考虑胸腹部内脏或脑部受伤的可能性。防止伤口感染,应用清洁布片覆盖。救护人员不得用手直接接触伤口,更不得在伤口内填塞任何东西或随便用药。搬运时应使伤员平躺在担架上,腰部束在担架上,防止跌下。平地搬运时伤员头部在后,上楼、下楼、下坡时头部在上,搬运中应严密观察伤员,防止伤情突变。

1. 止血

(1)伤口渗血:用较伤口稍大的消毒纱布数层覆盖伤口,然后进行包扎。若包扎后仍有较多渗血，可再加绷带适当加压止血。

（2）伤口出血呈喷射状或鲜红血液涌出时，立即用清洁手指压迫出血点上方（近心端），使血流中断，将出血肢体抬高或举高，以减少出血量。

（3）用止血带或弹性较好的布带等止血时，应先用柔软布片或伤员的衣袖等数层垫在止血带下面，再扎紧止血带以使肢端动脉搏动消失为宜。上肢每60min，下肢每80min放松一次，每次放松1~2min。开始扎紧与每次放松的时间均应书面标明在止血带旁。扎紧时间不宜超过四小时。不要在上臂中三分之一处和肢窝下使用止血带，以免损伤神经。若放松时观察已无大出血可暂停使用。

注：严禁用电线、铁丝、细绳等作止血带使用。

（4）高处坠落、撞击、挤压可能有胸腹内脏破裂出血。受伤者外观无出血但常表现面色苍白、脉搏细弱、气促、冷汗淋漓、四肢厥冷、烦躁不安，甚至神志不清等休克状态，应迅速躺平，抬高下肢，保持温暖，速送医院救治。若送院途中时间较长，可给伤员饮用少量糖盐水。

2. *骨折*

（1）肢体骨折可用夹板或木棍、竹竿等将断骨上、下两个关节固定，也可利用伤员身体进行固定，避免骨折部位移动，以减少疼痛，防止伤势恶化。

（2）开放性骨折，伴有大出血者，先止血，再固定，并用干净布片覆盖伤口，然后速送医院救治。切勿将外漏的断骨推回伤口内。

（3）疑有颈椎损伤，在使伤员平卧后，用沙土袋（或其他代替物）放置头部两侧使颈部固定不动。必须进行口对口呼吸时，只能采用抬头使气道通畅，不能再将头部后仰移动或转动头部，以免引起截瘫或死亡。

（4）腰椎骨折应将伤员平卧在平硬木板上，将腰椎躯干及两侧下肢一同进行固定预防瘫痪。搬动时应数人合作，保持平稳，不能扭曲。

3. *颅脑外伤*

（1）应使伤员采取平卧位，保持气道通畅，若有呕吐，应扶好头部和身体，使头部和身体同时侧转，防止呕吐物造成窒息。

（2）耳鼻有液体流出时，不要用棉花堵塞，可轻轻拭去，以利降低颅内压力。也不可用力擤鼻，排出鼻内液体，或将液体再吸入鼻内。

颅脑外伤时，病情可能复杂多变，禁止给予饮食，速送医院诊治。

二、高温中暑急救

高温中暑是在气温高、湿度大的环境中，从事重体力劳动，发生体温调节障碍，水、电解质平衡失调，心血管和中枢神经系统功能紊乱为主要表现的一种综合征。受限空间作业多数为通风不良的密闭空间，作业人员在施工过程中极易出现高温中暑。

（一）中暑表现

（1）中暑先兆：在高温环境下活动一段时间后，出现乏力、大量出汗、口渴、头痛、头晕、眼花、耳鸣、恶心、胸闷、体温正常或略高。

（2）轻度中暑：除以上症状外，有面色潮红、皮肤灼热、体温升高至38℃以上，也可伴有恶心、呕吐、面色苍白、脉率增快、血压下降、皮肤湿冷等早期周围循环衰竭表现。

（3）重症中暑：除轻度中暑表现外，还有热痉挛、腹痛、高热昏厥、昏迷、虚脱或休克表现。

（二）中暑急救方法

作业人员应时刻关注自身健康状态，如出现中暑先兆或轻度中暑的状态，应及时脱离高温环境至阴凉处、通风处静卧，观察体温、脉搏呼吸、血压变化。服用防暑降温剂：仁丹、十滴水或藿香正气散等。并补充含盐清凉饮料：淡盐水、冷西瓜水、绿豆汤等，经以上处理即可恢复。应严密观察意识、瞳孔等变化，头置冰供暖或冰帽，以冷水洗面及颈部，以降低体表温度，有意识障碍呈昏迷者，要注意防止因呕吐物误吸而引起窒息，将病人的头偏向一侧，保持其呼吸道通畅。及时送医院治疗。

三、心肺复苏

心肺复苏（Cardiopulmonary Resuscitation，CPR）是针对心跳、呼吸停止所采取的抢救措施，即用心脏按压或其他方法形成暂时的人工循环，用人工呼吸代替自主呼吸，以达到挽救生命的目的。心肺复苏适用于多种原因引起的呼吸、心脏骤停的伤病员，心肺复苏是在事发现场的第一反应人在专业救护人员未到达的情况下，在最短的时间内，用自己的双手和所学技能挽救伤者生命的简单而重要的方法，可使用自动体外除颤仪（Automated External Defibrillator，AED）。美国心脏协会（AHA）《2022 心肺复苏指南（CPR）》（以下简称《复苏指南》）中强烈建议普通施救者仅做胸外按压的 CPR 弱化人工呼吸的作用，即非经培训人士可不进行人工呼吸，按 C、A、B、D 步骤操作，如图 6-4 所示。C（Compressions）——心脏按压、A（Airway）——畅通气道、B（Breathing）——人工呼吸、D（Defibrillation）——电除颤。

（一）评估现场环境安全及患者的意识、呼吸、脉搏等

急救者在确认现场安全的情况下轻拍患者的双侧肩膀，并大声呼喊"你还好吗？"检查患者是否有呼吸，如图 6-2 所示。如果没有呼吸或者没有正常呼吸（即只有喘息），立刻启动应急反应系统。BLS 程序已被简化，已把"看、听和感觉"从程序中删除，实施这些步骤既不合理又很耗时间，基于这个原因，《复苏指南》强调对无反应且无呼吸或无正常呼吸的成人，立即启动急救反应系统并开始胸外心脏按压。

图 6-2　确认患者意识

（二）脉搏检查

对于非专业急救人员，不再强调训练其检查脉搏，只要发现无反应的患者没有自主呼吸就应按心搏骤停处理。一般以一手食指和中指触摸患者颈动脉以感觉有无搏动（搏动触点在甲状软骨旁胸锁乳突肌沟内）。检查脉搏的时间一般不能超过 10s，如 10s 内仍不能确定有无脉搏，应立即实施胸外按压。

（三）启动紧急医疗服务并获取 AED

如发现患者无反应无呼吸，急救者应启动 EMS 体系（拨打急救电话），取来 AED（如果有条件），对患者实施 CPR，如需要时立即进行除颤。

（四）胸外按压（Compression，C）

确保患者仰卧于平地上或用胸外按压板垫于其肩背下，急救者可采用跪式或踏脚凳等不同体位，将一只手的掌根放在患者胸骨中下 1/3 交界处，将另一只手的掌根置于第一只手上。手指不接触胸壁。按压时双肘须伸直，垂直向下用力按压，成人按压频率为 100～120 次/min，下压深度 5～6cm，每次按压之后应让胸廓完全恢复，如图 6-3 所示。按压时间与放松时间各占 50% 左右，放松时掌根部不能离开

胸壁，以免按压点移位。对于儿童患者，用单手或双手于乳头连线水平按压胸骨，对于婴儿，用两手指于紧贴乳头连线下放水平按压胸骨。为了尽量减少因通气而中断胸外按压，对于未建立人工气道的成人，《2010年国际心肺复苏指南》推荐的按压—通气比率为30∶2。对于婴儿和儿童，双人CPR时可采用15∶2的比率。如双人或多人施救，应每2min或5个周期CPR（每个周期包括30次按压和2次人工呼吸）更换按压者，并在5s内完成转换，因为研究表明，在按压开始1~2min后，操作者按压的质量就开始下降（表现为频率和幅度以及胸壁复位情况均不理想）。

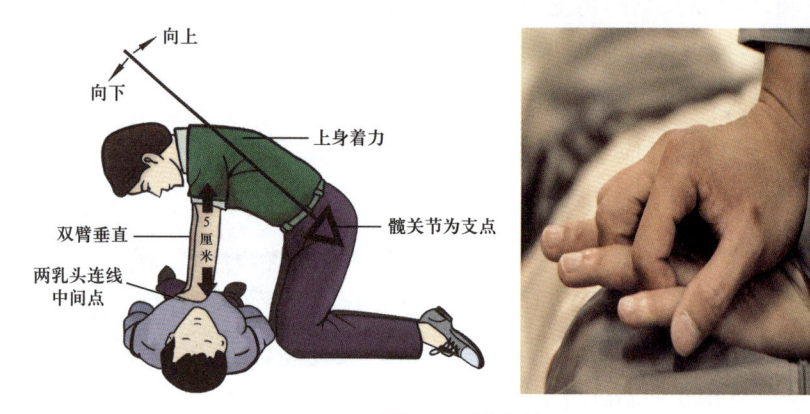

图6-3 胸外按压

胸外按压法于1960年提出后曾一直认为胸部按压使位于胸骨和脊柱之间的心脏受到挤压，引起心室内压力的增加和房室瓣的关闭，从而促使血液流向肺动脉和主动脉，按压放松时，心脏则"舒张"而再度充盈，此即为"心泵机制"。但这一概念在1980年以后受到"胸泵机制"的严重挑战，后者认为按压胸部时胸内压增高并平均地传递至胸腔内所有腔室和大血管，由于动脉不萎陷，血液由胸腔内流向周围，而静脉由于萎陷及单向静脉瓣的阻挡，压力不能传向胸腔外静脉，即静脉内并无血液反流；按压放松时，胸内压减少，当胸内压低于静脉压时，静脉血回流至心脏，使心室充盈，如此反复。不论"心泵机制"还是"胸泵机制"，均可建立有效的人工循环。国际心肺复苏指南更强调持续有效胸外按压，快速有力，尽量不间断，因为过多中断按压，会使冠脉和脑血流中断，复苏成功率明显降低。

（五）开放气道（Airway，A）

在《2010年美国心脏协会CPR及ECC指南》中有一个重要改变是在通气前就要开始胸外按压。胸外按压能产生血流，在整个复苏过程中，都应该尽量减少延迟和中断胸外按压。而调整头部位置，实现密封以进行口对口呼吸，拿取球囊面罩进行人工呼吸等都要花费时间。采用30∶2的按压通气比开始CPR能使首次按压延迟的时间缩短。有两种方法可以开放气道提供人工呼吸：仰头抬颏法和推举下颌法，如图6-4所示。后者仅在怀疑头部或颈部损伤时使用，因为此法可以减少颈部和脊椎的移动。遵循以下步骤实施仰头抬颏：将一只手置于患者的前额，然后用手掌推动，使其头部后仰；将另一只手的手指置于颏骨附近的下颌下方；提起下颌，使颏骨上抬。注意在开放气道同时应该用手指挖出患者口中异物或呕吐物，有假牙者应取出假牙。

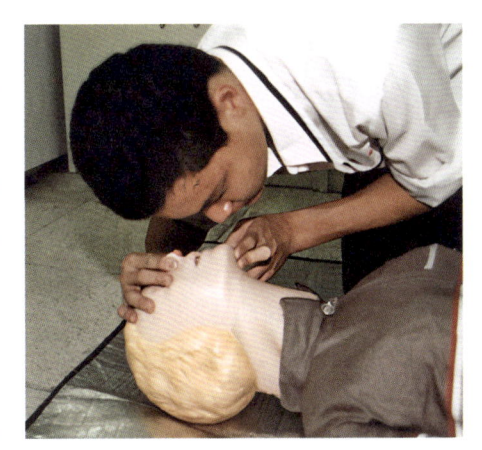

图6-4　开放气道

（六）人工呼吸（Breathing，B）

给予人工呼吸前，正常吸气即可，无需深吸气，所有人工呼吸（无论是口对口、口对面罩、球囊—面罩或球囊对高级气道）均应该持续吹气1s以上，保证有足够量的气体进入并使胸廓起伏，如第一次人工呼吸未能使胸廓起伏，可再次用仰头抬颏法开放气道，给予第二次通气；过度通气（多次吹气或吹入气量过大）可能有害。

实施口对口人工呼吸是借助急救者吹气的力量，使气体被动吹入肺泡，通过肺的间歇性膨胀，以达到维持肺泡通气和氧合作用，从而减轻组织缺氧和二氧化碳停留，如图6-5所示。方法为：将受害者仰卧置于稳定的硬板上，托住颈部并使头后仰，用手指清洁其口腔，以解除气道异物，急救者以右手拇指和食指捏紧患者的鼻孔，用自己的双唇把患者的口完全包绕，然后吹气1s以上，使胸廓扩张；吹气毕，施救者松开捏鼻孔的手，让患者的胸廓及肺依靠其弹性自主回缩呼气，同时均匀吸气，以上步骤再重复一次。如患者面部受伤则可妨碍进行口对口人工呼吸，可进行口对鼻通气。深呼吸一次并将嘴封住患者的鼻子，抬高患者的

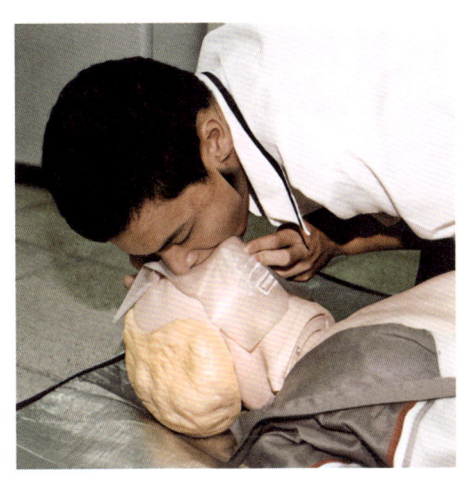

图6-5　人工呼吸

下巴并封住口唇，对患者的鼻子深吹一口气，移开救护者的嘴并用手将受伤者的嘴敞开，这样气体可以出来。在建立了高级气道后，每6～8s进行一次通气，而不必在两次按压间才同步进行（即呼吸频率8～10次/min）。在通气时不需要停止胸外按压。

（七）AED除颤

室颤是成人心脏骤停的最初发生的较为常见而且是较容易治疗的心律。对于心脏骤停患者，如果能在意识丧失的3～5min内立即实施CPR及除颤，存活率是最高的。对于院外心脏骤停患者或在监护心律的住院患者，迅速除颤是治疗短时间心脏骤停的好方法。自动体外除颤器（AED）又称自动体外电击器、自动电击器、自动除颤器、心脏除颤器及傻瓜电击器等，是一种便携式的医疗设备，它可以诊断特定的心律失常，并且给予电击除颤，是可被非专业人员使用的用于抢救心脏骤停患者的医疗设备，如图6-6所示。

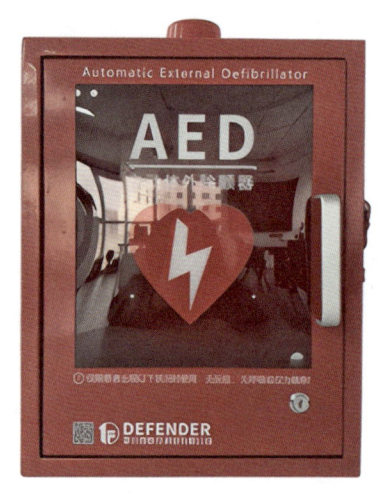

图6-6 AED除颤仪

使用步骤：

（1）开启AED，打开AED的盖子，依据视觉和声音的提示操作（有些型号需要先按下电源）。

（2）给患者贴电极，在患者胸部适当的位置上，紧密地贴上电极。通常而言，两块电极板分别贴在右胸上部和左胸左乳头外侧，具体位置可以参考AED机壳上的图样和电极板上的图片说明。

（3）将电极板插头插入AED主机插孔。

（4）开始分析心律，在必要时除颤，按下"分析"键（有些型号在插入电极板后会发出语音提示，并自动开始分析心率，在此过程中请不要接触患者，即使是轻微的触动都有可能影响 AED 的分析），AED 将会开始分析心率。分析完毕后，AED 将会发出是否进行除颤的建议，当有除颤指征时，不要与患者接触，同时告诉附近的其他任何人远离患者，由操作者按下"放电"键除颤。

（5）一次除颤后未恢复有效灌注心律，进行 5 个周期 CPR。除颤结束后，AED 会再次分析心律，如未恢复有效灌注心律，操作者应进行 5 个周期 CPR，然后再次分析心律，除颤，CPR，反复至急救人员到来，如图 6-7 所示。

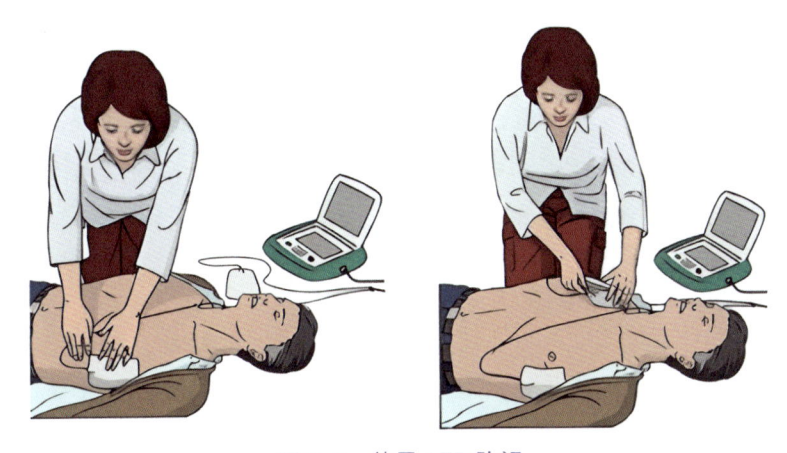

图 6-7　使用 AED 除颤

特别要注意 AED 瞬间可以达到 200J 的能量，在给病人施救过程中，请在按下通电按钮后立刻远离患者，并告诫身边任何人不得接触靠近患者。患者在水中不能使用 AED，患者胸部如有汗水需要快速擦干胸部，因为水会降低 AED 功效。

四、触电急救

当人体触及带电体时，电流通过人体，使部分或整个身体遭到电的刺激和伤害，引起电伤和电击。电伤是指人体的外部受到电的损伤，如电弧灼伤、电烙印等。当人体处于高压设备附近，而距离小于或等于放电距离时，在人与带电的高压设备之间就会发生电弧放电，人体在高达 3000℃，甚至更高的电弧温度和电流的热、化学效应作用下，将会引起严重的甚至可以死亡的电弧灼伤。电击则指人体的内部器官受到伤害，如电流作用于人体的神经中枢，使心脏和呼吸系统机能的正常工作受到破坏，发生抽搐和痉挛，失去知觉等现象，也可能使呼吸器官和血液循环器官的活动停止或大大减弱，而形成所谓假死。此时，若不及时采用人工呼吸和其他医疗方法救护，人将不能复生。

人触电时的受害程度与作用于人体的电压、人体的电阻、通过人体的电流值、电流的频率、电流通过的时间、电流在人体中流通的途径及人的体质情况等因素有关，而电流值则是危害人体的直接因素。

（一）安全电流与安全电压

1. 安全电流

为了确保人身安全，一般以人触电后人体未产生有害的生理效应作为安全的基准。因此，通过人体一般无有害生理效应的电流值，即称为安全电流。安全电流又可分为容许安全电流和持续安全电流。当人体触电，通过人体的电流值不大于摆脱电流的电流值称为容许安全电流，50~60Hz 交流规定 10mA（矿业等类的作业则规定 6mA），直流规定 50mA 为容许安全电流；当人发生触电，通过人体的电流大于摆脱电流且与相应的持续通电时间对应的电流值称为持续安全电流。

2. 安全电压

在各种不同环境条件下，人体接触到一定电压的带电体后，其各部分不发生任何损害，该电压称为安全电压。

安全电压是以人体允许通过的电流与人体电阻的乘积来表示的。通常，低于 40V 的对地电压可视为安全电压。国际电工委员会规定接触电压的限定值为 50V，并规定在 25V 以下时，不需考虑防止电击的安全措施。我国规定的安全电压额定值等级有 42V、36V、24V、12V、6V 五个等级，目前采用安全电压以 36V 和 12V 较多。发电厂生产场所及变电站等处使用的行灯一般为 36V，在比较危险的地方或工作地点狭窄、周围有大面积接地体、环境湿热场所，如电缆沟、煤斗油箱等地，所用行灯的电压不准超过 12V。

需要指出的是，不能认为这些电压就是绝对安全的，如果人体在汗湿、皮肤破裂等情况不长时间触及电源，也可能发生电击伤害。

（二）人体触电方式

人体触电的基本方式有单相触电、两相触电、跨步电压触电、接触电压触电。此外，还有人体接近高压电和雷击触电等。

1. 单相触电

单相触电是指人体站在地面或其他接地体上，人体的某部位触及一相带电体所引起的触电。它的危险程度与电压的高低、电网的中性点是否接地、每相对地电容量的大小有关，是较常见的一种触电事故。

在日常工作和生活中（三相四线制），低压用电设备的开关、插销和灯头及电动机、电熨斗洗衣机等家用电器，如果其绝缘损坏，带电部分裸露而使外壳、外皮带电，当人体碰触这些设备时，就会发生单相触电情况。如果此时人体站在绝缘板上或穿绝缘鞋，人体与大地间的电阻就会很大，通过人体的电流将很小，这时不会发生触电危险。

2. 两相触电

两相触电是指人体有两处同时接触带电的任何两相电源时的触电。发生两相触电时，电流由一根导线通过人体流至另一根导线，作用于人体上的电压等于线电压，若线电压为380V，则流过人体的电流高达268mA，这样大的电流只要经过0.186s就可能致触电者死亡。故两相触电比单相触电更危险。

3. 跨步电压触电

当电气设备发生接地故障或当线路发生一根导线断线故障，并且导线落在地面时，故障电流就会从接地体或导线落地点流入大地，并以半球形向大地流散，距电流入地点越近，电位越高，距电流入地点越远，电位越低，入地点20m以外处，地面电位近似零。如果此时有人进入这个区域，其二脚之间的电位差就是跨步电压。由跨步电压引起触电，称为跨步电压触电。人体承受跨步电压时，电流一般是沿着人的下身，即从脚到胯部到脚流过，与大地形成通路，电流很少通过人的心脏重要器官，看起来似乎危害不大，但是，跨步电压较高时，人就会因脚抽筋而倒在地上，这不但会使作用于身体上的电压增加，还有可能改变电流通过人体的路径而经过人体的重要器官，因而大大增加了触电的危险性。

因此，电业工人在平时工作或行走时，一定格外小心。当发现设备出现接地故障或导线断线落地时，要远离断线落地区；一旦不小心已步入断线落地区且感觉到有跨步电压时，应赶快把双脚并在一起或用一条腿跳着离开断线落地区；当必须进入断线落地区救人或排除故障时，应穿绝缘靴。

4. 接触电压触电

接触电压是指人站在发生接地短路故障设备的旁边，触及漏电设备的外壳时，其手、脚之间所承受的电压。由接触电压引起的触电称为接触电压触电。

在发电厂和变电所中，一般电气设备的外壳和机座都是接地的，正常时，这些设备的外壳和机座都不带电。但当设备发生绝缘击穿、接地部分破坏，设备与大地之间产生电位差时，人体若接触这些设备，其手、脚之间便会承受接触电压而触电。为防止接触电压触电，往往要把一个车间、一个变电站的所有设备均单独埋设接地体，对每台电动机采用单独的保护接地。

5. 弧光放电触电

因不小心或没有采取安全措施而接近了裸露的高压带电设备，将会发生严重的放电触电事故。

6. 停电设备突然来电引起的触电

在停电设备上检修时，若未采取可靠的安全措施，如未装挂临时接地及悬挂必要的标示牌，当误将正在检修设备送电，致使检修人员触电。

（三）防止人身触电的技术措施

当电气设备的外壳因绝缘损坏而带电时，并无带电象征，人们不会对触电危险有什么预感，这时往往容易发生触电事故。但是只要掌握了电的规律并采取相应措施，很多触电事故还是可以避免的。

1. 保护接地

保护接地是为了防止电气设备绝缘损坏时人体遭受触电危险，而在电气设备的金属外壳或构架等与接地体之间所作的良好的连接。保护接地适用于中性点不接地的低电网中。采用保护接地，仅能减轻触电的危险程度，但不能完全保证人身安全。

2. 保护接零

为防止人身因电气设备绝缘损坏而遭受触电，将电气设备的金属外壳与电网的零线（变压器中性点）相连接，称为保护接零。保护接零适用于三相四线制中性点直接接地的低压电力系统中。

3. 工作接地

将电力系统中某一点直接或经特殊设备与地作金属连接，称为工作接地。工作接地可降低人体的接触电压、迅速切断电源、降低电气设备和输电线路的绝缘水平、满足电气设备运行中的特殊需要。

4. 漏电保护器

它的作用就是防止电气设备和线路等漏电引起人身触电事故，也可用来防止由于设备漏电引起的火灾事故及用来监视或切除一相接地故障,并且在设备漏电、外壳呈现危险的对地电压时自动切断电源。

(四)触电现场急救

触电事故往往是在一瞬间发生的,情况危急,不得有半点迟疑,时间就是生命。

人体触电后,有的虽然心跳、呼吸停止了,但可能属于濒死或临床死亡。如果抢救正确及时,一般还是可能救活的。触电者的生命能获救,其关键在于能否迅速脱离电源和进行正确的紧急救护。

1. 脱离电源

当人发生触电后,首先要使触电者脱离电源,这是对触电者进行急救的关键。但在触电者未脱离电源前急救人员不准用手直接拉触电者,以防急救人员触电。为了使触电者脱离电源,急救人员应根据现场条件果断地采取适当的方法和措施。脱离电源的方法和措施一般有以下几种。

(1)低压触电脱离电源:

① 在低压触电附近有电源开关或插头,应立即将开关拉开或插头拔脱,以切断电源。

② 如电源开关离触电地点较远,可用绝缘工具将电线切断,但必须切断电源侧电线,并应防止被切断的电线误触他人。

③ 当带电低压导线落在触电者身上,可能绝缘物体将导线移开,使触电脱离电源。但不允许用任何金属棒或潮湿的物体去移动导线,以防急救者触电。

④ 若触电者的衣服是干燥的,急救者可用随身干燥衣服、干围巾等将自己的手严格包裹,然后用包裹的手拉触电者干燥衣服,或用急救者的干燥衣物结在一起,拖拉触电者,使触电者脱离电源。

⑤ 若触电者离地距离较大,应防止切断电源后触电者从高处摔下造成外伤。

(2)高压触电脱离电源:

当发生高压触电,应迅速切断电源开关。如无法切断电源开关,应使用适合该电压等级的绝缘工具,使触电者脱离电源。急救者在抢救时,应对该电压等级保护一定的安全距离,以保证急救者的人身安全。

(3)架空线路触电脱离电源:

当有人在架空线路上触电时,应迅速拉开关,或用电话告知当地供电部门停电。如不能立即切断电源，可采用抛掷短路的方法使电源侧开关跳闸。在抛掷短路线时，应防止电弧灼伤或断线危及人身安全。杆上触电者脱离电源后，用绳索将触电者送至地面。

2. 现场急救处理

当触电者脱离电源后，急救者应根据触电者的不同生理反应进行现场急救处理。

（1）触电者神志清醒，但感乏力、心慌、呼吸促迫、面色苍白。此时应将触电者躺平就地安静休息，不要让触电者走动，以减轻心脏负担，并应严密观察呼吸和脉搏的变化。若发现触电者脉搏过快或过慢应立即请医务人员检查治疗。

（2）触电者神志不清，有心跳，但呼吸停止或极微弱地呼吸时，应及时用仰头抬颏法使气道开放，并进行口对口人工呼吸。如不及时进行人工呼吸，将由于缺氧过久从而引起心跳停止。

（3）触电者神志丧失、心跳停止、但有微弱的呼吸时，应立即进行心肺复苏急救。不能认为尚有极微弱的呼吸就只有做胸外按压，因为这种微弱的呼吸是起不到气体交换作用。

（4）触电者心跳、呼吸均停止时，应立即进行心肺复苏急救，在搬移或送往医院途中仍应按心肺复苏规定进行急救。

（5）触电者心跳、呼吸均停，并伴有其他伤害时，应迅速进行心肺复苏急救，然后再处理外伤。对伴有颈椎骨折的触电者，在开放气道时，不应使头部后仰，以免高位截瘫，因此应用托颌法。

（6）当人遭受雷击时，由于雷电流将使心脏除极，脑部产生一过性代谢静止和中枢性无呼吸。因此受雷击者心跳、呼吸均停止时，应进行心肺复苏急救，否则将发生缺氧性心跳停止而死亡。不能因为雷击者的瞳孔已放大，而不坚持用心复苏进行急救。

参考文献

[1]王师婧.天然气公司受限空间作业台账管理[J].化工管理，2022（34）：116-118.

[2]沈郁，于凤清.石油化工企业事故应急救援预案现状及改进建议[J].中国安全科学学报，2004（10）：102-107+2.

[3]何晖.化工企业受限空间应急救援能力的提升[J].中国石油和化工标准与质量，2023，43（8）：44-46.

[4]涂阳哲，朱金峰，王宁.化工企业受限空间事故应急救援探讨[J].化工安全与环境，2022，

35（45）：22-24.
[5] 范茂魁.受限空间事故救援技战术探讨［J］.中国安全生产科学技术，2013，9（5）：145-149.
[6] 马江涛，赵小转.浅谈受限空间作业安全管理及事故应急救援对策［J］.中氮肥，2023，（1）：68-71.
[7] 周坤，傅吉品.受限空间事故救援分析［J］.化工管理，2024（15）：107-109.
[8] 杨忠鑫.新时代如何做好化工企业受限空间作业管理工作［J］.中国石油和化工标准与质量，2022，42（24）：68-70.
[9] 全国安全生产标准化技术委员会.生产经营单位生产安全事故应急预案编制导则：GB/T 29639—2010［S］.北京：中国标准出版社，2020：9.
[10] 有限空间作业事故安全施救指南［J］.中国安全生产，2021，16（5）：10-11.

第七章　受限空间作业的典型案例

石油石化行业中受限空间形式多样，分布广泛，结构特殊，自然通风不良，易造成有毒有害、易燃易爆物质积聚或氧含量不足，实施受限空间作业有较大风险，一旦出现违规作业，极易导致事故发生，事故后盲目施救又容易导致事故伤亡数字扩大，造成严重后果。中国化学品安全协会对2008—2021年我国化工行业特殊作业事故进行了统计分析，发现受限空间作业是特殊作业环节中最容易发生事故的一类作业，无论是事故起数和死亡人数都列第一位。通过对事故原因汇总统计，结果显示作业许可、现场违章、应急救援、规章制度、人员培训等几个方面是导致事故发生的主要原因。

第一节　常见受限空间作业违章

受限空间作业是一项复杂的高危作业，通过典型事故分析和日常现场监督检查不难发现，作业违章时有发生，如何更有针对性地开展现场监督检查是受限空间作业管理的重要内容，本节从作业许可管理、气体分析、能量隔离、个人防护、措施落实等方面列举典型的违章问题，仅供读者参考，力求帮助各单位在受限空间作业过程中及时发现违章，并督促整改。

一、未经作业许可审批擅自进入受限空间

（1）某装置进行基础挖掘作业，未办理受限空间作业手续，进入基坑进行钢筋绑扎、浇筑作业（图7-1）。

（2）某车间组织消防水线漏点处理作业，现场挖掘深度大于1.5m，但该作业仅办理了动火作业和挖掘作业许可证，未办理受限空间作业许可证（图7-2）。

上述问题违反：GB 30871—2022《危险化学品企业特殊作业安全规范》中4.6"作业前，作业单位应办理作业审批手续，并有相关责任人签名确认。同一作业涉及两种或两种以上特殊作业时，应同时执行各自作业要求，并办理相应的作业审批手续"。

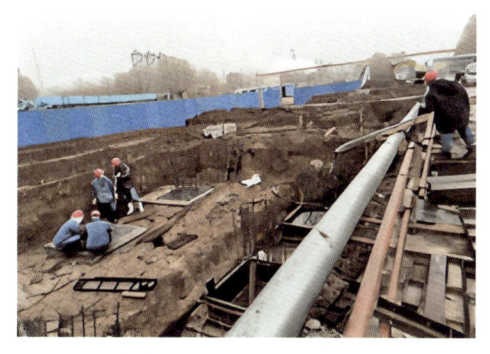

图 7-1　挖掘作业未办理受限空间作业许可 　　图 7-2　未办理受限空间作业许可

二、受限空间作业未设置明显安全警示标志和警戒隔离

某储罐内受限空间作业，作业暂停后未设置明显的安全警示标志（图 7-3），底部裙座人孔（无人作业状态下）未增设受限空间警示标志，不符合 GB 30871—2022《危险化学品企业特殊作业安全规范》6.9"受限空间作业应满足的其他要求：f）停止作业期间，应在受限空间入口处增设警示标志，并采取防止人员误入的措施"。

图 7-3　未设置受限空间警示标志

三、未进行有效的气体检测或监测

（1）某装置区对球罐内进行脚手架搭设，四合一气体报警仪没有放置于受限空间内进行连续监测（图 7-4）。不符合 GB 30871—2022《危险化学品企业特殊作业安全规范》6.5"作业时，作业现场应配置移动式气体检测报警仪，连续检测受限空间内可燃气体、有毒气体及氧气浓度，并 2 h 记录 1 次；气体浓度超限报警时，应立即停止作业、撤离人员、对现场进行处理，重新检测合格后方可恢复作业"的要求。

-213-

图 7-4　未进行连续气体监测

（2）某装置进行消防井更换阀门作业，作业人员在消防井内作业时四合一气体报警仪未开机进行连续监测（图 7-5）。不符合《辽阳石化公司受限空间作业安全管理办法》第十六条"作业人员的职责是：（五）不正确佩戴使用个人防护装备、工具袋、通讯设施、氧气检测报警仪、可燃气体报警仪、有毒气体检测报警仪不作业"。

图 7-5　报警仪未开机

（3）某装置区反应器内部（受限空间）进行清理物料作业，反应器中部气体采样分析合格，下部、上部没有采样气体分析（图 7-6）。不符合 GB 30871—2022《危险化学品企业特殊作业安全规范》6.3"作业前，应确保受限空间内的气体环境满足作业要求，内容如下：b）检测点应有代表性，容积较大的受限空间，应对上、中、下（左、中、右）各部位进行检测分析"。

（4）某苯储罐内受限空间内刷油作业，罐内四合一检测仪处于关闭状态，且该四合一报警仪检测气体分别为硫化氢、可燃气、氧气和一氧化碳，无苯气体检测功

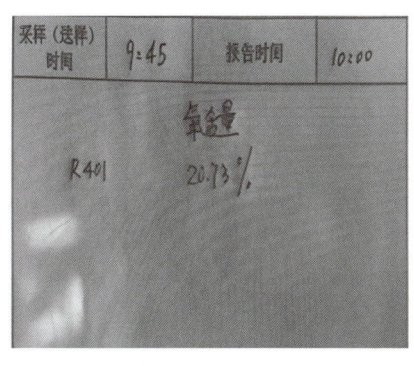

图 7-6　采样分析不具有代表性

能，型号选用错误（图 7-7）。违反 GB 30871—2022《危险化学品企业特殊作业安全规范》中 4.14"作业时使用的移动式可燃、有毒气体检测仪、氧气检测仪应符合 GB/T 50493—2019 中 5.2 的要求"。

四、能量隔离措施未落实

（1）某装置在拆装水冷塔喷头作业，受限空间作业许可证中防止可燃气体窜入的防范措施为使用 2 块盲板隔断，现场检查实际为关闭阀门，未加盲板隔离（图 7-8）。违反 GB 30871—2022《危险化学品企业特殊作业安全规范》中 6.1"作业前，应对受限空间进行安全隔离：a）与受限空间连通的可能危及安全作业的管道应采用加盲板或拆除一段管道的方式进行隔离；不应采用水封或关闭阀门代替盲板作为隔离措施"。

图 7-7　便携式报警仪选用不当

图 7-8　阀门代替盲板

（2）某污水处理装置受限空间作业，开具的能量隔离清单要求进出口阀门关闭并上锁挂签，进水口阀门锁具未锁住且未挂签，出口阀门能量隔离签信息填写不全（图7-9）。违反Q/SY 08421—2020《上锁挂牌管理规范》中5.2.3"根据上锁点清单，对已完成隔离的隔离设施选择合适的安全锁，填写警示标牌"。

图7-9 上锁挂签不规范

五、未按要求配备符合标准的劳动防护用品

（1）某装置大检修期间循环氢脱硫塔内部清理作业，作业许可中存在的危害因素含有硫化氢气体，现场作业人员佩戴的过滤式防毒面罩滤盒型号为3M-6001，用于有机气体防护，不能满足硫化氢防护要求（图7-10）。违反GB 30871—2022《危险化学品企业特殊作业安全规范》中6.6"进入受限空间作业人员应正确佩戴个人防护装备"。

（2）某储罐罐内清洗作业，检查现场作业人员的工作服无防静电标识，无法保障受限空间作业防静电着装要求（图7-11）。违反GB 30871—2022《危险化学品企业特殊作业安全规范》中6.6"b）易燃易爆的受限空间经清洗或置换达不到6.4要求的，应穿防静电工作服及防静电工作鞋，使用防爆工器具"。

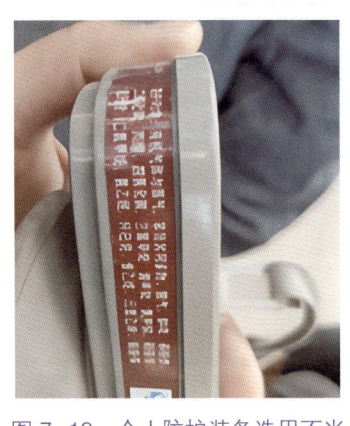

图7-10 个人防护装备选用不当

六、未设置专人进行有效监护或监护不到位

（1）某分馏塔检修进行受限空间作业，作业期间监护人没有在现场进行监护（图7-12）。违反GB 30871—2022《危险化学品企业特殊作业安全规范》中6.8"a）监护人应在受限空间外进行全程监护"。

图 7-11　未穿戴防静电工作服

图 7-12　未设置监护人

（2）某装置进行撬装基础挖掘作业，受限空间作业登记表上无工具及材料的登记记录（图 7-13）。不符合 GB 30871—2022《危险化学品企业特殊作业安全规范》6.8 对监护人的特殊要求："c）监护人应对进入受限空间的人员及其携带的工器具种类、数量进行登记，作业完毕后再次进行清点，防止遗漏在受限空间内"。

图 7-13　无工具及材料的登记记录

七、照明电气设置不当

（1）在某储罐内受限空间脚手架搭设作业，受限空间内照明不足（图7-14）。不符合《辽阳石化公司进入受限空间作业安全管理办法》第四十二条　照明及电气"（一）进入受限空间作业，应有足够的照明，使用符合安全电压和防爆要求的照明灯具；使用手持电动工具应有漏电保护装置；所有电气线路绝缘良好"的规范要求。

图 7-14　受限空间内照明不足

（2）某装置分馏塔内塔盘焊接作业，受限空间内拉设的电缆在人孔处未做绝缘保护（图7-15）。违反 GB 30871—2022《危险化学品企业特殊作业安全规范》中 6.9 "d）接入受限空间的电线、电缆、通气管应在进口处进行保护或加强绝缘"。

（3）某装置反应器内构件改造项目作业，受限空间内照明选用220V照明设备（图7-16）。违反 GB 30871—2022《危险化学品企业特殊作业安全规范》中 4.13 "b）受限空间内使用的照明电压不应超过36V，并满足安全用电要求；在潮湿容器、狭小容器内作业电压不应超过12V"。

图 7-15　人孔处未做绝缘保护 　　　　图 7-16　未使用安全照明设备

八、应急准备不到位

（1）某储罐正在进行拆除浮盘作业，现场没有按照工作方案的要求配备应急物资（图7-17）。

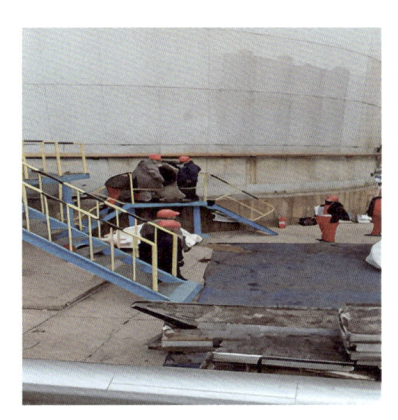

图7-17　未配备应急物资

（2）某储罐检修作业，内部搭设脚手架的架杆堵塞设备人孔，妨碍应急救援（图7-18）。违反GB 30871—2022《危险化学品企业特殊作业安全规范》中6.9"a）受限空间出入口应保持通畅"。

图7-18　受限空间出入口堵塞

第二节　受限空间作业事故案例分析

受限空间作业因其环境复杂、潜在风险高，一直是安全生产的重点和难点。尽管相关安全规范不断完善，但事故仍时有发生，暴露出安全意识薄弱、操作不规范、应急措施不到位等问题。每一次事故的背后，都是生命的逝去和家庭的破碎，同时也为人们敲响了沉重的警钟。本节通过梳理近年来典型的受限空间作业事故案例，深入剖析事故原因，揭示作业过程中容易被忽视的安全隐患。这些案例不仅是对过往教训的总结，更是对未来的警示。笔者希望通过真实事件的还原与分析，让每一位从业者深刻认识到受限空间作业的高风险性，牢固树立"安全第一"的理念，严格遵守操作规程，强化风险辨识与应急能力。

一、某石化公司"6·29"原油罐爆燃事故

2010年6月29日16:20左右，某石化炼油厂原油输转站1个$3 \times 10^4 m^3$的原油罐在清罐作业过程中，发生可燃气体爆燃事故，致使罐内作业人员3人死亡，7人受伤，造成直接经济损失150万元（图7-19）。

（一）案例回放

6月25日9:00，炼油厂原油输转车间开始对C1-7罐进行倒油，然后采用0.3MPa压力的蒸汽进行蒸罐。

6月28日14:00，停止蒸罐，然后打开各罐孔进行自然冷却。蒸罐后，车间未按公司刷罐作业要求在与罐体连接的管道阀门处加盲板。

图7-19 "6·29"事故现场

6月29日6:30，车间分析员对罐内气体采样，送炼油厂总部分析车间化验分析。

6月29日10:00，检测合格后，电线化工厂清罐人员进行清罐作业，厂方提供一名监护人进行监护作业。为了抢时间，加快作业进度，10名作业人员同时进入罐内进行作业。

6月29日16:20，发生爆燃事故，造成5人死亡，5人受伤，罐体基本无损。

（二）原因分析

1. 直接原因

现场清罐作业时产生的油气与空气混合，形成了爆炸性气体环境，遇到非防爆照明灯具出现闪灭打火，或铁质清罐工具作业时撞击罐底产生的火花，导致发生爆燃事故（图7-20）。

图 7-20　非防爆工器具

2. 间接原因

（1）监护人员监管不力。监护人员未及时制止清罐人员使用铁质工具及普通照明灯具进行作业。

（2）未进行罐内可燃气体浓度再检测。据受伤人员介绍，作业人员进入罐内进行清罐作业直到事故发生前，未进行过罐内可燃气体浓度的检测。

（3）安全培训不足，作业人员违反安全操作规程。清罐作业人员使用了铁质工具及普通照明灯具进行作业，作业人员从事油品作业，未能辨识出发生可燃性气体爆炸的危险。

（三）防范建议及措施

为防止类似事故再次发生，提出以下 5 条防范建议及措施：

（1）作业危害分析。在承包商开展某项现场作业之前，企业可以要求承包商对作业本身进行必要的作业危害分析。针对每一个步骤，找出潜在的危害，确认当前已有的危害控制措施。

（2）作业许可证制度。企业需要对动火作业、进入受限空间作业、带电作业等执行严格的作业许可证制度；承包商需要接受有关的培训并严格遵守这些制度。在签发作业许可证之前，企业的相关负责人需要证实作业现场已经具备安全作业的条件，而且承包商需要针对潜在的作业危害，采取必要的控制措施。

（3）作业工具和设备。承包商需要向其员工提供必要的、安全可用的工具和设备，并且在其员工作业之前给予他们必要的培训，使员工掌握这些工具和设备的正确使用方法。承包商应该有证据表明，他们对自己现场使用的工具和设备进行了必要的维护或检验，确保它们处于安全和可以使用的状态；对于特殊设备，需要有相关的检验证明。不使用的设备和工具要妥善保管或从现场移走。

（4）个体防护器材。通常企业会要求承包商自己准备常规的个人防护用品，例如安全帽、安全工作服、安全眼镜和安全鞋等。如果现场存在特殊的危害，企业需要向承包商提供一些专门的防护设备，如在氢气区域作业时所需的防火服、在受限空间内作业需要使用的空气检测仪等等。在某些对个人安全防护用品有特殊要求的区域，应该在进入这些工艺区域的地方安装明显标志，说明所要求的个人防护用品。

（5）现场监督。承包商的现场管理人员负责监督管理其员工在现场的作业，企业的任何员工（包括管理人员和一般员工）都应该主动监督承包商的现场作业，及时报告发现的不安全状况或行为。

二、某公司"7·14"燃气井加垫作业事故

（一）案例回放

2011年5月，某地外交人员服务局为将一公寓内的8、9、10楼重新规划重建。为保证拆除8、9、10号楼过程中的安全，7月14日，某公司的项目经理丁某安排工人丁某某、田某、陈某在公寓楼内的低压燃气井内进行加设盲板作业。丁某某、田某二人进入8号楼北侧的低压燃气闸井内作业，陈某在井口做配合。10:30，丁某某、田某突然晕倒在井内。陈某及院内的人员及时拨打120急救电话，将二人送往医院救治，经抢救无效于12:00左右死亡。

（二）原因分析

1. 直接原因

丁某某、田某违章作业是事故发生的直接原因。其行为违反了《缺氧危险作业安全规程》第5.3.3条的规定。

2. 间接原因

（1）施工单位教育和督促丁某某、田某不到位，致使丁某某、田某安全意识不强，违章作业。其行为违反了《中华人民共和国安全生产法》第四十一条规定。

（2）施工单位项目经理丁某，全面负责本单位在该项目的安全生产工作。丁某作为项目经理，明知下井作业的危险，却在没有施工方案的情况下安排工人施工，不但本人没有到场，并且也没有安排专人在现场进行有效看护，在作业过程中缺乏

有效的监督检查，致使丁某某、田某在作业过程中违章作业。其行为违反了《中华人民共和国安全生产法》第十八条第（五）项规定。

从此次事故的直接原因和间接原因中我们要深刻反思：生产经营单位主要负责人应加强对项目负责人的监督、考核；每个项目开工前，项目负责人应针对具体作业对作业人员进行安全培训，如正确佩戴防护用品，隐患交底，急救措施等。

（三）防范建议及措施

为防止类似事故再次发生，提出以下3条防范建议及措施：

（1）施工单位要对从业人员进行安全教育培训，确保相关人员掌握安全管理规定和安全操作规程，经考核合格后方可上岗作业。

（2）施工单位应当安排专门人员进行现场安全管理，确保作业人员遵守安全操作规程。

（3）施工单位作业时，作业人员必须使用空气呼吸器或软管面具等隔离式呼吸保护器具。

三、某石化承包商"7·9"卸剂窒息事故

2014年7月9日20：40左右，上海某石化设备安装有限公司在某石化公司加氢裂化装置精制反应器进行卸剂特种作业过程中发生一起窒息事故，事故造成一名作业人员死亡。

（一）案例回放

2014年7月9日18：30左右，上海某公司组织开始进行施工，19：30左右，作业人员沈某某佩戴长管式正压呼吸器面罩进入加氢精制反应器（五层平台）进行卸剂作业。

20：30左右，现场负责人顾某来到呼吸供气系统气源阀门处（六层平台），对供气系统的气源阀门进行了操作，之后顾某返回反应器入口人孔处继续进行监护及配合作业。

20：40左右，在反应器内作业的沈某某也通过对讲系统向监护人员反映呼吸系统供气不足，现场负责人顾某指令沈某某立即停止作业，从反应器内撤离，同时指令现场监护人员使用保险绳将其从反应器内拉出。

在拉的过程中，沈某某反映呼吸系统没气了，并将提供备用气源的小钢瓶打开，在反应器人孔处的监护人员继续拉保险绳和呼吸管，协助其撤离，在拉保险绳

的过程中，保险绳突然与沈某某脱离。

顾某发现此情况后，立即与在地面进行气防保护的人员进行联系，佩戴气防人员提供的便携式呼吸器进入反应器内，将沈某某救出，现场医疗救护人员立即对沈某某进行施救，随后将其送往市医院进行抢救，经抢救无效沈某某死亡。

（二）原因分析

1. 直接原因

在加氢精制反应器进行卸催化剂作业过程中发生空气供气中断，造成反应器内作业人员窒息死亡。

2. 间接原因

（1）上海某公司现场负责人顾某在操作过程中错误操作，将原本处于打开状态的气源阀门关闭，造成在反应器内作业人员空气中断（图7-21）。

图 7-21　气源控制开关

（2）在作业人员逃生过程中，处置不力，在逃生空气罐中空气用尽后仍然未逃出反应器外，导致窒息死亡。

（3）上海某公司作业组在进行卸剂作业过程中，现场负责人顾某临时代替视频监控岗位人员在呼吸系统视频监控处进行监控，且顾某未全程监控作业情况，对反应器内作业的情况监控不到位。

（4）现场负责人顾某对密闭呼吸保障系统作业流程不熟悉，业务能力不足。

（三）防范建议及措施

（1）安全培训。员工作业之前给予他们必要的培训，使员工掌握这些工具和设备的正确使用方法，并对从事岗位的岗位职责和业务流程熟练掌握。

（2）作业监护。受限空间作业应指定专人监护，不得在无监护人员的情况下作业，作业监护人员不得做与监护无关的事情；监护人应进行全程监护，企业应明确监护人上岗要求和监护人变更的管理要求，确保监护人有能力从事受限空间作业监护。

（3）应急救援。特殊受限空间作业要编制可行的应急预案，明确应急救援的职责和义务，同时企业要督促承包商在作业前开展应急演练，全员掌握自救和他救的基本技能。

四、某公司"4·16"坍塌事故

（一）案例回放

4月15日，重油加氢车间为R-1330卸剂作业办理了进入受限空间作业许可证，时限为4月15日15：10至4月16日15：9。之前办理的"JHA（JSA）分析与安全交底/风险告知确认书"时限为4月14日至4月16日，高处作业证（三级）的有效期为4月14日14：30至4月17日14：00。4月15日19：00，张某班组进入R-1330卸剂施工现场。当晚重油加氢车间的现场监护人员是侯某、马某、王某，某公司的带班负责人是仲某，视频监控员是王某。4月15日19：40左右，桑某首先进入R-1330作业。此时，反应器内上层催化剂已经清理完，中间塔板的通道板已经拆除，下层催化剂一侧挖出一个小洞，仅容一人蹲姿作业。4月15日23：00桑某结束卸剂作业。

4月16日1：00至3：00，张某在R-1330反应器内进行卸剂作业。张某结束作业时，反应器一侧可以容一人勉强站立，另一侧催化剂有一块直径约1m、厚约60cm的坚硬焦块难以破碎清除。4月16日3：30左右，张某进入R-1330反应器作业。4：40左右，因为反应器内的温度还有些高，张某通过通话器与负责监护的陈某通话，要求取一些干冰。秦某和陈某在反应器上部平台拿到编织袋装的干冰准备输送给张某时，陈某用通话器呼叫张某，张某起初答应一声，陈某再次呼叫时，张某不再回答。

事故调查组调取当时的视频监控显示，在张某作业区域上方悬空的催化剂焦块（直径约1m，厚约60cm）于5：00整坍塌，砸落在张某身上。

（二）原因分析

1. 直接原因

经估算，坍塌的催化剂焦块重约500kg。卸剂施工人员在反应器内进行卸剂作业时，将催化剂焦块下方的松散催化剂逐渐掏空，焦块失去支撑后失稳坍塌，砸中施工人员背部，是事故发生的直接原因。

2. 间接原因

1）某公司安全生产责任不落实

某公司编制施工方案流于形式，安全风险分级管控措施不落实，对卸剂作业中潜在的坍塌风险未进行辨识分析、未采取针对性措施、未针对性进行安全培训教育；现场施工作业安全管理不到位，监护监控人员未认真履行安全检查和监督职责，未能及时发现反应器内作业人员违章作业和催化剂焦块悬空的事故隐患。

2）炼油厂履行统一协调管理职责不到位

炼油厂履行对承包单位统一协调管理职责不到位。风险分级管控和隐患排查治理措施落实不力，对渣油加氢反应器卸剂作业环节的安全风险分析不深入、不到位，没有认识到受限空间卸剂作业中存在的坍塌风险，没有采取针对性的安全措施和安全交底，现场施工作业疏于管理，监护人员未认真履行安全检查和监督职责，未能及时发现反应器内催化剂焦块悬空的事故隐患。

3）某公司对下属单位监督检查不力

某公司未有效发挥对下属单位安全生产监督检查作用。未能发现受限空间卸剂作业中的坍塌风险，也未发现并纠正某公司视频监控人员监控不认真、现场监护人未与作业人员按规定时间联络等问题。

（三）防范建议及措施

为吸取事故教训，落实"四不放过"原则，切实做好今后的安全生产工作，防止类似事故发生，提出如下整改措施和建议：

（1）各级政府、各有关部门要深刻吸取事故教训，强化红线意识和底线思维，严格落实"党政同责、一岗双责、齐抓共管"和"管行业必须管安全、管业务必须管安全、管生产经营必须管安全"的要求，进一步明确分级监管和属地监管职责，压实属地监管责任。

（2）各行业领域企业要严格依据法律法规、标准规范的相关要求，并根据自身生产经营特点，扎实构建风险分级管控和隐患排查治理双重预防体系，建立健全风险防范化解机制，全面排查事故隐患，提高安全生产管理水平。双重预防体系建设工作不仅要在日常生产活动中扎实开展，也要包含生产装置检维修、技改技措的实施、外来施工队伍的管理等环节，要涵盖企业生产经营活动的全部，全面深入分析风险隐患，采取有针对性的安全防范措施，加强安全教育培训和作业前的安全交底工作，强化现场监护，切实消除事故隐患。

（3）各相关监管部门要认真履行安全生产监管职责，不断提高安全生产监管水平，督促各类企业严格落实各项安全生产管理制度，在加强日常安全生产管理的基础上，切实加强生产装置检维修现场管理、外来施工队伍管理、危险作业管理，严防各类事故的发生。

五、某石油化工有限责任公司"5·12"较大爆炸事故

（一）案例回放

2018年5月12日上午，某工程建设服务有限公司（承包单位）安排作业人员对某石油化工有限责任公司（发包单位）苯罐进行维修。作业前，发包单位作业人员对罐内氧气、可燃气体进行检测并记录检测数据为合格，但承包单位和发包单位现场相关管理人员在均未对检测数据进行核实、未检查人员个体防护用品佩戴和工器具携带等情况下签字同意承包商作业人员进罐开始作业。下午，承包方作业人员开展浮箱拆除作业，但该项作业并非作业方案中的内容。被拆除的浮箱组件中有苯泄漏到储罐底板且未被及时清理，苯蒸气与罐内空气混合形成爆炸环境。作业过程中，作业人员使用非防爆工具产生点火能量，发生闪爆，造成苯罐内6人当场死亡（图7-22）。事故直接经济损失约1166万元。事后，共有20余人受到不同程度的处罚，其中对某项目部负责人和作业负责人、某石油化工有限责任公司生产部公用工程装置维护机械工程师移送司法机关依法追究其刑事责任，两家公司法定代表人均处上1年收入40%的罚款，对其他相关人员分别予以撤职、降职、记过、警告等行政处罚。

图7-22 事故现场

（二）原因分析

1. 直接原因

75-TK-0201 内浮顶储罐的浮盘铝合金浮箱组件有内漏积液（苯），在拆除浮箱过程中，浮箱内的苯外泄到储罐底板上且未被及时清理。由于苯易挥发且储罐内封闭环境无有效通风，易燃的苯蒸气与空气混合形成爆炸环境，局部浓度达到爆炸极限。罐内作业人员拆除浮箱过程中，使用的非防爆工具及作业过程可能产生的点火能量，遇混合气体发生爆燃，燃烧产生的高温又将其他铝合金浮箱熔融，使浮箱内积存的苯外泄造成短时间持续燃烧。

2. 间接原因

1）某公司（承包单位）

（1）未严格遵守相关安全生产规章制度和操作规程。作业前未对作业人员进行安全技术交底；知道作业内容发生重大变化后，在施工方案未变更及未落实随身携带气体检测仪的情况下安排作业人员进入受限空间进行作业。

（2）安全生产责任制落实不力，相关人员未履行安全生产管理职责。未督促检查本单位安全生产工作，及时消除生产安全事故隐患；未认真检查作业人员个人安全防范措施的落实；作业过程中未督促作业人员按要求使用防爆工器具；在知道作业内容发生重大变化且施工方案未做变更的情况下，未及时要求停止作业。

（3）未教育和督促从业人员严格执行本单位的安全生产规章制度和安全操作规程；未能为从业人员提供符合国家标准或者行业标准的劳动防护用品，并监督、教育从业人员按照使用规则佩戴、使用。

2）某公司（发包单位）

（1）未严格遵守相关安全生产规章制度和操作规程。现场气体检测人员未按规范进行受限空间气体检测工作；管理人员在确定作业内容发生重大变化后，未按规定修订检修通知单；未及时通知承包商修改施工方案；在作业内容发生重大变化，施工方案未做相应修订的情况下仍安排承包商实施浮盘拆除工作。

（2）管理人员履职不力。现场管理人员未认真检查、督促气体检测人员按规范开展气体检测工作，未检查、督促作业人员按要求落实个人防护措施和使用防爆工器具；相关管理人员在知道作业内容发生重大变化且施工方案未做变更的情况下，未及时要求停止作业；作业现场气体检测仪伸缩杆配置不到位；部门负责人对管理人员未认真履行作业票签发工作、作业内容发生重大变化后未及时修改施工方案的情况失察。

（3）安全风险管理缺失、专业管理缺位、特殊作业管理流于形式。未能认真督促、检查本单位安全生产工作，及时消除生产安全事故隐患；未能督促从业人员严格执行单位安全生产规章制度和安全操作规程；未按管理部门的要求，将检修计划向上海化学工业区管委会报备。

3）某化学工业区管委员会

落实部分安全管理制度不到位。日常管理存在一定漏洞，未发现某公司在没有按要求上报检修计划的情况下进行检修作业。从此次事故的直接原因和间接原因中要深刻反思：施工方对于现场管理应常态化、制度化，通过日常安全管理和监督检查来督促工人增强安全意识；监理方要认真履行职责，要严格审查施工单位的施工方案、安全技术交底等材料，及时发现和消除作业现场的事故隐患。

（三）防范建议及措施

为防止类似事故再次发生，提出以下防范建议及措施：

（1）吸取事故教训，落实安全生产责任。

企业要深刻吸取事故教训，牢固树立安全生产红线意识，切实落实企业安全生产主体责任。要以停产检维修、特种作业、受限空间作业等特殊时间、特殊环境的作业为重点，从方案制定、危险性分析、安全技术交底、作业票签发等各个环节开展全面排查，切实做到隐患排查整改工作"五落实"，采取针对性措施，强化管理、堵塞漏洞，全面优化企业安全生产状态。

（2）全面梳理现有管理制度，强化过程管控。

某公司及相关化工、危险化学品企业要全面梳理现有的管理规章制度，强化过程管控。对施工过程中发生的变化，要严格执行变更管理制度，对发生的变更情况要进行危险性分析，分析可能发生的事故，制订相应的安全措施，并对所有作业人员进行安全教育。要进一步加强临时用电、动火作业、受限空间作业等危险性较大作业的作业票签发管理工作，严查违规违章作业，督促作业前安全防护措施的落实，确保作业过程安全、可控。

某化学工业区管委会要针对本次事故所暴露出来的园区内企业未能严格落实上报检修计划的规定，园区管理人员在日常工作中未能及时发现问题的现象，全面梳理、排摸现有规章制度在园区内的落实及执行情况；加强与相关部门在园区安全生产监管上的协同，强化联防联动联控监管工作机制，夯实监管工作基础，充分发挥社会第三方作用，推动落实企业主体责任。

（3）加强承包商管理，坚决杜绝"以包代管"。

企业要进一步加强对承包商的管理工作。要严格对承包商的资质审核和施工方案的审核；督促承包商开展对作业人员的安全技术交底和日常安全教育培训，确保所有作业人员培训合格后方可上岗作业。对于危险性较大的作业，要安排具备监护能力、责任心强的人员负责作业过程的现场监护。对于化工企业的检维修工作，必须督促承包商企业严格执行国家标准 GB 30871—2022《危险化学品企业特殊作业安全规范》的要求，坚决杜绝层层转包和"以包代管"行为。

六、某化工公司"12·31"较大中毒事故

（一）案例回放

某化工公司因脱硫塔内部防腐层脱落和塔体泄漏比较严重，委托某液化空气设备制造有限公司进行检修。2019 年 12 月 31 日 19:00 许，某公司工程负责人和 1 名临时雇佣的现场负责人带领 15 名工人陆续来到现场准备作业。作业前，盲目排放脱硫液造成液封失效，憋压在循环槽上部空间的煤气冲破液封进入塔内。作业人员在未进行检测和通风的情况下，分别进入上、下段塔内进行作业，其中 4 人因吸入一氧化碳晕倒在塔内，1 人感觉不适及时出塔。现场组织救援，在上段成功救出 1 人，但在下段救援中，使用呼吸器（损坏无法使用）和安全绳多次施救未果；后经消防救援人员救出受困的 3 人，但均已死亡。事故直接经济损失约 402 万元。事后，对某化工公司法定代表人、总经理等 10 人移送司法机关追究刑事责任，对生产科科长等 4 人予以行政处罚，对该公司依法予以行政处罚并纳入联合惩戒对象，暂扣其危险化学品安全生产许可证 6 个月；将某公司纳入联合惩戒对象，吊销其营业执照。

（二）原因分析

1. 直接原因

在进行 2# 脱硫塔检修作业时，未按规定制定合理可靠的工艺处置和隔离方案，盲目排放脱硫液造成液封失效，憋压在循环槽上部空间的煤气冲破液封进入塔内，造成 5 名塔内作业人员中毒，其中 3 人经抢救无效死亡。

2. 间接原因

1）化工方面

（1）日常安全管理严重缺失。某化工公司于 2018 年相继增加了 1# 脱硫塔微反

应器、2#脱硫塔捕雾器与 VOCs 处理设施，但企业无法提供变更的设计资料、施工方案，更未开展变更后的风险分析，安全管理严重缺失，致使在脱硫塔检修时，缺乏有效隔离措施。现场救援使用的呼吸器不完好，说明日常检查不到位。

（2）施工安全"事前预防"不力。① 未审核承包商资质。某化工公司未审核并发现其不具备施工资质，未发现施工方现场管理人员和作业人员不具备登高作业、登高架设作业等特种作业操作证。② 施工前未编制停工方案、未审核施工方案。③ 某化工公司未组织相关人员对施工方案进行审核，施工方案内容空泛。导致施工作业环境、安全保障措施不达标。④ 风险分析和教育培训走过场。未分析出需要办理受限空间作业票证；未辨识出有毒有害气体的危害；事故发生前没有对塔内气体进行检测；未涉及进入受限空间、中毒窒息等风险及措施的教育培训。

（3）施工安全"事中监管"不力。施工现场失管。某化工公司没有按照安全协议要求落实监理人和项目部，未对检修工程的过程进行有效监督和过程监控，事故现场未安排专职人员对施工进行监管，未有效防控作业安全风险。特殊作业失控。施工方案没有执行 GB 30871《化学品生产单位特殊作业安全规范》，事故发生前未办理受限空间作业票、未对塔内气体进行检测、未安排监护人员对塔内作业进行监护。

2）企业方面

（1）非法承接、违规施工。某企业非法签订其经营许可范围以外的防腐保温、机电安装等工程合同；施工前未按规定对其临时雇员进行针对性的培训，施工中未按规定为雇员提供符合国家（行业）标准的劳动防护用品。

（2）违反特殊作业规程。施工期间，员工未向某化工公司提出受限空间作业许可申请；未安排专职安全人员现场监护。

（3）组织无序，救援不力，导致事故扩大。肖某和董某在发现下段工人中毒及将其 2 人送往医院救治过程中，未及时通知上段施工人员撤离，也未通知某化工公司及时救援，导致事故扩大。

3）政府及部门方面

负有安全监管职责的属地政府及部门未能有效发挥指导督促、监督管理作用，对某化工公司脱硫塔检修工程没有及时掌握相关情况，对重点化工企业管理不到位。

（1）镇安监办。力量配备严重不足，不能有效发挥安全监管职能。

（2）镇工业办。未配备正式工作人员；指导工业企业加强安全生产管理不力，对重点行业隐患排查治理不细、不实。

（3）镇政府。对辖区内的危险化学品企业承包商管理、受限空间作业、危险化学品企业承诺制、"二道门"建设等制度督促落实不力；长期不重视安监办建设，造成安监力量弱化；对工业企业加强安全生产管理指导不力，对重点行业隐患排查治理不细、不实。

（4）应急管理局。执法计划中对重点企业监管安排不到位，安全检查流于形式；未制定具体检查方案，执法针对性不强；专业监管力量配备不足，没有实行有效的安全监管。对危险化学品企业落实承包商管理、受限空间作业、危险化学品企业承诺制等监管不到位。

（5）经济发展局。履行县化工产业安全环保整治提升领导小组办公室职能不到位；未对化工企业"一企一策"处置方案进行细化落实，未按照时间节点督促完成整改和验收。

（6）县委编办。在贯彻落实上级关于镇（街道）安监机构建设要求时不坚决、不彻底，未及时明确镇（街道）安监办配置人数和标准，造成某镇安监办队伍建设弱化。

（7）县政府。在化工企业集中整治过程中，未制定落实相关规定要求实施的方案，未按照时间节点组织督促整改和验收；对镇（街道）安监机构队伍建设推进不力，造成基层安监力量弱化；县应急管理局危化科人员配备未达要求。

（三）防范建议及措施

为防止类似事故再次发生，提出以下防范建议及措施：

（1）深入开展安全生产专项整治工作。要扎实推进化工产业安全环保整治提升工作，持续推动完成"一园一策""一企一策"整改措施，实现"减化、降危、强区"的预定目标。强化负面清单管理，新建化工项目原则上投资额不低于10亿元，对非法产能、落后产能、违规产能及安全环保不达标的企业必须坚决关停。全力推进危险化学品安全综合治理工作和危险化学品生产储存企业安全生产专项整治工作，持续推动落实提升企业本质安全水平指导意见，认真开展本质安全诊断专项行动和深度执法检查指导工作，全面落实化工园区和危险化学品企业风险排查治理两个导则，确保隐患见底、措施到底、整治彻底，坚决杜绝较大以上事故发生，坚决遏制有重大社会影响的爆炸、火灾、中毒事故发生，确保全市安全生产形势持续平稳向好。

（2）强化党委、政府领导责任。要认真吸取此次事故教训，进一步强化党委、政府安全生产领导责任，明确各级党委和政府领导干部安全生产责任。各镇（开发区）、各部门、各单位要严格按照安全生产综合治理、专项整治的时间节点和要求开展工作，充分研判本地区排查整治暴露出来的问题和特点，找准解决问题的根本性措施，精准施策。要加强一线安全监管队伍建设，对县应急管理局和负有安全生产监管职责部门，以及镇（街道）安监办要按照规定定编定岗，健全机构、配齐人员。要在提高监管能力和方法上下功夫，在实践中不断提高监管工作的针对性和有效性。

（3）严格落实企业安全生产主体责任。企业必须全面落实安全生产责任制，实际控制人担任法人代表，科学制定从主要负责人到一线从业人员的安全生产责任制，做到安全责任、管理、投入、培训和应急救援"五到位"。全面推进标准化管理＋风险管控＋隐患排查"三位一体"管理模式，健全完善安全风险分级分类管控和安全隐患排查治理等安全管理制度，全力开展安全生产标准化创建和持续运行工作。加强从业人员安全教育培训，实施全员安全培训计划，严格"三项岗位人员"考核，切实提高从业人员安全意识、守法意识、职业技能和反"三违"的自觉性。

（4）严格特殊作业和承包商管理。危险化学品企业要进一步加强动火、进入受限空间等特殊作业安全管理，建立完善并认真执行特殊作业审批制度，规范票证填写，加强对特殊作业过程的监护和隐患排查，动火及受限空间作业设置警示标识、实现不间断的实时监测，确保安全风险辨识到位、管控措施落实到位。要严格审核承包商有关施工资质及同类施工业绩情况，认真查验施工方管理人员、作业人员持证上岗情况。要与施工方签订依法合规的安全管理协议，组织生产、工艺、设备、安全等部门严格审核把关施工方案，确保施工过程风险辨识全面，管控措施有效。要严格承包商入厂管理，认真做好技术交底、施工安全教育、培训考试等工作。承包商作业向属地应急管理局报备。要加强对施工过程的监护和检查，确保作业环节安全风险管控措施落实到位，应急装备设施和劳动防护用品配备齐全有效。

（5）进一步推动焦化行业布局优化转型升级。针对某化工建厂设计时安全标准不高、企业自动化程度低、安全设备设施老旧、从业人员标准低，企业的安全现状已不适宜恢复生产，建议企业原厂重新建设（新建干熄焦除外），拆除现有生产装置，重新技改立项报市政府审批，1年内竣工验收。新建企业必须按照当前国内最高标准设计，建成现代化高水平煤化工企业。某市政府要组织严格验收，如验收不合格给予关闭退出。对全市焦化行业企业，某市要研究完善更严格的焦化企业"一企一策"转型升级方案，一方面，按照焦化行业布局优化转型升级实施方案加快行业整合升级；另一方面，保留的焦化企业借助搬迁、整合、改造契机加强建设项目安全设计，提升企业自动化水平，全面提升行业本质安全水平。

七、某公司"1·14"窒息事故

（一）案例回放

2021年1月13日，某公司净化车间计划处理130工序水解保护剂罐阻力上升问题（图7-23）。

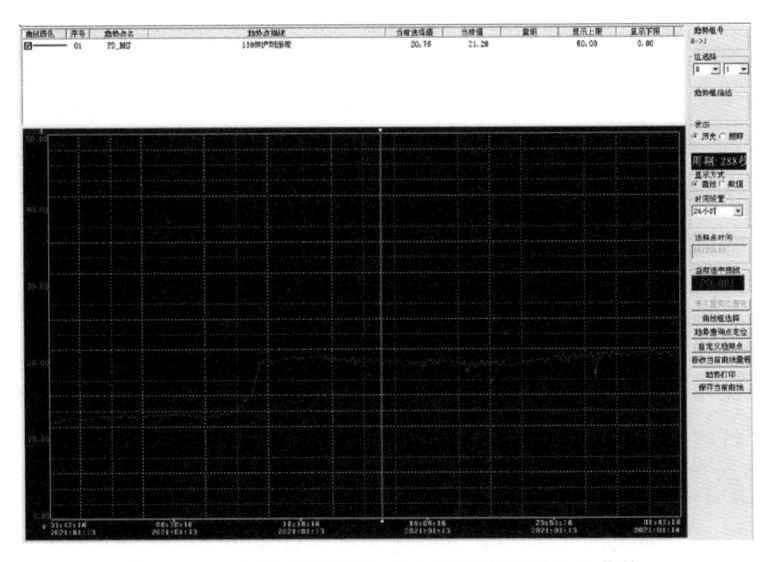

图7-23 DCS画面截取130工序保护剂差压曲线

净化车间主任袁某编制了《净化车间130保护剂扒出更换方案》，报公司生产办副主任闫某某、安环科科长宋某某审核后，由生产副总宁某某批准实施。1月14日15：38维修工宋某、张某打开1#保护剂罐四层人孔后，两人离开。约15：54至16：04，袁某安排汪某某重新打开1#水解保护剂罐氮气阀门，保持微正压；净化车间当班班长李某某将空气气源管线与正压空气呼吸器面罩连接后开始作业，李某某第1个佩戴空气呼吸器面罩进罐作业，作业完成后上顶层平台。汪某某在顶层平台佩戴好李某某取下的空气呼吸器面罩，下到四层平台后，在人孔口处空气呼吸器面罩的供气阀与面罩A突然脱落，汪某某将供气阀与面罩A未连接成功，汪某某返回顶层平台，取下空气呼吸器面罩A（未连接气源管线）休息。袁某某接过空气供气阀与面罩A，尝试将供气阀与面罩A重新连接，但仍未成功，改用另外一个空气呼吸器面罩 B 连接气源管线成功，然后进罐作业。图 7-24 为事故发生装置平面示意图。

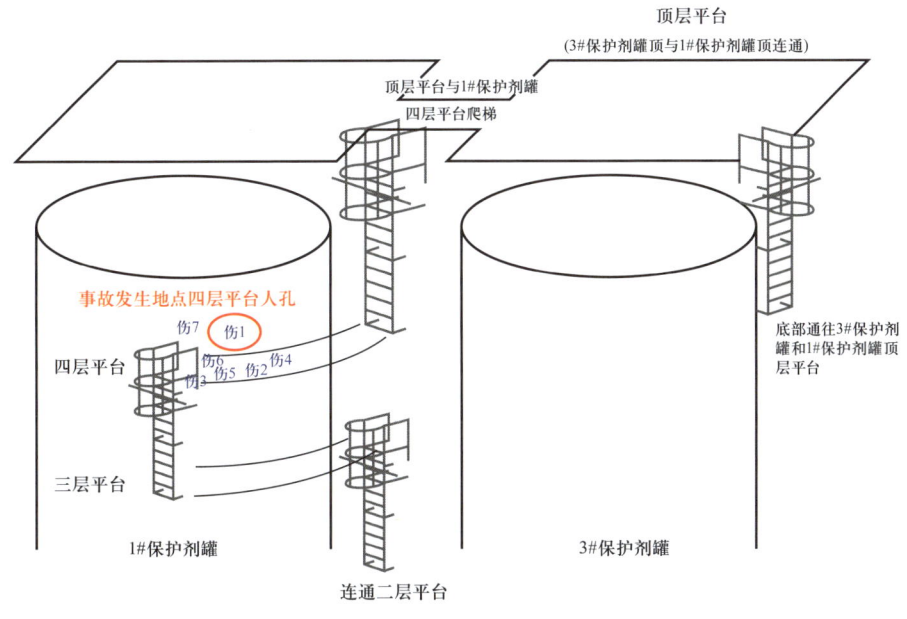

图 7-24 事故发生装置平面示意图

16：17 左右，袁某某作业后出罐上到顶层平台，将空气呼吸器面罩 B 取下交给汪某某。汪某某佩戴空气呼吸器面罩 B 后进罐作业，大约 1~2min 后，监护人侯某某（佩戴长管呼吸器）发现汪某某头部伸到人孔口，左手手臂伸出人孔外，侯某某拉住汪某某的安全带十字连接处，同时发出求救信号。

16：21 左右，李某某、袁某某发现侯某某发出的求救信号后，下到四层平台人孔处施救。约 1min 后，袁某某感觉头晕返回顶层平台。李某某要求侯某某将长管呼吸器交给自己，由其佩戴长管呼吸器进罐救援，侯某某取下长管呼吸器，李某某还未戴上即晕倒。

16：24 左右，袁某在地面听到呼救，与孔某某（净化车间维修工）一起未佩戴防护装备实施救援。此时在现场与袁某对接工作的公司副调度朱某某向主调度王某某报告，主调度王某某向生产办副主任闫某某和安环科科长宋某某报告。16：30 左右，宁某某、杨某某（净化车间副主任）闻讯后到达事故现场加入救援，现场附近的维修工付某、张某某也加入救援，4 人中只有张某某携带 1 套长管呼吸器。因无法将汪某某拉出，付某、袁某和宁某某将汪某某推回罐内，付某佩戴长管呼吸器进入 1# 水解保护剂罐内施救，袁某将汪某某安全带保险扣挂在吊车吊钩上，大

- 235 -

约 2min，宁某某晕倒在李某某身上，袁某也随后晕倒。16:41 左右，杨某某等人将汪某某从罐中救出后，杨某某晕倒。岳某某佩戴长管呼吸器与其他 3 人先后将杨某某、宁某某、李某某、袁某救至地面并用氧气袋供氧。

（二）原因分析

作业人员违章作业，致使作业人员缺氧窒息晕倒；未按照现场处置方案进行救援，盲目施救导致事故扩大；救援能力不足，现场组织混乱，导致事故扩大。具体原因分析如下。

1. 直接原因

（1）作业人员违章作业。该作业是在高浓度氮气环境下的受限空间作业，作业人员使用正压式呼吸器面罩，经过改造后呼吸面罩软管接入仪表空气代替正压式呼吸器，接入方法不规范，软管直接插入硬管，未设专人监护。违反了 GB 30871《化学品生产单位特殊作业安全规范》第 6.5 条和某新能源科技有限公司《受限空间安全管理规定》第十五条要求；作业过程中，软管与硬管接口脱落（图 7-25），空气来源消失，致使汪某某作业过程中缺氧窒息晕倒。

图 7-25 仪表风连接处脱落情况

（2）盲目施救导致事故扩大。前期参与救援的 9 人中，除 2 人佩戴长管呼吸器外，其他 7 名救援人员均未佩戴任何防护用品。事故伤亡人员主要在 4 层平台，当时水解保护剂罐处于氮气正压保护状态，从 4 层平台人孔处不断溢出氮气，救援人员没有注意到该风险，5 名现场救援人员因吸入高浓度氮气，导致缺氧窒息晕倒，其中 2 人经在医院抢救无效死亡，3 人受伤。

（3）现场救援不力。现场救援能力不足，从汪某某晕倒到将其从罐体内救出，用时将近 20min，导致汪某某因长时间缺氧窒息，经抢救无效死亡；救援现场组织混乱，进入罐体救援的付某，施救过程中，长管呼吸器软管被挤压，致使其因长时间缺氧窒息晕倒，经抢救无效死亡。

2. 间接原因

1）某新能源科技有限公司

（1）企业风险辨识不到位，双重预防体系建设水平低。未对扒保护剂作业进行全面风险辨识，违反了相关规定。《净化车间 130 保护剂扒出更换方案》未辨识出氮气窒息的风险，对高浓度氮气造成窒息带来的安全风险认识不够。对辨识出的其他安全风险未进行定性、定量评估，准确描述风险，确定风险等级，制订管控措施。某高新技术产业开发区管委会在对公司开展"专家查隐患"服务中，专家明确指出：企业双重预防部分风险等级确定不准确。该企业对专家指出的问题未引起足够重视，整改不到位，没有做到举一反三。

（2）现场管理不到位。针对关键环节没有安排专人进行管理，正压空气供应，是受限空间作业安全的关键环节，作业人佩戴呼吸面罩通过软管与仪表风接好后无紧固措施，软管与仪表风硬管对接距离较远，没有安排专人进行现场监护，违反了《净化车间 130 保护剂扒出更换方案》风险及防护措施第七条的规定。特殊作业票管理把关不严，流于形式。

（3）企业安全投入不足。企业未向净化车间配备体积小、适合进出罐作业的正压式呼吸器，致使作业人员使用呼吸面罩通过软管接入仪表风来代替隔离式呼吸器。事故发生时，现场应急救援装备严重不足。

（4）企业应急救援演练针对性不强。从事故发生至救援结束，企业未启动应急预案，未及时拨打 119 和 120 求救电话报警。净化车间未按照相关规定要求进行现场处置方案的演练，导致事故发生后盲目施救。

2）某集团有限公司

该公司未认真落实本单位安全生产责任制。2020 年 7 月，该公司将时任某公司法定代表人、总经理李某某调离，直至事故发生，该公司仍未要求某公司进行企业法定代表人变更工作。该公司技术管理、安全管理存在漏洞，对分管技术的领导和部门未落实对下属企业高风险作业安全技术措施进行审查、检查责任失管失察。分管技术副总经理、工程技术部经理未落实对下属公司作业方案和安全技术措施编制、审核责任。集团公司对下属企业安全管理不到位，对公司开展扒保护剂工作中存在的风险辨识不全面、应急救援装备配备不足等问题未能及时发现，并督促其整改。对公司存在的安全管理制度落实不到位、安全管理水平不高、安全投入不足、主要负责人履职不到位等问题失察失管。

3）地方党委政府及有关部门存在的问题

（1）某高新技术产业开发区管委会：

某高新技术产业开发区管委会未牢固树立安全发展理念，未认真落实属地监管职责。管委会未按"三管三必须"要求，明确内设机构安全生产行业监管职责，安全生产监管体系不健全，相关部门未严格落实各环节危险化学品安全监管责任；安全生产处安全监管力量薄弱，未按照《应急管理部关于印发〈化工园区安全风险排查治理导则（试行）〉和〈危险化学品企业安全风险隐患排查治理导则〉的通知》要求，配备化工专业安全监管人员。2020年11月30日，管委会在对某公司开展"专家查隐患"服务中，专家明确指出：企业双重预防部分风险等级确定不准确，高新区管委会没有引起足够重视，跟踪问效不力。

（2）某市应急管理局：

某市应急管理局对某公司负有危险化学品监督管理综合工作职责。负责危险化学品安全监管的科室监管人员专业能力不足，对常规检查之外的类似于保护剂扒出等非常规作业存在的安全风险检查不全面，执法检查时未能发现事故企业存在的类似问题。

（3）某市工业与信息化局：

某市工业与信息化局负有工业企业领域安全管理职责，未按照《工业和信息化部关于进一步加强工业行业安全生产管理的指导意见》文件要求指导督促某公司加强安全管理。

（三）防范建议及措施

为防止类似事故再次发生，提出以下防范建议及措施：

（1）提高政治站位，全面加强安全生产工作。党的十八大以来，习近平总书记对安全生产作出一系列重要指示批示，各级党委政府、各有关部门要深入学习贯彻习近平总书记关于安全生产的重要论述，坚持人民至上、生命至上的安全发展理念，牢固树立安全生产红线意识，统筹好发展和安全两件大事。要严格落实安全生产"一岗双责""党政同责"，坚持"管行业必须管安全、管业务必须管安全、管生产经营必须管安全"的原则，按照党委政府及有关部门安全生产工作职责分工，属地政府、行业主管部门和安全监管部门要认真履行各自的安全生产监管职责。要深入推进安全生产专项整治三年行动，扎实开展各行业领域大排查、大整治、大培训、大教育攻坚行动；通过执法检查和专项督查，及时发现并查处违法违规行为，倒逼企业认真落实主体责任，建立健全规章制度，消除事故隐患，防范事故发生。要加强对相关企业安全生产指导。深入开展各行业领域以案促改活动，认真汲取事故教训，举一反三；要指导、督促有关单位加强双重预防体系建设，提升安全生产整体水平。

（2）事故企业要采取有针对性的整改措施，认真落实安全生产主体责任。某集团有限公司及其下属企业要采取有针对性的整改措施，确保安全生产主体责任落到实处。要加强风险分级分类管理，重新进行风险辨识、分级，重新编制安全技术措施和岗位操作规程。要将识别出的风险及其管控措施、应急处置方法纳入安全管理制度、操作规程和应急预案，形成风险管控清单，对生产经营活动实施全过程风险管控。针对涉及动火、受限空间、有毒有害等特殊作业、非常规作业和偶发作业（无规章制度和操作规程），要重新审查、编制工作方案、安全技术措施和岗位操作规程。要加强作业环节管理，加强许可票（证）、作业前的风险辨识、条件确认、安全作业票（证）的申请、审批、实施等的管理和抽查检查。要扎实开展危险化学品安全专项整治三年行动，建立完善问题隐患、制度措施、重点任务"三个清单"，切实管控重大风险；深入开展安全生产隐患排查，消除重大隐患；加大安全生产投入，淘汰高风险工艺，提高本质安全水平。要建立专职应急救援队伍，加强应急救援器材和物资保障，配备科技化、现代化、智能化应急救援防护装备；要全面梳理完善各类应急预案，专项应急预案和现场应急处置方案，加强作业和施救人员应急培训，确保掌握异常工况识别判定、应急处置、避险避灾、自救互救等技能和方法，熟练使用个体防护装备，防止盲目施救；定期开展各类应急预案的培训和有针对性的应急演练，提高事故应急响应和处置能力；科学评估预案演练效果并及时完善预案，增强应急救援能力。要把事前管理作为安全监督考核的重心，解决制度执行落实不到位的问题，坚决杜绝有令不行、有禁不止的现象发生，切实把事故消灭在萌芽状态。要开展主要负责人和安全管理人员、特种作业人员安全生产培训，严肃考核，确保"三项岗位"人员具备相应的安全生产知识和管理能力；开展重点岗位员工职业技能提升培训，不达标的严禁上岗；加强员工培训教育，提高员工安全责任意识。

（3）其他企业要深刻汲取教训，把安全生产主体责任落到实处。全市各类生产经营单位要进一步落实企业安全生产主体责任，以构建双重预防体系建设为抓手，深入开展风险分级分类管理，建立健全各类安全生产管理制度和操作规程，认真落实安全检查、巡查、抽查等措施；严密组织本企业安全专项整治三年行动，强化事故隐患排查治理，加强和完善安全生产现场管理；加大安全生产投入，淘汰高风险工艺；加强安全生产管理人员和从业人员的安全知识技术培训，认真开展以案促改活动，深刻汲取事故教训；配备先进、适用的应急救援防护装备，定期开展应急演练，提高事故应急处置能力，杜绝盲目施救，坚决避免类似事故发生。

（4）加强危险化学品安全监管能力建设。全市各级人民政府（管委会）要切实加强应急管理能力建设，支持应急管理部门配足配齐专业人员、车辆和执法装备，要加大化工监管人才引进力度，调优配强危险化学品监管力量，保证75%以上监管人员具备专业能力，确保监管能力与工作任务相适应；对涉及危险化学品的建设项目，实施相关部门联合审批制度，严把安全许可审批关，科学规划危险化学品区域，严格控制与人口密集区、公共建筑物、交通干线和饮用水源地等环境敏感点之间的距离；对涉及危险化学品生产、储存、经营、使用等单位开展彻底摸底清查，进行系统性的全面风险辨识，科学确定风险等级和风险容量；推动城镇人口密集区危险化学品生产企业或装置设施搬迁改造，综合考虑安全效益、经济效益、社会效益、环境效益，对化工企业布局进行优化调整，确保安全防护距离不被侵蚀；利用大数据、物联网等信息技术手段，建立危险化学品监管信息平台，对危险化学品生产、经营、运输、储存、使用、废弃处置进行全过程、全链条的信息化管理，实现危险化学品来源可循、去向可溯、状态可控，实现企业、监管部门、消防及专业应急救援队伍之间信息共享。

八、某公司"11·22"操作井闪燃事故

（一）案例回放

"11·22"事故造成1名员工轻伤，为一般C级责任事故，属于公司升级管理事故。公司要认真汲取事故教训，全面组织排查整改。对事故责任人要按照"四不放过"原则，严肃问责处理。

2022年11月22日12:13，公司三汽加油站在承重罐操作井积水抽排作业过程中，发生一起闪燃事故，进入操作井实施抽水作业的1名员工受伤。

三汽加油站地势水位较高，2021年4月加油站改造（租赁站由出租方完成防渗

改造）后，当下雨频繁时，2#罐操作井会发生积水。当积水没过油罐人孔法兰盘时，加油站使用虹吸一体式抽水泵（含1.0m铝制引水管）抽排水，设备非防爆。11月10日，分公司安排第三方进行油气回收三项指标检测，检测合格。11月12日，公司安排第三方进行动静密封点检测，数值显示超500ppm（500μmol/mol），检测单位建议维修，公司决定待所有站全部检测完统一整改复测。

11：22，站经理徐某考虑到当天站内人员比较富裕且2#罐操作井有积水，临时安排副经理夏某和加油员石某抽水作业。11：58，石某打开2#罐人孔操作井盖通风并设置警戒。12：08，石某进入操作井做抽水准备工作，夏某在旁监护12：12，石某用灭火毯对操作井内计量口进行包裹覆盖后，手持非防爆虹吸一体式电动抽水泵在操作井内开始抽水。12：13，操作井内突然闪燃，夏某和当班员工胡某合力把石某从操作井拽出，加油站启动应急预案，切断电源、切断油路，当班员工胡某等用灭火器将火扑灭并对现场警戒。12：15，加油站经理徐某向分公司安全部门报告前厅主管张某拨打120。12：17，加油站经理徐某拨打119，请求消防救援。12：23，消防大队到达加油站。12：28，120救护车到达加油站，夏某送石某至医院。12：31，分公司副经理、安全总监与相关部门人员到达现场处置。12：39，消防大队对2#罐操作井进行泡沫覆盖。

（二）原因分析

1. 直接原因

使用非防爆虹吸一体式电动抽水泵（含1.0m铝制引水管）在2#承重罐操作井（井深1.95m）内实施抽排水作业，引起操作井内积聚的油气闪燃，是造成这起事故发生的直接原因。

2. 间接原因

（1）油气积聚。操作井内油罐附件密闭不严，存在油气泄漏；承重罐操作井较深，打开井盖自然通风短时间无法有效置换。

（2）风险辨识。未针对定期开展的承重罐操作井内积水抽排作业组织风险辨识与防控，2#罐操作井积水抽排作业前未开展工作前安全分析，未针对存在泄漏隐患的操作井内油气燃爆、中度窒息等关键风险采取具体防控措施。

（3）许可管理。特殊作业（临时用电、受限空间）未办理作业许可审批手续，违章指挥开展2#罐操作井积水抽排作业。

（4）现场管控。具有燃爆风险的受限空间临时用电作业，作业前未组织现场安全条件确认：未开展可燃气体检测、未核实用电设备防爆性能、未采取有效保护措施（安全系索）、未布设消防器材（灭火器）。

（三）防范建议及措施

本起事故的发生暴露出基层员工安全意识淡薄、风险管控能力不足等严重问题，为深刻汲取事故教训，防范遏制类似事故发生，要求如下：

1. 深刻汲取事故教训

各单位要参照上述通报认真组织同类事故风险的警示分析，全面排查梳理库站业务运作中的安全风险点和关键控制节点，制订并落实防范措施。对定期开展的例行性作业要组织作业规范，对涉及作业许可管控范畴的"特殊作业"必须严格执行国家标准及公司规章制度。

2. 切实加强操作井受限空间作业管理

埋地储罐及油气管线操作井属于受限空间，井内操作受到限制且存在燃爆风险，进入操作井开展计量、检查、检修及维护作业，要严格按照新版国家标准《危险化学品企业特殊作业安全规范》及有关制度要求，办理作业许可并进行全过程风险管控。各单位要合理安排作业计划，最大限度减少类似风险作业，必须进入的要认真履行许可审批程序严格组织现场安全条件确认，规范开展可燃气体及氧含量等指标检测。进入人员必须严格执行能量隔离、安全防护、消防应急等具体要求。

3. 迅速组织作业许可制度转换、执行

当前，新版作业许可管理规范已于10月1日正式执行，国家应急管理部及各地应急管理部门在各类检查中对相关内容进行了重点关注。"部级督导"已通报所属企业1项关于作业许可的重大隐患，部分地方监管部门已经要求加油站操作井喷涂"受限空间"标识，并在执法监督中对进入操作井未办理作业许可的加油站进行了行政处罚。各单位要对危险化学品企业"特殊作业"的风险提高认识，迅速更新转换有关制度，切实强化特殊作业许可管理及全过程风险管控，防范组织贯彻和制度执行环节消极懈怠、敷衍塞责的情况发生。

4. 持续加强作业许可审批人管理

各单位要结合销售企业作业许可审批人持证管理需要，持续加强特殊作业许可制度宣贯培训和继续教育工作，企业是作业许可培训主体，销售公司提供审批人测评和管理平台，经企业授权后，审批人每年还要进行继续教育，通过平台测评方能继续执业。各单位要认真做好规划、组织，测评合格人员经正式授权后纳入平台管理。存在违章、违规要立即终止授权。

5. 积极开展基层员工的警示、培训

各单位要认真组织基层库站员工事故警示和安全培训工作，切实提升全员风险意识和安全技能，对库站各区域、环节主要风险和日常设备、工器具使用操作进行专业培训，不断规范员工操作行为，提高应急处置能力对库站特殊作业主要风险进行全面辨识，结合作业许可制度换版全面熟悉特殊作业风险管控各项要求，切实提升全员特殊作业风险管控能力。

6. 深入开展特殊作业专项检查行动

年关将至，各单位要迅速部署实施库站"特殊作业"管理的专项检查，现场检查与视频巡查相结合，重点排查作业许可制度转换、宣传贯彻、基层落实等环节问题。检查过程重点查处三类问题：一是仍在沿用旧版许可，特别是2015版动火作业许可制度的单位、现场，动火作业分级与现行标准不一致，动火作业现场未受控、未采用连续检测或特级动火未全程录像的，要立即纠正，涉事单位、人员要严肃问责；二是对于进入受限空间作业，不采取、不落实风险防控措施、不办理作业许可、不执行现场审批规定的单位，要立即纠正涉事人员严肃问责；三是对于爆炸危险区内临时用电作业，不核实确定设备防爆性能、不检测确认环境燃爆风险、不依规办理特殊作业许可的单位，必须立即纠正，涉事人员严肃问责。

参 考 文 献

[1] 中国化学品安全协会. 中石油辽阳石化分公司"6·29"原油罐爆燃事故[R]. 2010-06-29.
[2] 北京市应急管理局. 北京市礼仕建安设备安装工程技术有限公司"7·14"事故[R]. 2014-8-28.
[3] 淄博市应急管理局. 中国石油化工股份有限公司齐鲁分公司"4·16"坍塌事故调查报告[R]. 2022-06-28.
[4] 上海市人民政府. 上海赛科石油化工有限责任公司"5·12"其他爆炸较大事故调查报告[R]. 2018-08-28.
[5] 海阳市人民政府. 江苏沛县天安化工"12·31"较大中毒调查报告[R]. 2020-08-24.
[6] 驻马店市人民政府. 河南顺达新能源科技有限公司"1·14"事故调查报告[R]. 2021-07-26.

附录一

受限空间作业常见危害气体浓度判定限值

在石油石化行业受限空间作业中，有毒气体和易燃气体产生的危害不容忽视。为了保护作业人员的健康和安全，需要明确各种气体的浓度判定限值。常见的危害气体及其浓度判定限值见附表1-1。

附表1-1中的数值来源于《化验员实用手册》《石油化工工艺计算图表》《高毒物品作业职业病危害防护实用指南》及现行国家职业卫生标准GBZ 2.1—2019《工作场所有害因素职业接触限值 第1部分：化学有害因素》、国家标准GB/T 18664—2002《呼吸防护用品的选择、使用与维护》。

附表1-1中，气体密度是在1个标准大气压、20℃条件下的数据。

附表1-1 常见的危害气体浓度判定限值

序号	物质名称	职业接触限值（OEL），mg/m³			立即威胁生命和健康浓度（IDLH），mg/m³
		MAC	PC-TWA	PC-STEL	
1	一氧化碳	—	20	30	1700
2	氯乙烯	—	10	25	—
3	硫化氢	10	—	—	430
4	氯	1	—	—	88
5	氰化氢	1	—	—	56
6	丙烯腈	—	1	2	1100
7	二氧化氮	—	5	10	96
8	苯	—	6	10	9800
9	氨	—	20	30	360
10	碳酰氯	0.5	—	—	8
11	二氧化硫	—	5	10	270
12	甲醛	—	2	—	37
13	环氧乙烷	—	0.6	2	1500
14	溴	0.3	—	—	66

附表1-2中的数值来源以《化学易燃品参考资料》(北京消防研究所译自《美国防火手册》)为主,并与HG/T 20660—2017《压力容器中化学介质毒性危害和爆炸危险程度分类标准》、《石油化工工艺计算图表》、JJG 693—2011《可燃气体检测报警器》、GB 50058—2014《爆炸危险环境电力装置设计规范》、《化工过程安全理论与应用》(第二版)进行了对照,仅调整了个别栏目的数值。

附表1-2中气体密度(kg/m^3)是在1个标准大气压,0℃条件下的数据。

附表1-2 常见的易燃气体特性表

序号	物质名称	沸点,℃	闪点,℃	爆炸浓度(体积分数),% 下限	爆炸浓度(体积分数),% 上限	火灾危险性分类	备注
1	甲烷	−161.5	气体	5.0	15.0	甲	液化后为甲$_A$
2	乙烷	−88.9	气体	3.0	12.5	甲	液化后为甲$_A$
3	丙烷	−42.1	气体	2.0	11.1	甲	液化后为甲$_A$
4	丁烷	−0.5	气体	1.9	8.5	甲	液化后为甲$_A$
5	戊烷	36.07	<−40.0	1.4	7.8	甲$_B$	—
6	己烷	68.9	−22.8	1.1	7.5	甲$_B$	—
7	庚烷	98.3	−3.9	1.1	6.7	甲$_B$	—
8	辛烷	125.67	13.3	1.0	6.5	甲$_B$	—
9	壬烷	150.77	31.0	0.7	2.9	乙$_A$	—
10	环丙烷	−33.9	气体	2.4	10.4	甲	—
11	环戊烷	469.4	<−6.7	1.4	—	甲$_B$	—
12	异丁烷	−11.7	气体	1.8	8.4	甲	—
13	环己烷	81.7	<−20.0	1.3	8.0	甲$_B$	—
14	异戊烷	27.8	<−51.1	1.4	7.6	甲$_B$	—
15	异辛烷	99.24	−12.0	1.0	6.0	甲$_B$	—
16	乙基环丁烷	71.1	<−15.6	1.2	7.7	甲$_B$	—
17	乙基环戊烷	103.3	<21	1.1	6.7	甲$_B$	—

附录二

受限空间作业常见问题答疑

问题一

受限空间有哪些类型？（中国化学品安全协会）

答：受限空间分为地下受限空间、地上受限空间和密闭设备三大类。

（1）地下受限空间。如地下室、地下仓库、地下工程、地下管沟、暗沟、隧道、涵洞、地坑、深基坑、废井、地窖、检查井室、沼气池、化粪池、污水处理池等。

（2）地上受限空间。如酒糟池、发酵池、腌渍池、纸浆池、粮仓、料仓等。

（3）密闭设备。如船舱、贮（槽）罐、车载槽罐、反应塔（釜）、窑炉、炉膛、烟道、管道及锅炉等。

问题二

受限空间作业的含义？（马鞍山市应急管理局官网）

答：GB 30871—2022《危险化学品企业特殊作业安全规范》第3.5条规定，受限空间是指进出口受限，通风不良，可能存在易燃易爆、有毒有害物质或缺氧，对进入人员的身体健康和生命安全构成威胁的封闭、半封闭设施及场所，如反应器、塔、釜、槽、罐、炉膛、锅筒、管道以及地下室、窨井、坑（池）、管沟或其他封闭、半封闭场所。

GB 30871—2022《危险化学品企业特殊作业安全规范》第3.6条规定，受限空间作业是进入或探入受限空间进行的作业。

问题三

当前受限空间作业对所涉及的作业人员和监护人员有没有持证资格的要求的最新标准或相关通知？（应急管理部官网）

答：现行的《特种作业目录》不包含有限空间作业。

问题四

受限空间与有限空间是如何区分的？两个空间有哪些区别？譬如，污水处理池是按照受限空间管理还是有限空间进行管理？（应急管理部官网）

答：两个名词内涵基本一致，但应用范围不一样。

问题五

在工作中，经常遇到各类检查，关于受限空间的定义，存在疑问。有的专家提出在用压力容器、储罐也应纳入受限空间管理，我单位是将检修时的压力容器、储罐纳入空间管理，而正常在用压力容器、储罐未纳入受限空间管理。故咨询，关于在用压力容器、储罐是否应纳入受限空间管理？（应急管理部官网）

答：压力容器监管非我局职责。对工贸行业内的储罐，如果企业经风险辨识，确定不存在有毒有害、易燃易爆物质积聚或氧含量不足的情况，可不作为受限空间管理。

问题六

想咨询，我公司为一家化工企业，受限空间可分为两类，一类是反应釜、储罐等，其人孔需要借助专业工具方可打开，另一类为污水观察井、未封闭水池等，不需要工具即可进入；请问以上识别的受限空间：无论是否作业均需要设置警示标识？还是仅需要在作业时在作业场所设置警示标识？（应急管理部官网）

答：2022年10月1日实施的GB 30871—2022《危险化学品企业特殊作业安全规范》规定，停止受限空间作业期间，应在受限空间入口处增设警示标志，并采取防止人员误入的措施。因此，企业应在非作业时、作业中断期间，在受限空间入口显著位置设置安全警示标志。在受限空间作业期间，在受限空间外应设有专人监护。感谢您对危化品安全管理工作的关心关注。

问题七

作业人员在受限空间内发生意外时，监护人员的施救原则是什么？（中国化学品安全协会）

答：当作业人员在受限空间内发生意外时，监护人员应第一时间向他人呼救，在有他人援助的情况下，做好自我防护，再采取措施进入受限空间内进行施救，严禁未做好自身防护、不清楚受限空间内情况、无其他人在外监护情况下盲目施救，避免事故扩大。要做到至少有一人在受限空间外负责看护、联络。

问题八
在具有火灾爆炸危险性的受限空间内进行检修作业，为什么还要按照动火作业要求进行可燃气体浓度分析？（中国化学品安全协会）

答：（1）在具有火灾爆炸危险性的受限空间内进行检修作业，可能涉及动火等交叉作业，此时应严格执行动火作业有关规定，按照动火作业要求进行可燃气体浓度分析。

（2）即使不涉及明火，但在作业过程中使用各种工器具，也可能因与受限空间内金属物件摩擦、碰撞、打击等原因产生火花，具备了"着火三要素"之一。如果通过可燃气体浓度分析，确认受限空间内气体未达到爆炸极限浓度，则不会导致严重后果；若达到爆炸极限，则要清理受限空间内部直至满足要求。

（3）在已经通过可燃气体检测合格的受限空间内作业，仍需要使用不产生明火的防爆工具。这是因为即使作业初期可燃气体检测合格，但作业时扰动容器内积料或物料垢层脱落，仍有可能有可燃气体逸出，因而存在火灾爆炸的风险。

问题九
我们现在施工时，建设单位需要受限空间特种作业证，但是在省市应急官网上没有此类作业证申请表格，请问是否有受限空间特种作业证？是否是强制执行？有相关文件吗？（应急管理部官网）

答：现行的《特种作业目录》中不涉及受限空间作业。

问题十
我想咨询汽车加油站油罐区油罐操作井是否为受限空间有限空间？对操作井的日常维护工作卫生清理、刷漆防腐是否应按照受限空间特殊作业进行管理。另望明确判别的标准规范文件。（应急管理部官网）

答：GB 30871—2022《危险化学品企业特殊作业安全规范》已经发布，将于2022年10月1日起正式实施。

问题十一
有毒有害受限空间作业现在需要考证吗？（应急管理部官网）

答：《特种作业人员安全技术培训考核管理规定》（原国家安全监管总局令第30号）中的《特种作业目录》不包含受限空间作业。

问题十二

地下室受限空间巡检是否属于进入受限空间作业？（应急管理部官网）

答：咨询标准编制单位。

问题十三

受限空间内使用 220V/380V 用电设备的安全要求是什么？（中国化学品安全协会）

答：受限空间作业过程中使用 220V/380V 用电设备时，首先应满足 GB 30871—2022《危险化学品企业特殊作业安全规范》"临时用电作业"中相关要求，其次应按照第 6.9 条 d）款落实"接入受限空间的电线、电缆、通气管应在进口处进行保护或加强绝缘，应避免与人员出入使用同一出入口"的要求。

问题十四

受限空间作业规定了连续检测气体浓度，为何还要规定每 2 小时记录一次？（中国化学品安全协会）

答：在连续检测气体浓度基础上，主要是通过比对分析受限空间内可能出现的有毒、可燃气体浓度变化情况，根据数据变化趋势预估、预测受限空间环境是否安全，是否可以继续进行作业。

问题十五

除 GB 30871—2022《危险化学品企业特殊作业安全规范》中规定的几种受限空间情形外，还可能有哪些作业应该参照受限空间作业进行管理？（中国化学品安全协会）

答：以下常见的在狭窄区域内开展的作业可参照受限空间作业管理：

（1）清除、清理作业，如进入污水井进行疏通，进入污水池、发酵池进行清污作业。

（2）设备设施的安装、更换、维修等作业，如进入地下管沟敷设线缆、进入污水调节池、阀门井更换调节设备等。

（3）涂装、防腐、防水、焊接等作业，如在船舱内进行焊接作业等。

（4）巡查、检修等作业，如进入检查井、热力管沟进行巡检、开关阀门、检维修作业等。

（5）反应釜（容器）清理作业，如人员从反应釜（容器）人孔将胳膊探入釜内，进行擦拭或清理的作业。

（6）在生产装置区、罐区等危险场所动土时，遇有埋设的易燃易爆、有毒有害介质管线、窨井等可能引起燃烧、爆炸、中毒、窒息危险，且挖掘深度超过1.2m时的作业。

（7）可能产生高毒、剧毒且通风不良，需设置局部通风的地下室等场所进行检查、操作、维修及应急作业。

问题十六
在已交付检修的受限空间内进行检修作业，为什么还要连续检测气体浓度？检测什么气体？（中国化学品安全协会）

答：需要连续检测气体浓度的根本原因是基于"风险是动态的"的理念。即使设备交付检修时满足相关作业条件，但在检修过程中可能因隔绝失效、外界气体窜入、设备内壁物料垢层脱落使受限空间本身再次存在（氧化反应或逸出）有毒、可燃气体，因而导致人员窒息、中毒、火灾爆炸的事故。通过连续检测气体浓度，实时掌握作业现场气体浓度变化，如有常，立刻采取措施，不失为从源头防范事故发生的根本手段。

问题十七
受限空间作业规定了连续检测气体浓度，为何还要进行作业前的气体分析？（中国化学品安全协会）

答：受限空间作业前开展气体检测是为了满足作业人员在进入受限空间前所做的基础性和超前预防性工作，只有满足安全作业条件才能办理作业审批手续，进入受限空间内作业。作业过程中连续检测是防止在作业过程中气体环境改变，造成有毒、易燃易爆气体再次出现而发生安全事故。因此两种检测目的不同，作业期间的连续检测不能替代作业前的气体检测。

问题十八
受限空间作业人员的职责是什么？（宁津县人民政府）

答：（1）按时参加有限空间作业安全生产培训，不断提高个人安全意识和安全生产技能。

（2）负责在保障安全的前提下进入有限空间实施作业任务，作业前应了解作业的内容、地点、时间、要求，熟知作业中的危害因素和应采取的安全措施。

（3）遵守有限空间作业安全操作规程，正确使用有限空间作业安全设施与个体防护用品。

（4）严格按照"有限空间作业审批表"上签署的作业任务、地点、时间进行作业。

（5）应与监护人员进行必要的、有效的安全、报警、撤离等双向信息交流。

（6）服从作业监护人的指挥，如发现作业监护人员不履行职责时，应停止作业并撤出有限空间。

问题十九
受限空间作业发生中毒窒息事故应如何进行救援？（四川省应急管理厅）

答：受限空间作业中发生事故后，现场有关人员应当立即向企业负责人报告，禁止盲目施救，防止事故后果扩大。企业有关负责人员接到事故报告后，要立即启动应急预案，并按照预案响应程序，组织应急救援人员开展救援。在自身救援技术、装备、队伍无法施救的情况下，应及时联系消防救援队伍等专业救援单位开展救援，并提供有限空间各种数据资料。应急救援人员实施救援时，应当做好自身防护，佩戴必要的应急救援设备。要按照事故报告程序逐级上报，以便安全生产监督管理部门及时了解掌握情况，分析事故原因教训，指导问题整改，有效防范类似事故。

问题二十
企业实施受限空间作业前应该做好哪些准备工作？（四川省应急管理厅）

答：企业实施受限空间作业前，第一，应当对作业环境进行评估，分析存在的危险有害因素，提出消除、控制危害的措施，制定受限空间作业方案、应急预案，并报经本企业负责人批准。第二，要根据作业方案、应急预案的要求，备齐符合要求的通风、监测、防护、照明等安全防护设施和个人防护装备。第三，要按照作业方案，明确作业现场负责人、监护人员、作业人员、应急救援人员及其各自安全职责。第四，要对从事受限空间作业的现场负责人、监护人员、作业人员、应急救援人员进行专项安全培训，使其熟知作业方案和作业现场可能存在的危险有害因素、防控措施等，安全培训应当有专门记录，并由参加培训的人员签字确认。

问题二十一
企业有限空间作业安全管理应该做好哪几个方面的工作？（四川省应急管理厅）

答：一是要全面辨识，摸清底数。所有企业都应当对本企业的有限空间进行辨识，确定有限空间的数量、位置及危险有害因素等基本情况，建立有限空间管理台账，并及时更新。

二是要强化有限空间作业人员的安全教育培训。存在有限空间作业的单位，要把有限空间安全作业作为新员工入厂教育和培训的重要内容，每年定期的安全教育培训也要有防范有限空间作业事故的内容；每次实施有限空间作业前，要对参与作业的人员进行专项培训，特别要加强对临时工、农民工、外包单位人员的培训。

三是要制定完善并严格执行有限空间作业安全管理制度。存在有限空间作业的单位要建立有限空间作业安全责任制度、审批制度、现场安全管理制度、现场有关人员安全培训教育制度、应急管理制度、安全操作规程等规章制度。

四是要做好应急准备。要根据作业特点，制定有针对性的专项应急预案，明确紧急情况下作业人员的逃生、自救、互救方法，配备必要的应急救援器材。要加强预案演练，现场作业人员、管理人员都要熟知预案内容和救援器材使用方法。

问题二十二

在气体分析合格的受限空间内进行检修作业，为什么在作业场所还要准备应急器材？（中国化学品安全协会）

答：在气体分析合格的受限空间内进行检修作业，要求在作业场所准备空气呼吸器等应急器材，主要是基于风险预控考虑。一旦在作业过程中有突发情况出现，可及时使用应急器材采取救援措施。同时监护人员也能在做好自身防护的基础上开展施救，避免因未采取自我保护措施盲目施救而导致事态扩大化。

问题二十三

如何理解易燃易爆的受限空间经清洗或置换仍达不到本标准规定气体浓度要求的，应穿防静电工作服及工作鞋，使用防爆工器具的条款要求？（中国化学品安全协会）

答：易燃易爆的受限空间经清洗或置换仍达不到本标准规定气体浓度要求的，原则上不应作业。在采取了安全管理和工程技术措施后仍达不到要求且必须作业时，只能采取个体防护措施和相应辅助措施来解决问题。如：催化剂装填作业属于受限空间内作业，且受限空间不能进行清洗或置换，只能采取个体防护措施。

"正确佩戴个体防护用品"是最后一道防线。但并不是说任意一个受限空间内作业都可以采取这种特殊作业方式"走捷径"。当可燃气体浓度超标，有可能达到爆炸极限时，应禁止进入受限空间作业。

问题二十四
监护人员如何实时掌握受限空间内的气体环境，以确保受限空间内作业人员的安全？（中国化学品安全协会）

答：（1）作业前，通过对该受限空间进行气体分析检测，查看检测结果是否在规定范围数值内。

（2）作业期间，通过作业现场配置的移动式气体检测仪器对设备内气体浓度进行连续检测，确保检测结果始终在规定范围内。

（3）与作业人员实时保持联系，信息畅通。

问题二十五
为什么要规定进入受限空间作业人员要配备通信设备等联络工具？（中国化学品安全协会）

答：在受限空间内作业时，可能作业人员距离受限空间进出口较远再加上周围环境嘈杂，不便于与受限空间外的监护人及相关人员随时取得联系，也不能及时反馈受限空间内环境、作业情况及存在的问题尤其是在出现危险情况时报警、呼救不一定能被外面的监护人员第一时间听到。为保证受限空间内外人员联系通畅，及时报告险情，GB 30871—2022《危险化学品企业特殊作业安全规范》第6.6条规定了在受限空间内作业时，应配备相应的通信工具。

问题二十六
哪些人员可以担任受限空间作业的监护人？承包商人员可否担任？（临夏州应急管理局）

答：受限空间监护人应由具有危险化学品企业生产（作业）实践经验的人员担任。企业在选派监护人时，应考虑以下因素：

（1）从事本岗位作业2年以上。

（2）对作业场所的风险掌握清楚，能够做到向作业人员进行安全交底工作。

（3）具有一定的应急处置能力和经验。

企业可选派一线岗位主操、副操、班长、技术人员等人员担任监护人。

对于作业内容复杂、潜在风险大的特殊作业，在危险化学品企业指派了作业监护人员的情况下，作业单位（含承包商）可以再指派监护人实施双监护。危险化学品企业未指派作业监护人员而只有承包商人员指派了作业监护人员是不允许的，因承包商人员对作业环境、作业过程中可能潜在的风险及应急处置措施不如危险化学品企业人员更加清楚。

问题二十七
为什么要对忌氧环境下的受限空间作业提出要求？有哪些要求？（中国化学品安全协会）

答：忌氧环境就是在此环境下的物质与氧气可形成爆炸性混合气体或易自燃，要求此环境下不能有氧气（空气）存在，如存放易燃易爆物质的储罐上部空间、储存易在空气中自燃的物质包装容器内等。与氧气性质抵触的危险化学品，因包装容器渗漏等原因，可能与氧发生氧化反应，起火甚至爆炸。因此作业前必须事先对作业环境进行置换如采用惰性气体置换等，确保可以满足有氧环境下作业的条件。

问题二十八
在受限空间内作业时，为什么不能向受限空间充纯氧气或富氧空气？（中国化学品安全协会）

答：如果向受限空间充纯氧气或富氧空气，受限空间内会出现富氧环境，带来富氧风险。

（1）在氧含量过高的富氧状态下，人体自由基会受到影响，直接损害健康，直至死亡。

（2）在富氧环境下，平时较为稳定的介质易引起火灾爆炸事故，后果也会更加严重，富氧条件下可燃固体更容易燃烧，固体和液体的着火点降低，爆炸压力增强。

向受限空间内通风，保持空气流通，是目前采用的最简捷便利又经济适用的通风方式，既可以保证受限空间内氧气不超限，又能保证有足够的氧气。

问题二十九
受限空间取样时分析人员探入受限空间是否需要办理受限空间作业票？（中国化学品安全协会）

答：受限空间作业前进行气体取样时，取样设施应尽量采取探入、进入受限空间的方式进行取样，而分析取样人员需要身体局部探入受限空间内时，应按照GB 30871中规定的"c）检测人员进入或探入受限空间检测时，应佩戴6.6中规定的个体防护装备"要求，佩戴个体防护装备，采取充分的安全措施后方可取样。取样人员探入受限空间，可不办理受限空间作业票。

问题三十

如何正确理解受限空间作业开始时间？（中国化学品安全协会）

答：在实际工作中，作业人员开始进入受限空间的时间是受限空间作业的正式开始时间。有部分企业没有正确理解受限空间作业开始时间，将作业人员到作业现场开始做作业准备（准备相关工器具等）的时间理解为受限空间作业开始时间，各项准备工作做好了，作业人员正式进入受限空间的时间可能已经与气体分析时间间隔超过了30min。例如某些企业的受限空间作业人员及工器具进出空间登记表中，作业人员首次进入空间的时间距离作业票中气体分析时间间隔超过了30min。这应引起重视。

问题三十一

为什么规定受限空间安全作业票有效期不应超过24h？（中国化学品安全协会）

答：（1）基于动态风险管控。超过24h，受限空间环境及外部环境会发生改变的概率增大。

（2）如果受限空间作业时间过长，作业中可能因隔绝失效、外界气体窜入、受限空间本身产生（氧化反应或逸出）有毒、可燃气体而导致窒息、中毒、火灾爆炸。

（3）受限空间作业不但不能超过24h，作业期间还应通过连续监测气体浓度，实时掌握现场气体变化，如有异常立刻停止作业，并采取有效措施。

（4）有利于提高作业效率，督促作业人员尽可能在24h内完成任务。

问题三十二

为什么受限空间作业时，监护人不得在受限空间内部进行监护？（中国化学品安全协会）

答：因为监护人若在受限空间内部监护，发生危险情况时，监护人同样是第一时间的受害者，无法采取及时有效的报警、救护等措施；监护人在外监护，密切关注受限空间内部和作业人员的情况，保证信息畅通，随时采取有效应急措施。

问题三十三

进入生产现场的分析小屋内作业属于受限空间作业吗？进入较封闭的场所进行日常巡检属于受限空间作业吗？（中国化学品安全协会）

答：进入生产现场的分析小屋内作业不属于受限空间作业。

受限空间作业指的是人员在必要时进入受限空间内进行临时性工作，与正常岗位巡检有所不同。按照规定例行到较为狭窄、封闭的区域或通风不畅的区域开展的正常巡检工作不列入受限空间作业管理范畴，员工遵守企业相关巡检管理安全规定即可，如进入地下泵房巡检、皮带廊桥上的巡检、煤化工企业煤气净化区域地下场所的巡检等。焦化厂的焦炉地下室是典型的受限空间，且是操作人员巡检必到之处，焦化厂的焦炉地下室巡检一般不按照受限空间作业管理，当然有些企业参照受限空间作业管理，且要求至少 2 人相伴巡检也是可行的。

以上情况无论是否界定为受限空间作业，关键还是在于准确辨识出场所的危险源及风险点所在，建立有关的管理制度，做好人员防护、携带气体检测仪等管控措施，保证风险处于可接受范围内，确保人员安全。必要时，企业可根据实际情况，在重要巡检场所设置氧气、可燃有毒气体检测报警器。

问题三十四
为什么要对进入受限空间作业的人员及其携带的工具进行登记、清点？（中国化学品安全协会）

答：其主要目的就是避免人员或工器具落在受限空间内引发严重后果。

（1）对进出受限空间内的人员进行登记，防止检维修后异常状况致使作业人员遗留在受限空间内，发生事故。

（2）大多数工器具为金属质或木质，如果被遗忘在受限空间内，一方面可能和进入的物料发生反应，产生有毒有害或者易燃易爆气体；另一方面受物料高速冲刷，可能变成碎块随物料进入泵或风机、压缩机入口，堵塞动设备入口管道，造成不期望的结果。

问题三十五
不进入有限空间内部作业，只是站在有限空间的上方，请问是否需要办理作业许可证？（应急管理部官网）

答：因为有限空间内部存在的有毒有害和易燃易爆气体具有扩散性，目前已经发生多起未进入有限空间内部、在有限空间周边作业仍然出现中毒导致人员伤亡的事故。因此，当分析有限空间存在有毒有害和易燃易爆气体时，不论是否进入有限空间，在周边进行作业时，都属于有限空间作业，应执行审批制度，办理审批手续。

问题三十六
有限空间的作业原则是什么？（福建省应急管理厅）

答：应当严格作业审批手续，严格遵守"先通风、再检测、后作业"的作业原则。

问题三十七
有限空间作业事故如何进行现场处置？（福建省应急管理厅）

答：事故发生后，现场人员应立即报警，禁止盲目施救。应急救援人员实施救援时，应当做好自身防护，佩戴必要的呼气器具、救援器材。

问题三十八
压缩空气储气罐确认不进入作业是否可以不作为有限空间管理？单位有一些储液罐，1.8m 高左右，不存在有毒有害及易燃易爆物质，但需进入定期清理，是否可不作为有限空间来管理？（应急管理部官网）

答：压缩空气储气罐应按照压力容器管理。

问题三十九
有限空间作业常见有毒气体浓度判定限值表在实际工作中怎么运用的，例如，是我测出一个硫化氢 8mg 立方米直接对照表格还是要代入式子计算出那个 ppm 再对照？（应急管理部官网）

答：有限空间作业常见有毒气体浓度判定限值可以用体积浓度，ppm 或质量浓度，mg/m^3 表示。通常企业使用的气体检测仪器会选择一种气体浓度单位，则满足对应的气体浓度限制要求即可，不需要转换计算。

问题四十
请问有限空间管理根据风险评价大小进行分类管理，如评价部分有限空间作业风险很小，是否不纳入有限空间管理？或者不纳入许可管理、现场不需要设置警示牌？因为分类管理有限空间有利于现场安全管理。（应急管理部官网）

答：目前没有分类管理办法，可以通过分级审批或采取不同工作要求和风险管控措施等方式解决风险高低的问题。

问题四十一

目前有限空间发包作业的，要求承包单位有相应资质，主要包括什么资质？（应急管理部官网）

答：目前没有法律法规明确承揽有限空间作业的单位需要具备哪些资质。有限空间作业人员也没有全国统一的作业资格证要求。北京等地根据属地监管要求，按照特种作业进行管理。

问题四十二

哪些场所应被判定为有限空间？（应急管理部官网）

答：有限空间是指封闭或部分封闭、进出口有限但人员可以进入、未被设计为固定工作场所，通风不良，易造成有毒有害、易燃易爆物质积聚或氧含量不足的空间。

问题四十三

是不是企业所有密闭且空气流通不畅的场所都应按有限空间管理？（应急管理部官网）

答：如果企业经风险辨识，确定不存在有毒有害、易燃易爆物质积聚或氧含量不足的情况，可不作为有限空间管理。